शेतीतील घोडचुका

मी केलेल्या आणि इतरांना करताना पाहिलेल्या

मुक्तक जोशी

प्रस्तावना

शेतीवर हजारो पुस्तके लिहिली गेली आहेत. त्यातील बहुतेक पुस्तके आपल्याला कोणते पीक घ्यावे, कोणते खत वापरावे, कोणती जात निवडावी, उत्पादन कसे वाढवावे, रोगराईचे व्यवस्थापन कसे करावे किंवा जास्त नफा कसा मिळवावा याबद्दल मार्गदर्शन करतात. अशा पुस्तकांची निश्चितच गरज आहे. कारण शेती हे ज्ञान, कौशल्य आणि अनुभव यांचे क्षेत्र आहे.

पण हे पुस्तक थोडे वेगळे आहे.

हे पुस्तक शेतीतील यशोगाथांचे नाही. हे पुस्तक शेतीतील चुका, गैरसमज, चुकीचे निर्णय आणि त्यातून मिळालेल्या धड्यांचे आहे. कारण माझ्या अनुभवातून एक गोष्ट वारंवार लक्षात आली आहे. शेतीत यश मिळवण्याचे मार्ग अनेक असतात, पण अपयशी होण्याची कारणे आश्चर्यकारकरीत्या सारखीच असतात.

माझा शेतीशी जन्मापासून संबंध नव्हता. माझी अनेक वर्षे माहिती तंत्रज्ञान क्षेत्रात गेली. उद्योग उभारणे, व्यवस्थापन, तंत्रज्ञान, गुंतवणूक आणि व्यवसाय यांचा अनुभव होता. अनेक क्षेत्रांमध्ये नियोजन केले, कंपन्या उभ्या केल्या, समस्या सोडवल्या आणि निर्णय घेतले. पण शेतीत पाऊल टाकल्यावर लवकरच एक महत्त्वाची गोष्ट लक्षात आली.

आयटी आणि व्यवसाय क्षेत्रात अनुभव, ज्ञान आणि नियोजन यामुळे अनेक गोष्टी आपल्या नियंत्रणात असतात. योग्य लोक, योग्य प्रक्रिया आणि योग्य निर्णय घेतले तर यशाची शक्यता वाढते. पण

शेती वेगळी आहे. येथे निसर्ग हा तुमच्या व्यवसायाचा भागीदार असतो. हवामान, पाऊस, पाणी, बाजारपेठ, मजूर, रोगराई आणि वेळ या सर्व गोष्टी तुमच्या योजनांवर परिणाम करत असतात. काही वेळा सर्व निर्णय योग्य असूनही परिणाम अपेक्षेप्रमाणे मिळत नाहीत. आणि काही वेळा चुका करूनही निसर्ग तुमची साथ देतो.

शेतीत येताना मी काही चुका केल्या. काही चुका वेळेत ओळखल्या. काही चुका इतरांना करताना पाहिल्या आणि त्यातून शिकलो. काही चुका नशिबाने टळल्या. गेल्या काही वर्षांत मी शेकडो शेतकरी, पशुपालक, कुक्कुटपालक, फळबाग उत्पादक, भाजीपाला उत्पादक आणि विविध शेतीपूरक व्यवसाय करणाऱ्या लोकांना भेटलो. त्यांच्या यशाइतक्याच त्यांच्या अपयशांच्या आणि चुकांच्या कथा देखील ऐकल्या. अनेक वेळा मला असे वाटले की या कथा लोकांपर्यंत पोहोचायला हव्यात. कारण यशोगाथा प्रेरणा देतात, पण चुका दिशा देतात.

या पुस्तकातील प्रत्येक प्रकरण एका चुकीभोवती फिरते. काही चुका शेतीत येण्याचा निर्णय घेतानाच होतात. काही जमीन निवडताना होतात. काही पाण्याचे नियोजन करताना होतात. काही आर्थिक गणितात होतात. काही पीक निवडताना होतात. काही विक्री आणि मार्केटिंगमध्ये होतात. काही पशुपालनात होतात. आणि काही चुका आपल्या विचारांमध्ये, अपेक्षांमध्ये आणि गृहितकांमध्ये दडलेल्या असतात.

या पुस्तकाचा उद्देश कोणाला घाबरवणे नाही. उलट शेतीकडे वास्तववादी नजरेने पाहायला शिकवणे हा आहे. कारण शेती ही

ना फक्त रोमँटिक जीवनशैली आहे, ना फक्त नफा कमावण्याचे साधन. शेती हा एक व्यवसाय आहे, एक जीवनपद्धती आहे आणि अनेकदा स्वतःला बदलून टाकणारा प्रवास आहे.

माझ्या मते शेतीत यशस्वी होण्यासाठी शंभर गोष्टी बरोबर कराव्या लागतात, पण अपयशी होण्यासाठी कधी कधी एकच चूक पुरेशी असते. चुकीची जमीन, चुकीचे पाणी नियोजन, चुकीचा बाजार, चुकीची अपेक्षा किंवा चुकीची आर्थिक तयारी अनेक वर्षांची मेहनत वाया घालवू शकते. म्हणूनच यशाच्या सूत्रांइतकेच चुका समजून घेणेही महत्त्वाचे आहे.

हे पुस्तक वाचताना एक गोष्ट लक्षात ठेवा. येथे दिलेल्या सर्व चुका मी स्वतः केल्या आहेत असे नाही. काही माझ्या आहेत, काही माझ्या मित्रांच्या आहेत, काही शेजाऱ्यांच्या आहेत, काही शेकडो शेतभेटींमधून समोर आलेल्या आहेत आणि काही वर्षानुवर्षे शेतकऱ्यांशी संवाद साधताना समजलेल्या आहेत. पण त्या सर्व वास्तव आहेत. त्या कल्पित कथा नाहीत. त्या जमिनीवर घडलेल्या गोष्टी आहेत.

जर या पुस्तकामुळे एखाद्या वाचकाची एक मोठी चूक टळली, एखादा चुकीचा निर्णय थांबला, एखाद्या कुटुंबाचे लाखो रुपये वाचले, एखादा शेतकरी मानसिक ताणापासून वाचला किंवा एखाद्याने शेतीकडे अधिक वास्तववादी दृष्टीने पाहायला सुरुवात केली, तर या पुस्तकाचा उद्देश सफल झाला असे मी मानेन.

शेतीत यश मिळवण्याचे मार्ग अनेक असू शकतात. प्रत्येकाची जमीन वेगळी असते, परिस्थिती वेगळी असते, संसाधने वेगळी

असतात आणि उद्दिष्टे वेगळी असतात. पण अपयशी होण्याची कारणे मात्र वारंवार तीच दिसतात. आणि म्हणूनच या चुका समजून घेणे महत्त्वाचे आहे.

चला तर मग, शेतीतील त्या चुका समजून घेऊया ज्या टाळल्या असत्या तर अनेकांचा प्रवास अधिक सोपा, अधिक फायदेशीर आणि अधिक आनंददायी झाला असता.

- मुक्तक जोशी

अनुक्रमणिका

शेतीच्या सुरुवातीला

१. शेतीत येण्याचा निर्णय भावनेतून घेणे

शेतीत येण्यापूर्वी होणाऱ्या सर्वात मोठ्या चुकांपैकी ही एक चूक आहे. अनेक लोक शेतीचा निर्णय अभ्यास, अनुभव किंवा आर्थिक गणिते पाहून घेत नाहीत. तो निर्णय भावनेतून घेतला जातो. शहरातील धावपळ, प्रदूषण, ताणतणाव, नोकरीचा कंटाळा, सोशल मीडियावर दिसणारी हिरवीगार शेती, एखाद्या यूट्यूब व्हिडिओतील यशोगाथा किंवा मित्राच्या फार्महाऊसला दिलेली भेट यामुळे अनेकांच्या मनात अचानक शेती करण्याची इच्छा निर्माण होते.

काही लोक कोकणात फिरायला जातात. मुसळधार पावसात वाहणारे धबधबे, हिरव्यागार डोंगररांगा, समुद्रकिनाऱ्यावरील शांत वातावरण पाहून त्यांना वाटते, "असेच एखादे घर असावे, आजूबाजूला झाडे असावीत आणि स्वतःची शेती असावी." या स्वप्नांमध्ये काहीच चुकीचे नाही. उलट निसर्गाकडे ओढ असणे ही चांगली गोष्ट आहे. परंतु समस्या तेव्हा सुरू होते जेव्हा स्वप्न आणि वास्तव यातील फरक समजून घेतला जात नाही.

पर्यटक म्हणून एखादी जागा आवडणे आणि त्याच ठिकाणी राहून शेतीच्या माध्यमातून उदरनिर्वाह करणे या दोन पूर्णपणे वेगळ्या गोष्टी आहेत. सुट्टीच्या दिवशी दिसणारी शेती आणि वर्षभर सांभाळावी लागणारी शेती यात खूप मोठा फरक असतो. फोटोमध्ये दिसणारी हिरवाई, फुललेली झाडे आणि सुंदर वातावरण हे शेतीचे फक्त एक रूप आहे. त्यामागे अनेक समस्या, जबाबदाऱ्या आणि संघर्ष लपलेले असतात.

शेती म्हणजे फक्त सूर्योदय पाहणे, पक्ष्यांचा आवाज ऐकणे आणि झाडाखाली बसून चहा पिणे एवढेच नसते. शेती म्हणजे पाण्याची कायम चिंता, मजूर वेळेवर मिळतील की नाही याची काळजी, पिकांवर येणारे रोग, कीड, बाजारभावातील चढउतार, हवामानाचा अनिश्चितपणा, आर्थिक ताण आणि रोज नवे निर्णय घेण्याची जबाबदारी असते. शहरातील नोकरीमध्ये महिन्याच्या शेवटी पगार मिळतो, पण शेतीत अनेकदा महिनोनमहिने खर्च करूनही उत्पन्नाची खात्री नसते.

अनेक जण शेतीत नफा दिसतो म्हणून येतात. काही जण निसर्गप्रेमामुळे येतात. काही जण शहरातील जीवनाला कंटाळून पलायन करण्यासाठी येतात. काही जण निवृत्तीनंतर वेळ घालवण्यासाठी येतात. पण शेतीत पाऊल टाकण्यापूर्वी प्रत्येकाने स्वतःला एक साधा पण अत्यंत महत्त्वाचा प्रश्न विचारला पाहिजे, "मी शेतीत का येत आहे?"

या प्रश्नाचे उत्तर स्पष्ट नसेल तर पुढील अनेक निर्णय चुकीचे होण्याची शक्यता वाढते. कारण उद्दिष्ट स्पष्ट नसले की जमीन निवडण्यापासून ते पिकांची निवड, गुंतवणूक, व्यवसाय मॉडेल आणि अपेक्षित उत्पन्न यापैकी प्रत्येक गोष्टीत गोंधळ निर्माण होतो.

जर उद्दिष्ट फक्त निसर्गाच्या जवळ राहण्याचे असेल तर कदाचित फार्महाऊस पुरेसे ठरू शकते. जर उद्दिष्ट स्वतःच्या कुटुंबासाठी अन्न पिकवण्याचे असेल तर लहान प्रमाणातील शेती पुरेशी असू शकते. जर उद्दिष्ट व्यवसाय उभा करण्याचे असेल तर शेतीकडे

छंद म्हणून नव्हे तर उद्योग म्हणून पाहावे लागेल. आणि जर उद्दिष्ट आर्थिक स्वातंत्र्य मिळवण्याचे असेल तर शेती हा त्यासाठी खरोखर योग्य मार्ग आहे का, याचाही प्रामाणिकपणे विचार करावा लागेल.

शेतीत येण्याची प्रेरणा भावना देऊ शकतात, स्वप्ने दाखवू शकतात आणि सुरुवात करण्याची ऊर्जा देऊ शकतात. परंतु अंतिम निर्णय भावनांवर आधारित नसावा. तो वास्तव परिस्थिती, आर्थिक गणिते, प्रत्यक्ष अनुभव, जोखीम समजून घेणे आणि दीर्घकालीन नियोजन यावर आधारित असला पाहिजे. कारण शेती ही फक्त जीवनशैली नाही, तर ती एक पूर्णवेळ जबाबदारी आणि अत्यंत गंभीर व्यवसाय आहे.

२. शेती म्हणजे व्यवसाय की छंद हे ठरवले नाही

शेतीत येणाऱ्या अनेक लोकांची दुसरी मोठी चूक म्हणजे त्यांनी शेतीकडे नेमक्या कोणत्या दृष्टीकोनातून पाहायचे हेच आधी ठरवलेले नसते. त्यांना शेती करायची असते, पण ती छंद म्हणून करायची आहे की व्यवसाय म्हणून, याचे स्पष्ट उत्तर त्यांच्याकडे नसते. ही चूक वरवर पाहता साधी वाटते, परंतु पुढे जाऊन जवळजवळ प्रत्येक निर्णयावर तिचा परिणाम होताना दिसतो.

शेती हा एकाच वेळी छंदही असू शकतो आणि व्यवसायही. पण या दोन्ही गोष्टींचे नियम पूर्णपणे वेगळे असतात. छंद म्हणून केलेल्या शेतीत नफा झाला नाही तरी फारसा फरक पडत नाही. कारण त्या शेतीचा उद्देश पैसा कमावणे नसून आनंद, समाधान, निसर्गाच्या जवळ राहणे किंवा स्वतःच्या आवडीची पूर्तता करणे हा असतो. अशा परिस्थितीत खर्च जास्त झाला, उत्पादन कमी आले किंवा काही नुकसान झाले तरी ते सहज स्वीकारता येते.

मात्र व्यवसाय म्हणून शेती करताना चित्र पूर्णपणे बदलते. व्यवसायात प्रत्येक गुंतवणुकीला परतावा अपेक्षित असतो. प्रत्येक खर्चाचा हिशोब ठेवावा लागतो. पाणी, वीज, मजूर, वाहतूक, विपणन, विक्री, साठवणूक, जोखीम आणि बाजारपेठ या सर्व गोष्टींचे नियोजन करावे लागते. शेतीतील प्रत्येक निर्णयाचा परिणाम थेट आर्थिक स्थितीवर होत असतो.

समस्या तेव्हा निर्माण होते जेव्हा माणूस व्यवसायाच्या अपेक्षा ठेवतो, पण निर्णय मात्र छंदासारखे घेतो. अनेक लोक सुरुवातीच्या उत्साहात विविध प्रयोग सुरू करतात. एखाद्या शेतात दहा प्रकारची फळझाडे, वीस प्रकारच्या भाज्या, काही कोंबड्या, काही बकऱ्या, काही गायी आणि त्यासोबत अजून काही नवीन कल्पना एकाच वेळी सुरू झालेल्या दिसतात. छंद म्हणून पाहिले तर हे खूप सुंदर आणि समाधान देणारे असू शकते. पण त्याच वेळी त्या सर्व गोष्टींमधून नियमित उत्पन्न, स्थिर नफा आणि आर्थिक स्वावलंबन अपेक्षित असेल तर अडचणी सुरू होतात.

अनेकदा काही लोक म्हणतात, "मला पैसे कमवायचे नाहीत, फक्त नैसर्गिक शेती करायची आहे." पण काही महिन्यांनी किंवा वर्षभरानंतर तेच लोक विचारतात, "यातून नफा का होत नाही?" प्रत्यक्षात समस्या शेतीत नसते. समस्या सुरुवातीलाच उद्दिष्ट स्पष्ट न केल्यामुळे निर्माण झालेली असते. आपण नक्की कोणत्या कारणासाठी शेती करत आहोत हेच जर स्पष्ट नसेल, तर यश आणि अपयश मोजण्याचे निकषदेखील गोंधळात टाकणारे ठरतात.

शेती सुरू करण्यापूर्वी प्रत्येकाने स्वतःला काही थेट प्रश्न विचारले पाहिजेत. मी शेतीतून पैसा कमवण्यासाठी आलो आहे का? मला माझ्या कुटुंबासाठी अन्न पिकवायचे आहे का? मला निसर्गाच्या जवळ राहायचे आहे का? मला निवृत्तीनंतरचा एखादा छंद हवा आहे का? की मला शेतीच्या माध्यमातून पूर्णवेळ व्यवसाय उभा करायचा आहे?

या प्रत्येक प्रश्नाचे उत्तर वेगळे असेल आणि त्यानुसार शेतीची संपूर्ण दिशा बदलू शकते. जर उद्दिष्ट स्वतःचे अन्न पिकवणे असेल तर आर्थिक परताव्यापेक्षा अन्नाची गुणवत्ता महत्त्वाची ठरेल. जर उद्दिष्ट जीवनशैली बदलण्याचे असेल तर नफ्यापेक्षा समाधान महत्त्वाचे ठरेल. पण जर उद्दिष्ट व्यवसाय उभा करण्याचे असेल तर उत्पादन, विक्री, खर्च, नफा आणि विस्तार या गोष्टी केंद्रस्थानी येतील.

यशाची व्याख्याही त्यानुसार बदलते. छंद म्हणून केलेली शेती तोट्यात जाऊनही यशस्वी असू शकते, कारण तिचा उद्देश आर्थिक नसतो. पण व्यवसाय म्हणून केलेली शेती नफा कमवत नसेल, तर ती कितीही सुंदर, नैसर्गिक किंवा आकर्षक दिसली तरी तिला यशस्वी व्यवसाय म्हणता येत नाही.

म्हणून शेती सुरू करण्यापूर्वी जमीन कुठे घ्यायची, कोणते पीक लावायचे किंवा किती गुंतवणूक करायची यापेक्षा अधिक महत्त्वाचा एक प्रश्न आहे. तो म्हणजे, तुम्ही शेतीकडे व्यवसाय म्हणून पाहत आहात की छंद म्हणून? या एका प्रश्नाचे स्पष्ट उत्तर मिळाले तर पुढील अनेक निर्णय आपोआप सोपे होतात आणि शेतीकडून असलेल्या अपेक्षाही वास्तववादी राहतात.

३. शेतीतून नेमके काय मिळवायचे आहे हे ठरवले नाही

शेतीत येणाऱ्या अनेक लोकांची आणखी एक मूलभूत चूक म्हणजे त्यांना शेतीतून नेमके काय मिळवायचे आहे हेच स्पष्ट नसते. त्यांना फक्त एवढेच वाटत असते की शेती करायची आहे. परंतु शेती का करायची आहे, त्यातून काय साध्य करायचे आहे आणि भविष्यात कुठे पोहोचायचे आहे, याचा त्यांनी गंभीरपणे विचार केलेला नसतो.

ही चूक सुरुवातीला फारशी मोठी वाटत नाही. परंतु प्रत्यक्षात पुढे होणाऱ्या अनेक चुकीच्या निर्णयांचे मूळ याच ठिकाणी असते. कारण प्रत्येक उद्दिष्टासाठी वेगळी शेती लागते. एकाच प्रकारची शेती प्रत्येक माणसासाठी योग्य असू शकत नाही.

उदाहरणार्थ, जर तुमचे उद्दिष्ट फक्त कुटुंबासाठी शुद्ध आणि सुरक्षित अन्न पिकवण्याचे असेल तर एक ते दोन एकर जमीनदेखील पुरेशी ठरू शकते. त्या परिस्थितीत नफ्यापेक्षा अन्नाची गुणवत्ता, विविधता आणि स्वयंपूर्णता अधिक महत्त्वाची असते. परंतु जर उद्दिष्ट अतिरिक्त उत्पन्न मिळवण्याचे असेल तर पिकांची निवड, उत्पादनाचे प्रमाण आणि विक्री यांचा विचार वेगळ्या पद्धतीने करावा लागतो.

जर उद्दिष्ट पूर्णवेळ उदरनिर्वाहाचे असेल तर गणित आणखी बदलते. त्या वेळी केवळ उत्पादन करून भागत नाही. उत्पन्नाचे सातत्य, जोखीम व्यवस्थापन, खर्च नियंत्रण आणि बाजारपेठ

यांचाही सखोल विचार करावा लागतो. आणि जर उद्दिष्ट मोठा व्यवसाय उभा करण्याचे असेल तर फक्त शेती पुरेशी राहत नाही. त्यासोबत प्रक्रिया उद्योग, ब्रँडिंग, पॅकेजिंग, विपणन, वितरण आणि ग्राहक व्यवस्थापन यांचीदेखील जोड आवश्यक होते.

याउलट काही लोकांचे उद्दिष्ट निवृत्तीनंतर शांत आणि निसर्गाच्या सान्निध्यात जीवन जगण्याचे असते. अशा व्यक्तीसाठी योग्य असलेली शेती आणि आर्थिक परतावा शोधणाऱ्या उद्योजकासाठी योग्य असलेली शेती यात जमीन-अस्मानाचा फरक असतो.

समस्या तेव्हा निर्माण होते जेव्हा उद्दिष्ट एक असते आणि कृती दुसरी. अनेक लोक सांगतात की त्यांना फक्त स्वतःच्या कुटुंबासाठी अन्न पिकवायचे आहे. पण प्रत्यक्षात ते लाखो रुपये खर्च करून मोठा प्रकल्प उभा करतात, अनेक कर्मचारी ठेवतात आणि स्वतःवर अनावश्यक आर्थिक ताण निर्माण करतात. काही लोक म्हणतात की त्यांना पैसा कमवायचा आहे, पण ते अशी पिके किंवा पद्धती निवडतात ज्यातून नियमित उत्पन्न मिळणे कठीण असते. काही जण शांत जीवनाच्या शोधात शेतीकडे वळतात, पण अशा प्रकारची शेती निवडतात ज्यामध्ये दिवसाचे बारा-बारा तास व्यवस्थापन करावे लागते.

म्हणून शेती सुरू करण्यापूर्वी स्वतःला काही अत्यंत महत्त्वाचे प्रश्न विचारणे आवश्यक आहे. मला शेतीतून दरमहा किती उत्पन्न अपेक्षित आहे? मी स्वतः शेतावर किती वेळ देऊ शकतो? माझे प्राथमिक उद्दिष्ट नफा आहे, स्वयंपूर्णता आहे की जीवनशैली बदलणे आहे? पाच वर्षांनंतर मला स्वतःला कुठे पाहायचे आहे?

या प्रश्नांची प्रामाणिक उत्तरे मिळाल्याशिवाय योग्य दिशा ठरवणे कठीण असते.

या प्रश्नांची उत्तरे स्पष्ट नसतील तर पुढे जमीन किती घ्यायची, कोणती पिके निवडायची, किती गुंतवणूक करायची, सिंचन कसे करायचे, पशुपालन जोडायचे की नाही, प्रक्रिया उद्योग उभा करायचा की नाही अशा प्रत्येक निर्णयात गोंधळ निर्माण होतो. आणि एकदा चुकीच्या दिशेने वाटचाल सुरू झाली की त्याची किंमत वेळ, पैसा आणि मानसिक ताण यांच्या स्वरूपात मोजावी लागते.

एक जुनी म्हण आहे, ज्याला कुठे जायचे आहे हेच माहीत नाही, त्याच्यासाठी कोणताही रस्ता योग्य नसतो. शेतीतही हेच तंतोतंत लागू होते. जमीन खरेदी करण्यापूर्वी, पिकांची निवड करण्यापूर्वी किंवा गुंतवणूक करण्यापूर्वी स्वतःला एक प्रश्न नक्की विचारा. मला शेतीतून नेमके काय मिळवायचे आहे?

या प्रश्नाचे स्पष्ट उत्तर मिळाले की पुढील अनेक निर्णय आपोआप सोपे होतात. कारण योग्य शेतीची सुरुवात जमिनीपासून होत नाही, ती उद्दिष्टांपासून होते.

४. शेतीसाठी आवश्यक भांडवलाचा चुकीचा अंदाज लावला

शेतीत येणाऱ्या अनेक लोकांची एक अतिशय सामान्य पण गंभीर चूक म्हणजे ते जमीन खरेदीचे बजेट बनवतात, पण शेती उभी करण्याचे बजेट बनवत नाहीत. त्यांच्या मनात शेती म्हणजे जमीन खरेदी करणे एवढीच कल्पना असते. प्रत्यक्षात मात्र जमीन ही शेतीची सुरुवात असते, शेवट नव्हे.

अनेक जण अनेक वर्षांची बचत किंवा आयुष्यभराची कमाई एकत्र करून जमीन खरेदी करतात. त्यांना वाटते की जमीन घेतली म्हणजे आता शेती सुरू झाली. पण काही महिन्यांतच वास्तव समोर येते. कारण शेतीचा खरा खर्च जमीन खरेदी झाल्यानंतर सुरू होतो. जमीन ही एक मालमत्ता असते, परंतु ती उत्पन्न देणारी मालमत्ता बनवण्यासाठी मोठ्या प्रमाणात अतिरिक्त गुंतवणूक करावी लागते.

समजा एखाद्याकडे पन्नास लाख रुपये आहेत. तो पंचेचाळीस लाख रुपयांची जमीन खरेदी करतो आणि उरलेल्या पाच लाख रुपयांत शेती उभी करण्याचा विचार करतो. कागदावर हे गणित बरोबर वाटते. पण प्रत्यक्षात काहीच महिन्यांत त्याला लक्षात येते की खरी गुंतवणूक तर आता सुरू झाली आहे.

शेतात पाणी नसेल तर बोअरवेल लागेल. बोअरवेल झाली तर वीज जोडणी लागेल. वीज आली तर पंप लागेल. त्यानंतर पाईपलाईन,

ठिबक सिंचन, पाण्याच्या टाक्या, कुंपण, अंतर्गत रस्ते, साठवण व्यवस्था, शेड, यंत्रसामग्री, रोपे, बियाणे, मजुरी आणि इतर असंख्य गोष्टींसाठी पैसे लागतील. पशुपालन जोडायचे असेल तर गोठा, जनावरे, चारा आणि अतिरिक्त व्यवस्थापनाचा खर्च येईल. या सर्व गोष्टींचा विचार अनेकदा सुरुवातीच्या बजेटमध्येच केलेला नसतो.

काही वेळा परिस्थिती इतकी विचित्र होते की संपूर्ण भांडवल जमीन खरेदीत खर्च झालेले असते आणि जमीन विकसित करण्यासाठी पैसा उरतच नाही. मग लाखो रुपयांची जमीन वर्षानुवर्षे पडून राहते. मालकी असते, पण उत्पादन नसते. जमीन असते, पण शेती सुरू होत नाही.

याहूनही मोठी चूक म्हणजे कार्यरत भांडवलाचा विचार न करणे. अनेक नवीन शेतकरी असे गृहीत धरतात की एकदा गुंतवणूक केली की खर्च संपला. प्रत्यक्षात शेती हा सतत पैसा मागणारा व्यवसाय आहे. प्रत्येक हंगामात बियाणे, खते, औषधे, मजुरी, पाणी, वीज, वाहतूक आणि इतर अनेक गोष्टींसाठी खर्च करावा लागतो. हा खर्च थांबत नाही.

अनेक जण सर्व पैसे स्थावर मालमत्तेत अडकवून ठेवतात. जमीन, कंपाउंड, बांधकामे आणि इतर स्थायी गोष्टींवर भरपूर खर्च होतो. पण चालू खर्चासाठी हातात रोख रक्कम राहत नाही. परिणामी काही महिन्यांतच आर्थिक अडचणी सुरू होतात. पीक अर्धवट राहते, नियोजन कोलमडते आणि शेतीबद्दलचा उत्साह कमी होतो.

मी अनेक वेळा असे पाहिले आहे की एखाद्या व्यक्तीने जमीन घेतली, भव्य प्रवेशद्वार बांधले, आकर्षक कंपाउंड केले, फार्महाऊस उभारले आणि संपूर्ण परिसर सुंदर दिसेल यासाठी भरपूर खर्च केला. पण प्रत्यक्ष शेतीसाठी आवश्यक असलेली सिंचन व्यवस्था, माती सुधारणा, पिकांचे नियोजन किंवा चालू भांडवल यासाठी पैसा उरलेलाच नव्हता. शेवटी फार्महाऊस तयार झाले, पण फार्म तयार झाला नाही.

शेतीमध्ये काय महत्त्वाचे आहे याची प्राधान्यक्रमाने जाणीव असणे आवश्यक आहे. फार्महाऊसपेक्षा पाणी महत्त्वाचे असते. सुंदर प्रवेशद्वारापेक्षा कार्यरत सिंचन व्यवस्था महत्त्वाची असते. आकर्षक बांधकामांपेक्षा मातीची सुपीकता महत्त्वाची असते. आणि या सर्वांपेक्षा चालू भांडवल सर्वात महत्त्वाचे असते. कारण पैसा संपला की उत्तम कल्पनादेखील अर्धवट राहतात.

शेती सुरू करण्यापूर्वी स्वतःला एक अत्यंत महत्त्वाचा प्रश्न विचारणे आवश्यक आहे. "जमीन खरेदी केल्यानंतर माझ्याकडे किमान दोन ते तीन वर्षे शेती चालवण्यासाठी पुरेसे भांडवल शिल्लक राहील का?" कारण शेतीत अनेक गोष्टी अपेक्षेपेक्षा जास्त वेळ घेतात. झाडे वाढायला वेळ लागतो, माती सुधारायला वेळ लागतो, बाजारपेठ निर्माण व्हायला वेळ लागतो आणि व्यवसाय स्थिर व्हायला त्याहून अधिक वेळ लागतो.

जर या प्रश्नाचे उत्तर "नाही" असेल तर कदाचित तुम्ही जमीन खरेदीचे बजेट बनवले आहे, पण शेतीचे नाही. शेतीत जमीन असणे महत्त्वाचे आहेच, परंतु त्या जमिनीला उत्पादक

बनवण्यासाठी आणि पुढील काही वर्षे सातत्याने चालवण्यासाठी लागणारे भांडवल त्याहून अधिक महत्त्वाचे असते. कारण शेतीचा यशस्वी प्रवास जमिनीच्या मालकीने नाही, तर पुरेशा भांडवलाने आणि योग्य नियोजनाने सुरू होतो.

५. उत्पन्न येण्याआधीचा आर्थिक कालावधी गृहीत धरला नाही

शेतीत येणाऱ्या अनेक लोकांना खर्च कधी सुरू होतो याची कल्पना असते, पण उत्पन्न कधी सुरू होईल याचा वास्तववादी अंदाज नसतो. ही चूक विशेषतः शहरातून शेतीत येणाऱ्या लोकांमध्ये वारंवार दिसून येते. कारण त्यांची विचार करण्याची सवय पगार, व्यवसाय किंवा नियमित उत्पन्नाच्या चौकटीत तयार झालेली असते.

नोकरीमध्ये आपण काम केले की महिन्याच्या शेवटी पगार मिळतो. व्यवसायात विक्री झाली की पैसा येतो. त्यामुळे नकळत आपण शेतीकडेही त्याच नजरेने पाहतो. पण शेतीचे अर्थशास्त्र पूर्णपणे वेगळे असते. येथे पहिला खर्च आज सुरू होतो, पण पहिले उत्पन्न अनेक महिने किंवा कधी कधी अनेक वर्षांनी मिळते.

शेतीतील बहुतांश गुंतवणुकींचा परतावा त्वरित मिळत नाही. जर फळबाग लावली असेल तर झाडांना उत्पादनक्षम होण्यासाठी तीन, पाच किंवा काही वेळा सात ते दहा वर्षांचाही कालावधी लागू शकतो. जर दुग्धव्यवसाय सुरू केला असेल तर जनावरे विकत घेतल्याच्या दुसऱ्या दिवसापासून नफा सुरू होत नाही. त्यासाठी व्यवस्थापन, उत्पादन, विक्री आणि बाजारपेठ उभी करावी लागते. जर सेंद्रिय किंवा पुनरुत्पादक शेती सुरू केली असेल तर मातीची सुपीकता वाढवण्यासाठीच काही वर्षे खर्च करावी लागू शकतात.

अनेक लोक जमीन खरेदी करतात, उत्साहाने शेती सुरू करतात आणि मनात गृहीत धरतात की एका-दोन हंगामांमध्ये सर्व काही सुरळीत होईल. प्रत्यक्षात मात्र सुरुवातीची काही वर्षे ही उत्पादनापेक्षा शिकण्यात, चुका करण्यात, प्रयोग करण्यात आणि संपूर्ण व्यवस्था उभी करण्यात जातात. ही वर्षे बाहेरून फारशी दिसत नाहीत, पण याच काळात भविष्यातील यशाचा पाया तयार होत असतो.

समस्या अशी की या कालावधीत खर्च थांबत नाही. घरखर्च सुरू असतो. मुलांचे शिक्षण सुरू असते. कर्जाचे हप्ते भरावे लागतात. दैनंदिन जीवनातील इतर जबाबदाऱ्या कायम असतात. त्याच वेळी शेतीवरील खर्चही सतत सुरू असतो. बियाणे, रोपे, मजुरी, पाणी, वीज, सिंचन, देखभाल आणि इतर अनेक गोष्टींसाठी नियमित पैसा लागत असतो. पण उत्पन्न मात्र अपेक्षेपेक्षा खूप कमी असते किंवा काही वेळा अजिबात नसते.

याच टप्प्यावर अनेक चांगले प्रकल्प अर्धवट बंद पडतात. बाहेरून पाहणाऱ्यांना वाटते की शेती अपयशी ठरली. पण वास्तवात शेती अपयशी ठरलेली नसते. अपयशी ठरलेली असते ती आर्थिक तयारी. प्रकल्पाला यश मिळण्यासाठी जितका वेळ लागणार होता, तितका वेळ आर्थिकदृष्ट्या टिकून राहण्याची क्षमता त्या व्यक्तीकडे नसते.

म्हणूनच शेतीत उतरण्यापूर्वी प्रत्येकाने स्वतःला एक कठोर आणि प्रामाणिक प्रश्न विचारला पाहिजे. "जर पुढील तीन वर्षे शेतीतून

एक रुपयाही उत्पन्न मिळाले नाही, तर मी आर्थिकदृष्ट्या टिकू शकेन का?" हा प्रश्न काहींना अतिशयोक्ती वाटू शकतो. परंतु नवीन शेतकऱ्यांच्या वास्तवाशी तो अधिक जवळचा आहे.

प्रत्यक्षात नवीन शेतकऱ्यांच्या बहुतेक अडचणी उत्पादनामुळे निर्माण होत नाहीत. अनेक वेळा पिके चांगली येतात, कल्पना चांगली असते, मेहनतही प्रामाणिक असते. पण योग्य वेळी आवश्यक असलेला रोख पैसा उपलब्ध नसल्यामुळे संपूर्ण प्रकल्प अडचणीत येतो. त्यामुळे शेतीतील सर्वात मोठ्या संसाधनांमध्ये जमीन, पाणी आणि तंत्रज्ञान यांच्यासोबत आर्थिक सहनशक्तीचाही समावेश केला पाहिजे.

शेतीमध्ये यशस्वी होण्यासाठी फक्त सुपीक जमीन, भरपूर पाणी किंवा आधुनिक तंत्रज्ञान पुरेसे नसते. योग्य वेळी पुरेसे भांडवल उपलब्ध असणे आणि उत्पन्न सुरू होईपर्यंत आर्थिकदृष्ट्या टिकून राहण्याची क्षमता असणे तितकेच महत्त्वाचे असते.

लक्षात ठेवा, शेतीत नफा कमवण्यापूर्वी टिकून राहावे लागते. पहिल्या काही वर्षांत आर्थिकदृष्ट्या शर्यतीत टिकून राहणारेच पुढे शेतीचे खरे फायदे पाहू शकतात. जो या कालावधीत टिकू शकत नाही, त्याला अनेकदा नफा दिसण्याआधीच शेती सोडावी लागते. त्यामुळे शेतीतील यश केवळ उत्पादनावर अवलंबून नसते, तर उत्पन्न येईपर्यंत संयमाने आणि आर्थिकदृष्ट्या सक्षमपणे टिकून राहण्यावरही अवलंबून असते.

६. शेतीतील जोखीम आणि अनिश्चितता समजून घेतली नाही

शेती हा एक व्यवसाय आहे, पण इतर बहुतांश व्यवसायांच्या तुलनेत त्यामध्ये एक मूलभूत फरक आहे. इतर व्यवसायांमध्ये यशाचे मोठे प्रमाण तुमच्या नियोजनावर, मेहनतीवर, कौशल्यावर आणि व्यवस्थापनावर अवलंबून असते. शेतीतही या गोष्टी महत्त्वाच्या आहेत, पण त्या एकट्याच पुरेशा नसतात. कारण शेतीमध्ये तुमच्या नियंत्रणाबाहेरच्या अनेक शक्ती सतत काम करत असतात.

तुम्ही कितीही चांगले नियोजन केले तरी पाऊस कधी पडेल हे तुम्ही ठरवू शकत नाही. गारपीट होईल की नाही हे तुमच्या हातात नसते. बाजारभाव कधी वाढतील किंवा कधी कोसळतील यावर तुमचे नियंत्रण नसते. रोगराई येईल की नाही, कीड किती प्रमाणात वाढेल, मजूर वेळेवर मिळतील की नाही, विजेचा पुरवठा कसा असेल किंवा हवामान अचानक कसे बदलेल, यापैकी अनेक गोष्टी तुमच्या इच्छेप्रमाणे घडत नाहीत.

म्हणूनच शेतीमध्ये जोखीम ही अपवादात्मक घटना नसून दैनंदिन वास्तव असते. जोखीम टाळून शेती करणे जवळजवळ अशक्य आहे. ती कमी करता येते, व्यवस्थापित करता येते, पण पूर्णपणे संपवता येत नाही.

अनेक लोक शेतीत उतरताना फक्त यशस्वी उदाहरणांकडे पाहतात. एखाद्या शेतकऱ्याने अमुक पिकातून लाखो रुपये कमावले, कुणी फळबागेतून करोडो रुपयांचा व्यवसाय उभा केला, कुणी पशुपालनातून मोठा नफा मिळवला अशा कथा त्यांना प्रेरणा देतात. प्रेरणा घेण्यात काहीच गैर नाही. पण अनेकदा या कथांमधील संघर्ष, अपयश, नुकसान आणि जोखीम याकडे दुर्लक्ष केले जाते.

प्रत्यक्षात कोणत्याही अनुभवी शेतकऱ्याशी बसून बोलले तर वेगळीच गोष्ट समोर येते. त्याने आयुष्यात किमान एकदा तरी दुष्काळाचा सामना केलेला असतो. किमान एकदा तरी बाजारभाव कोसळल्यामुळे तोटा सहन केलेला असतो. किमान एकदा तरी रोगराई, कीड किंवा हवामानामुळे नुकसान झालेले असते. किमान एकदा तरी स्वतःचा एखादा निर्णय चुकीचा ठरलेला असतो. शेतीतील यश म्हणजे या सर्व अडचणी टाळणे नव्हे, तर त्यातून पुन्हा उभे राहणे होय.

विशेषतः शहरातून शेतीत येणाऱ्या लोकांची एक धोकादायक अपेक्षा असते. त्यांना वाटते की योग्य नियोजन केले, आधुनिक तंत्रज्ञान वापरले, तज्ज्ञांचा सल्ला घेतला आणि प्रामाणिक मेहनत केली तर यश निश्चित मिळेल. इतर अनेक क्षेत्रांमध्ये हा विचार बऱ्याच प्रमाणात योग्य ठरतो. पण शेतीत तसे नेहमीच घडत नाही.

शेतीमध्ये काही वेळा सर्व निर्णय योग्य असतात, मेहनतही योग्य असते, व्यवस्थापनही चांगले असते आणि तरीही नुकसान होऊ

शकते. कारण शेतीमध्ये निसर्ग हा तुमच्या व्यवसायाचा अदृश्य भागीदार असतो. आणि हा भागीदार कधीच पूर्णपणे तुमच्या नियंत्रणात नसतो. कधी तो भरभरून देतो, तर कधी तुमच्या सर्व नियोजनावर एका रात्रीत पाणी फेरू शकतो.

याचा अर्थ शेती करू नये असा अजिबात नाही. उलट, याचा अर्थ असा आहे की शेतीत उतरताना वास्तव स्वीकारून यावे. जोखीम ही या व्यवसायाचा अविभाज्य भाग आहे हे मान्य करून यावे. ज्याला प्रत्येक गोष्ट निश्चित हवी असते, ज्याला दरवर्षी ठराविक उत्पन्नाची हमी हवी असते, ज्याला अनिश्चितता सहन होत नाही, त्याच्यासाठी शेती मानसिकदृष्ट्या अत्यंत कठीण व्यवसाय ठरू शकतो.

माझ्या मते शेतीतील यशस्वी आणि अपयशी लोकांमधील सर्वात मोठा फरक ज्ञानाचा, तंत्रज्ञानाचा किंवा पैशाचा नसतो. तो जोखीम स्वीकारण्याच्या आणि संकटातून पुन्हा उभे राहण्याच्या क्षमतेचा असतो. कारण शेतीमध्ये कधीच सर्व काही तुमच्या मनाप्रमाणे घडत नाही. एखाद्या वर्षी पाऊस जास्त पडतो, एखाद्या वर्षी कमी पडतो. कधी भाव मिळतो, कधी मिळत नाही. कधी उत्पादन भरघोस येते, तर कधी निराशा पदरी पडते.

पण या सगळ्यांमध्ये महत्त्वाची गोष्ट म्हणजे अडचणी आल्या तर तुम्ही कसे वागता. नुकसान झाले तर तुमचा पुढचा निर्णय काय असतो. संकट आले तर तुम्ही हार मानता की त्यातून शिकता. शेतीतील दीर्घकालीन यश अनेकदा याच गोष्टींवर अवलंबून असते.

म्हणून शेतीत उतरण्यापूर्वी जमीन, पाणी, हवामान, पिके आणि तंत्रज्ञान यांचा विचार नक्की करा. पण त्याहून महत्त्वाचे म्हणजे स्वतःला एक प्रामाणिक प्रश्न विचारा.

"मी अनिश्चिततेसोबत जगण्यास तयार आहे का?"

कारण शेतीमध्ये नफा, उत्पादन आणि यश यांची सुरुवात अनेकदा या प्रश्नाच्या उत्तरापासूनच होत असते.

७. ROI आणि Cash Flow यातील फरक समजला नाही

शेतीत येणाऱ्या अनेक लोकांची एक गंभीर चूक म्हणजे ते फक्त ROI म्हणजे Return on Investment पाहतात, पण Cash Flow कडे दुर्लक्ष करतात. शेतीतील अनेक चुकीचे निर्णय, अवास्तव अपेक्षा आणि आर्थिक अडचणी यामागे हा एक महत्त्वाचा गैरसमज असतो.

पहिल्या नजरेत ROI खूप आकर्षक वाटतो. कारण तो टक्केवारीत बोलतो. टक्केवारी मोठी दिसली की आपल्याला व्यवसाय खूप फायदेशीर वाटू लागतो. समजा तुम्ही एका एकरात एक लाख रुपये गुंतवले आणि वर्षाच्या शेवटी दीड लाख रुपये मिळाले. कागदावर तुमचा ROI पन्नास टक्के झाला. कोणालाही हा परतावा आकर्षक वाटेल. अनेक लोक याच आकड्याने प्रभावित होतात आणि पुढील गणित करणे थांबवतात.

पण इथेच एक महत्त्वाचा प्रश्न विचारण्याची गरज आहे. त्या दीड लाख रुपयांमधून तुमचा घरखर्च चालणार आहे का? मुलांचे शिक्षण होणार आहे का? आरोग्य खर्च भागणार आहे का? कर्जाचे हप्ते भरता येणार आहेत का? तुमचे संपूर्ण वर्ष आर्थिकदृष्ट्या सुरक्षित जाणार आहे का?

बहुतेक वेळा या प्रश्नांची उत्तरे "नाही" अशीच असतात.

याच ठिकाणी ROI आणि Cash Flow यातील मूलभूत फरक समजून घेणे आवश्यक आहे. ROI तुम्हाला सांगतो की गुंतवणुकीवर किती टक्के परतावा मिळाला. पण Cash Flow तुम्हाला सांगतो की प्रत्यक्ष तुमच्या हातात किती पैसे येत आहेत. व्यवहारात तुमचे आयुष्य Cash Flow वर चालते, ROI वर नाही.

अनेक नवीन शेतकरी आणि गुंतवणूकदार याच ठिकाणी गोंधळ करतात. त्यांना एखादा व्यवसाय पन्नास टक्के, शंभर टक्के किंवा दोनशे टक्के ROI देतो असे दिसते आणि ते लगेच आकर्षित होतात. पण ते हा साधा प्रश्न विचारत नाहीत की या व्यवसायातून प्रत्यक्ष किती रुपये मिळणार आहेत. कारण टक्केवारी आणि प्रत्यक्ष उत्पन्न या दोन वेगळ्या गोष्टी आहेत.

उदाहरणार्थ, समजा एखाद्या पिकात तुम्ही पन्नास हजार रुपये गुंतवले आणि वर्षभरानंतर एक लाख रुपये मिळाले. कागदावर ROI उत्कृष्ट आहे. पण जर हा संपूर्ण व्यवहार फक्त अर्ध्या एकरावर झाला असेल, तर प्रत्यक्ष नफा वर्षाला पन्नास हजार रुपये झाला. म्हणजे महिन्याला साधारण चार हजार रुपये. ROI पाहता व्यवसाय खूप यशस्वी वाटतो, पण त्या उत्पन्नावर घर चालवणे अशक्य आहे.

शेतीत अनेक पिके आणि उपक्रम असे असतात ज्यांचा ROI कागदावर अत्यंत आकर्षक दिसतो. पण त्यांचे प्रमाण लहान असल्यामुळे त्यातून येणारा Cash Flow अत्यंत मर्यादित असतो.

त्यामुळे त्या व्यवसायातून समाधान मिळू शकते, पण उदरनिर्वाह करणे कठीण होते.

याउलट काही व्यवसायांचा ROI तुलनेने कमी असतो, पण त्यांचा Cash Flow मोठा असतो. उदाहरणार्थ, एखादा व्यवसाय दहा किंवा पंधरा टक्के परतावा देत असेल, पण त्यामध्ये मोठ्या प्रमाणावर व्यवहार होत असल्याने हातात येणारी रक्कम भरपूर असू शकते. अशा व्यवसायातून कुटुंबाचा खर्च, कर्जफेड आणि पुढील गुंतवणूक सहज करता येते.

म्हणून शेतीत उतरण्यापूर्वी फक्त "किती टक्के नफा मिळेल?" हा प्रश्न विचारू नका. त्याऐवजी "माझ्या हातात प्रत्यक्ष किती पैसे येतील?" हा प्रश्न विचारण्याची सवय लावा. कारण प्रत्यक्ष जीवनातील बहुतांश समस्या Cash Flow ने सुटतात, ROI ने नाही.

बँकेचे हप्ते ROI ने भरले जात नाहीत. घरखर्च ROI ने चालत नाही. मुलांच्या शाळेची फी ROI ने भरता येत नाही. वैद्यकीय खर्च ROI ने भागत नाही. या सर्व गोष्टींसाठी प्रत्यक्ष रोख पैसा लागतो आणि तो Cash Flow मधूनच येतो.

माझ्या मते शेतीतील सर्वात धोकादायक गैरसमजांपैकी हा एक आहे. अनेक लोक ROI च्या प्रेमात पडतात आणि Cash Flow विसरून जातात. ते कागदावर स्वतःला अत्यंत यशस्वी समजतात. त्यांची टक्केवारी प्रभावी दिसते. पण महिन्याच्या शेवटी बँक

खात्यात पुरेसे पैसे नसतात. अशा वेळी त्यांना समजते की चांगला ROI आणि चांगले आर्थिक जीवन या दोन वेगळ्या गोष्टी आहेत.

शेतीत टिकून राहण्यासाठी ROI महत्त्वाचा आहेच. कारण तो गुंतवणुकीची कार्यक्षमता दाखवतो. पण उदरनिर्वाहासाठी, कुटुंब चालवण्यासाठी आणि आर्थिक स्थैर्य मिळवण्यासाठी Cash Flow त्याहून अधिक महत्त्वाचा असतो. शेतीचे गणित समजून घेताना या दोन्ही गोष्टींचा एकत्र विचार करणे आवश्यक आहे. कारण टक्केवारी माणसाला प्रभावित करू शकते, पण प्रत्यक्ष जीवन रोख पैशावरच चालत असते.

८. शेतीला Passive Income समजले

शेतीत येणाऱ्या अनेक लोकांचा एक मोठा गैरसमज म्हणजे शेती ही Passive Income देणारी गोष्ट आहे. अनेकांच्या मनात अशी कल्पना असते की एकदा जमीन घेतली, काही झाडे लावली, ठिबक सिंचन बसवले आणि सुरुवातीची गुंतवणूक केली की त्यानंतर फारसे काही करावे लागणार नाही. मग दर महिन्याला किंवा दरवर्षी उत्पन्न येत राहील. सोशल मीडियावरील अनेक पोस्ट, यूट्यूब व्हिडिओ आणि यशोगाथा पाहून हा गैरसमज आणखी वाढतो.

प्रत्यक्षात मात्र शेती ही बहुतांश वेळा Passive Income नसून Active Business असते. इतर कोणत्याही व्यवसायाप्रमाणेच येथेही सतत लक्ष, निर्णय, व्यवस्थापन आणि उपस्थिती आवश्यक असते. पिके तुमच्या अनुपस्थितीत वाढू शकतात, पण त्याच वेळी तणही वाढत असते, कीडही वाढत असते, रोगराई पसरत असते आणि नवीन समस्या निर्माण होत असतात. निसर्ग कोणाची वाट पाहत नाही.

शेतीतील अनेक कामांना वेळेचे अत्यंत महत्त्व असते. पेरणीची योग्य वेळ निघून गेली तर संपूर्ण हंगाम प्रभावित होऊ शकतो. खत व्यवस्थापन उशिरा झाले तर उत्पादनावर परिणाम होऊ शकतो. फवारणी योग्य वेळी झाली नाही तर कीड नियंत्रणाबाहेर जाऊ शकते. कापणी उशिरा झाली तर उत्पादनाची गुणवत्ता आणि

बाजारभाव दोन्ही कमी होऊ शकतात. शेतीमध्ये अनेक निर्णय योग्य असण्याइतकेच योग्य वेळी घेणेही महत्त्वाचे असते.

जर शेतीसोबत पशुपालन जोडले असेल तर जबाबदाऱ्या आणखी वाढतात. गायी, म्हशी, शेळ्या, कोंबड्या किंवा इतर जनावरे यांना रविवार नसतो, सणवार नसतो किंवा सुट्टी नसते. त्यांची काळजी दररोज घ्यावी लागते. त्यांना वेळेवर खाद्य, पाणी, आरोग्य सेवा आणि व्यवस्थापन आवश्यक असते. एक दिवस दुर्लक्ष झाले तरी त्याची किंमत मोठी मोजावी लागू शकते.

दूध, भाजीपाला, अंडी, फुले यांसारख्या उत्पादनांमध्ये तर नियमित उपस्थिती आणि व्यवस्थापन अत्यावश्यक असते. या व्यवसायांमध्ये दररोज निर्णय घ्यावे लागतात. उत्पादन झाले की विक्री करावी लागते. विक्री झाली की पुढील उत्पादनाची तयारी करावी लागते. हा सतत चालणारा चक्र असतो.

मी अनेक लोकांना असे म्हणताना ऐकले आहे की, "आपण शहरात नोकरी करू आणि गावाकडे शेती चालू ठेवू." हे काही प्रमाणात शक्य आहे. पण त्यासाठी सक्षम व्यवस्थापन व्यवस्था, विश्वासू माणसे, स्पष्ट जबाबदाऱ्या आणि मजबूत प्रणाली आवश्यक असतात. फक्त पैसे गुंतवून शेती यशस्वी होत नाही. व्यवस्थापनाची जागा पैसा घेऊ शकत नाही.

अनुपस्थित मालकाची शेती चालू शकते, पण अनुपस्थित व्यवस्थापनाची शेती सहसा चालत नाही. हा फरक समजून घेणे

अत्यंत महत्त्वाचे आहे. अनेक लोक शेतावर नसतानाही यशस्वीपणे शेती करतात. पण त्यामागे वर्षानुवर्षे तयार केलेली माणसे, प्रक्रिया, नियंत्रण व्यवस्था आणि सातत्यपूर्ण देखरेख असते.

शेतीत पैसे गुंतवणे तुलनेने सोपे असते. शेतीला वेळ देणे कठीण असते. कारण वेळ, लक्ष आणि निर्णयक्षमता ही कोणत्याही आर्थिक गुंतवणुकीपेक्षा अधिक मौल्यवान असतात. विशेषतः सुरुवातीच्या काळात तर मालकाची भूमिका अत्यंत महत्त्वाची असते. कारण त्याच काळात शिकणे, चुका करणे, सुधारणा करणे आणि योग्य प्रणाली उभारणे सुरू असते.

सोशल मीडियामुळे शेतीचे एक अतिशय आकर्षक चित्र तयार झाले आहे. हिरवीगार शेते, फळांनी लगडलेली झाडे, मोकळे जीवन, नैसर्गिक वातावरण आणि भरपूर उत्पन्न. पण त्या एका फोटोच्या मागे किती वर्षांचे श्रम, किती अपयश, किती आर्थिक ताण, किती व्यवस्थापन आणि किती कठीण निर्णय दडलेले आहेत, हे सहसा दिसत नाही.

याचा अर्थ शेतीत Passive Income निर्माण होऊ शकत नाही असा नाही. नक्कीच होऊ शकते. पण ती शेतीच्या पहिल्या दिवसापासून मिळत नाही. अनेक वर्षे योग्य प्रणाली उभारल्यानंतर, विश्वासू आणि प्रशिक्षित माणसे तयार केल्यानंतर, प्रक्रिया स्थिर झाल्यानंतर आणि व्यवसाय स्वयंचलित पद्धतीने चालू लागल्यानंतर मालकाचा सहभाग हळूहळू कमी होऊ शकतो. त्या टप्प्यावर काही प्रमाणात Passive Income निर्माण होऊ शकते.

परंतु सुरुवातीच्या काळात शेतीकडे Passive Income म्हणून पाहणे धोकादायक ठरू शकते. कारण त्या अपेक्षेमुळे अनेक लोक प्रत्यक्ष आवश्यक असलेला वेळ, मेहनत आणि व्यवस्थापन देत नाहीत. परिणामी शेतीत अपयश येते आणि त्यांना वाटते की शेतीच चुकीची होती. प्रत्यक्षात समस्या शेतीत नसून अपेक्षांमध्ये असते.

शेती सुरू करण्यापूर्वी स्वतःला एक प्रामाणिक प्रश्न विचारणे आवश्यक आहे. "मी पैसे गुंतवायला तयार आहे, पण मी वेळ गुंतवायला तयार आहे का?" कारण बहुतांश लोक शेतीत पैशाअभावी अपयशी होत नाहीत. ते वेळ, लक्ष आणि व्यवस्थापनाच्या अभावामुळे अपयशी होतात.

लक्षात ठेवा, शेती ही ATM मशीन नाही की पैसे टाकले आणि नियमित पैसे बाहेर आले. शेती ही एक जिवंत व्यवस्था आहे. ती माती, पाणी, वनस्पती, प्राणी, हवामान, माणसे आणि व्यवस्थापन यांची एकत्रित साखळी आहे. या साखळीला सतत लक्ष, योग्य निर्णय आणि जबाबदारीची गरज असते. जो हे समजून शेतीत उतरतो, त्याच्या यशाची शक्यता नेहमीच अधिक असते.

९. प्रत्यक्ष अनुभव न घेता थेट शेतीत उतरलो

शेतीत येणाऱ्या अनेक लोकांची एक समान चूक म्हणजे त्यांनी शेतीबद्दल भरपूर माहिती गोळा केलेली असते, पण प्रत्यक्ष अनुभव घेतलेला नसतो. त्यांनी अनेक पुस्तके वाचलेली असतात, शेकडो यूट्यूब व्हिडिओ पाहिलेले असतात, यशस्वी शेतकऱ्यांच्या मुलाखती ऐकलेल्या असतात आणि विविध तज्ज्ञांचे सल्लेही घेतलेले असतात. पण स्वतः हातात कोयता घेऊन काम केलेले नसते, पिकाची जबाबदारी घेतलेली नसते किंवा एखादा हंगाम पूर्णपणे अनुभवलेला नसतो.

ज्ञान आणि अनुभव या दोन वेगळ्या गोष्टी आहेत. ज्ञान तुम्हाला काय करायचे हे सांगते, पण अनुभव तुम्हाला ते प्रत्यक्ष कसे करायचे हे शिकवतो. शेतीमध्ये या दोन्ही गोष्टींची गरज असते. फक्त ज्ञान पुरेसे नसते आणि फक्त अनुभवही पुरेसा नसतो. पण नवीन लोकांमध्ये ज्ञानाचे प्रमाण जास्त आणि अनुभवाचे प्रमाण अत्यंत कमी असते.

यूट्यूबवर एखादे पीक पाहणे खूप सोपे असते. एखाद्या व्हिडिओमध्ये दहा मिनिटांत संपूर्ण शेती यशस्वी झाल्याचे दाखवले जाते. मुलाखतींमध्ये एखादा शेतकरी वर्षाला लाखो रुपयांचा नफा कमावत असल्याचे सांगतो. हे सर्व प्रेरणादायी असते. पण त्या यशाच्या मागे किती वर्षांचे अपयश, किती चुकीचे निर्णय, किती आर्थिक नुकसान, किती प्रयोग आणि किती कठोर परिश्रम आहेत, हे सहसा दिसत नाही.

सोशल मीडियामध्ये शेवटचा परिणाम दिसतो. प्रत्यक्ष शेतीमध्ये मात्र संपूर्ण प्रवास जगावा लागतो.

अनेक लोकांची सर्वात मोठी चूक म्हणजे ते आधी जमीन खरेदी करतात आणि नंतर शिकायला सुरुवात करतात. प्रत्यक्षात हा क्रम उलटा असायला हवा. आधी शिकणे, मग अनुभव घेणे आणि त्यानंतरच गुंतवणूक करणे. कारण अनुभवाशिवाय केलेली गुंतवणूक अनेकदा महागडी ठरते.

एखादा माणूस पोहायला शिकण्याआधी नदीत उडी मारत नाही. विमान चालवायला शिकण्याआधी विमान विकत घेत नाही. डॉक्टर होण्याआधी वर्षानुवर्षे प्रशिक्षण घेतो. पण शेतीच्या बाबतीत अनेक लोक थेट लाखो रुपयांची जमीन खरेदी करतात आणि त्यानंतर शेती शिकण्याचा प्रयत्न करतात. यामध्ये धोका एवढाच की शिकण्याची किंमत खूप मोठी असते.

शेतीतील अनेक चुका काही हजार रुपयांत शिकता येतात, जर त्या दुसऱ्याच्या शेतावर किंवा लहान प्रमाणावर शिकल्या तर. पण त्याच चुका स्वतःच्या शेतावर केल्या तर त्यासाठी लाखो रुपये, अनेक महिने आणि कधी कधी अनेक वर्षे खर्ची पडू शकतात.

म्हणून शेती सुरू करण्यापूर्वी शक्य तितका प्रत्यक्ष अनुभव घेणे आवश्यक आहे. यशस्वी शेतकऱ्यांच्या शेतावर वेळ घालवा. फक्त पाहुणे म्हणून जाऊ नका, तर कामगारांसोबत काम करा. पेरणीच्या वेळी उपस्थित राहा. सिंचन कसे केले जाते ते पाहा. रोगराई आल्यावर काय निर्णय घेतले जातात ते समजून घ्या.

कापणीच्या वेळी निर्माण होणाऱ्या अडचणी पाहा. विक्री प्रक्रियेत सहभागी व्हा.

एक दिवसाची फार्म व्हिजिट आणि एक संपूर्ण हंगाम जवळून अनुभवणे यामध्ये जमीन-आस्मानाचा फरक असतो. फार्म व्हिजिटमध्ये यश दिसते. हंगामात वास्तव दिसते.

अनेकांना वाटते की त्यांच्याकडे व्यवसायाचा अनुभव आहे, व्यवस्थापनाचा अनुभव आहे किंवा मोठे प्रकल्प हाताळण्याची क्षमता आहे, त्यामुळे शेती सहज जमेल. हा आत्मविश्वास चांगला असला तरी शेतीचा स्वभाव वेगळा असतो. येथे निसर्ग हा भागीदार असतो. हवामान, माती, पाणी, कीड, रोग, बाजारभाव आणि मजूर यांच्यासोबत काम करावे लागते. त्यामुळे इतर क्षेत्रातील अनुभव उपयुक्त ठरतो, पण तो शेतीतील अनुभवाची जागा घेऊ शकत नाही.

शेतीतील अनेक गोष्टी पुस्तकात वाचून किंवा व्हिडिओ पाहून शिकता येत नाहीत. माती हातात घेतल्यावरच तिचा स्वभाव कळतो. पाण्याची कमतरता अनुभवल्यावरच त्याचे महत्त्व समजते. पिकावर रोग आल्यावरच निर्णय घेण्याची वेळ काय असते ते कळते. आणि बाजारात उत्पादन विकायला गेल्यावरच उत्पादन करणे आणि विकणे या दोन वेगळ्या गोष्टी आहेत हे लक्षात येते.

चिखलात उतरल्याशिवाय शेती समजत नाही. उन्हात उभे राहिल्याशिवाय पाण्याची किंमत समजत नाही. आणि एक संपूर्ण

हंगाम जगल्याशिवाय शेतकऱ्याची चिंता, त्याचे निर्णय आणि त्याचे संघर्ष समजत नाहीत.

म्हणून शेतीत उतरण्यापूर्वी शक्य तितका अनुभव घ्या. कारण अनुभवाशिवाय केलेली गुंतवणूक ही जोखीम असते, पण अनुभवानंतर केलेली गुंतवणूक हा विचारपूर्वक घेतलेला निर्णय असतो. शेतीमध्ये पैसे वाचवण्याचा सर्वात स्वस्त मार्ग म्हणजे आधी दुसऱ्यांच्या चुका पाहून शिकणे आणि नंतर स्वतःची शेती सुरू करणे.

१०. लहान सुरुवात करण्याऐवजी मोठा घास घेतला

शेतीत येणाऱ्या नवीन लोकांची एक अतिशय सामान्य आणि महागात पडणारी चूक म्हणजे सुरुवातीलाच खूप मोठे काहीतरी करण्याचा प्रयत्न करणे. त्यांच्या मनात मोठी स्वप्ने असतात आणि ती असायलाच हवीत. पण अनेकदा त्या स्वप्नांच्या तुलनेत अनुभव, कौशल्य आणि प्रत्यक्ष समज खूपच कमी असते. याच ठिकाणी समस्या निर्माण होते.

अनेकांना सुरुवातीलाच दहा किंवा वीस एकर जमीन घ्यायची असते. कुणाला शंभर गायींचा दुग्धव्यवसाय सुरू करायचा असतो. कुणाला हजारो कोंबड्यांचे पोल्ट्री फार्म उभे करायचे असतात. कुणी मोठी फळबाग, मोठे शेड, मोठा गोठा आणि मोठी गुंतवणूक यांचे स्वप्न पाहत असतो. समस्या मोठी स्वप्ने पाहण्यात नसते. समस्या अशी असते की अनुभव लहान असतो, पण प्रकल्प खूप मोठा असतो.

शेतीमध्ये सर्वाधिक चुका सुरुवातीच्या काळात होतात. कारण त्या काळात आपण अजून शिकत असतो. कोणते पीक योग्य आहे, पाण्याची गरज किती आहे, मातीचा स्वभाव काय आहे, मजुरांचे व्यवस्थापन कसे करायचे, बाजारपेठ कशी समजून घ्यायची, उत्पादन खर्चाचा अंदाज कसा बांधायचा, यासारख्या अनेक गोष्टी अनुभवातून शिकाव्या लागतात.

सुरुवातीला पिकांची निवड चुकू शकते. पाण्याचा अंदाज चुकीचा ठरू शकतो. मजूर वेळेवर मिळणार नाहीत. बाजारभाव अपेक्षेप्रमाणे मिळणार नाहीत. उत्पादन खर्च अंदाजापेक्षा जास्त निघू शकतो. या चुका जवळजवळ प्रत्येक नवीन शेतकरी करतो. फरक फक्त एवढाच असतो की काही लोक या चुका लहान प्रमाणावर करतात, तर काही लोक त्याच चुका मोठ्या प्रमाणावर करतात.

जर प्रकल्प लहान असेल तर या चुकांची किंमत मर्यादित असते. नुकसान झाले तरी ते सांभाळता येते. शिकायला मिळते आणि पुढच्या वेळी सुधारणा करता येते. पण प्रकल्प खूप मोठा असेल तर त्याच चुका लाखो रुपयांचे नुकसान करून जातात. आर्थिक ताण वाढतो, आत्मविश्वास कमी होतो आणि काही वेळा संपूर्ण प्रकल्पच अडचणीत येतो.

मी अनेक वेळा असे पाहिले आहे की एखाद्या व्यक्तीने पहिल्याच दिवशी मोठी जमीन घेतली, मोठे बांधकाम केले, मोठी गुंतवणूक केली आणि काही वर्षांनंतर निराश होऊन शेतीपासून दूर गेला. कारण त्याने व्यवसाय उभारण्यापूर्वी शिकण्याचा टप्पाच वगळला होता.

याउलट काही लोक अत्यंत साध्या पद्धतीने सुरुवात करतात. ते एका एकरापासून सुरुवात करतात. दहा कोंबड्यांपासून सुरुवात करतात. काही झाडे लावून त्यांचा अभ्यास करतात. लहान प्रमाणावर प्रयोग करतात. चुका करतात, पण त्या चुका

परवडण्यासारख्या असतात. त्यातून शिकतात, सुधारणा करतात आणि मग हळूहळू विस्तार करतात.

अशा लोकांचे यशाचे प्रमाण सामान्यतः जास्त असते. कारण त्यांनी आधी पाया मजबूत केलेला असतो. त्यांना स्वतःच्या जमिनीचा, स्वतःच्या परिस्थितीचा आणि स्वतःच्या क्षमतेचा अंदाज आलेला असतो. त्यामुळे विस्तार करताना त्यांचे निर्णय अधिक वास्तववादी असतात.

शेतीमध्ये स्केल वाढवणे तुलनेने सोपे असते. एक एकरावर यश मिळाले तर दोन एकर करता येतात. दहा गायी यशस्वीपणे सांभाळल्या तर वीस गायी वाढवता येतात. पण एकदा मोठे नुकसान झाले तर ते कमी करणे खूप कठीण असते. म्हणूनच सुरुवातीला वाढीचा विचार करण्यापेक्षा टिकून राहण्याचा विचार अधिक महत्त्वाचा असतो.

माझ्या मते शेती सुरू करताना पहिल्या काही वर्षांचे उद्दिष्ट नफा कमावणे नसावे. त्या काळातील सर्वात महत्त्वाचे उद्दिष्ट शिकणे असावे. कारण प्रत्यक्षात पहिल्या काही वर्षांत तुम्ही फक्त शेती करत नसता, तर शेतीचे शिक्षण घेत असता. फरक एवढाच असतो की या शिक्षणाची फी कॉलेजला न देता तुम्ही स्वतःच्या चुका करून भरत असता.

अनेक नवीन शेतकरी एक गोष्ट विसरतात. अनुभव हा विकत मिळत नाही. तो कोणत्याही पुस्तकात पूर्णपणे शिकता येत नाही. तो कोणत्याही यूट्यूब व्हिडिओमध्ये मिळत नाही. अनुभव कमवावा

लागतो. आणि अनुभव कमवण्याचा सर्वात स्वस्त मार्ग म्हणजे लहान सुरुवात करणे.

म्हणून शेतीत उतरताना मोठे विचार करा. मोठी स्वप्ने बाळगा. भविष्यात मोठा व्यवसाय उभा करण्याचे ध्येय ठेवा. पण सुरुवात मात्र शक्य तितकी लहान करा. कारण लहान सुरुवात ही भीतीचे लक्षण नसते, ती शहाणपणाचे लक्षण असते.

नदी पार करताना पहिल्याच पावलात मधोमध उडी मारली जात नाही. आधी पाणी किती खोल आहे, प्रवाह किती वेगवान आहे आणि पायाखालील जमीन किती मजबूत आहे हे पाहिले जाते. शेतीतही हाच नियम लागू होतो. मोठे यश मिळवायचे असेल तर सुरुवात लहान करण्याची तयारी असावी लागते. कारण शेतीमध्ये अनेकदा संथ सुरुवातच दीर्घकालीन यशाचा पाया ठरते.

११. स्वतःच्या क्षमता आणि मर्यादांचा प्रामाणिक विचार केला नाही

शेतीत येताना अनेक लोक जमीन, पाणी, हवामान, पीक पद्धती, बाजारपेठ आणि तंत्रज्ञान यांचा सखोल अभ्यास करतात. पण एक अत्यंत महत्त्वाची गोष्ट मात्र अनेकदा दुर्लक्षित राहते. ती म्हणजे स्वतःचा अभ्यास. शेती सुरू करण्यापूर्वी सर्वात महत्त्वाचा प्रश्न जमीन कशी आहे हा नसतो. सर्वात महत्त्वाचा प्रश्न असतो, "मी कसा आहे?"

कारण शेतीतील यश केवळ जमिनीवर अवलंबून नसते. ते शेती करणाऱ्या माणसावरही तितकेच अवलंबून असते. प्रत्येक व्यक्तीची क्षमता, स्वभाव, आवड, मर्यादा, आर्थिक परिस्थिती, मानसिक ताकद आणि जीवनशैली वेगळी असते. त्यामुळे प्रत्येकासाठी योग्य असलेली शेतीही वेगळी असू शकते.

काही लोकांना व्यवस्थापन उत्कृष्ट जमत असते. ते माणसे हाताळू शकतात, कामांचे नियोजन करू शकतात आणि मोठ्या प्रकल्पांचे संचालन करू शकतात. काही लोक विक्रीमध्ये तरबेज असतात. त्यांना ग्राहकांशी संवाद साधणे, बाजारपेठ तयार करणे आणि उत्पादन विकणे सहज जमते. काही लोक तांत्रिक गोष्टींमध्ये मजबूत असतात. त्यांना उत्पादन प्रक्रिया, यंत्रसामग्री, सिंचन व्यवस्था किंवा तांत्रिक उपाय चांगले समजतात. तर काही लोक

अत्यंत मेहनती असतात, पण व्यवस्थापन किंवा विक्रीमध्ये कमकुवत असतात.

याशिवाय प्रत्येकाच्या परिस्थितीही वेगळ्या असतात. काही लोकांकडे पैसा असतो, पण वेळ नसतो. काही लोकांकडे वेळ असतो, पण भांडवल नसते. काही जण पूर्णवेळ शेती करू शकतात, तर काहींना इतर व्यवसाय किंवा नोकरी सांभाळत शेती करावी लागते.

समस्या तेव्हा निर्माण होते जेव्हा आपण स्वतःचे मूल्यांकन चुकीचे करतो. काही लोक स्वतःला वास्तवापेक्षा जास्त सक्षम समजतात. त्यांना वाटते की त्यांनी आयुष्यात मोठ्या कंपन्यांमध्ये काम केले आहे, मोठे व्यवसाय उभे केले आहेत किंवा मोठे आर्थिक यश मिळवले आहे, त्यामुळे शेती सहज जमेल. पण शेती कोणाची पदवी, पैसा किंवा पूर्वीचे यश पाहून चालत नाही. शेतीचे स्वतःचे नियम असतात. ती प्रत्येकाला पुन्हा नव्याने शिकवते.

दुसरीकडे काही लोक स्वतःला इतके कमी लेखतात की त्यांच्याकडे चांगल्या संधी असूनही ते पुढे जाण्याचे धाडस करत नाहीत. त्यांना सतत अपयशाची भीती वाटते. त्यामुळे ते सुरुवातच करत नाहीत. ही दुसरी टोकाची चूक आहे. अति आत्मविश्वास आणि आत्मविश्वासाचा अभाव, दोन्ही शेतीसाठी धोकादायक ठरू शकतात.

म्हणून शेतीत उतरण्यापूर्वी स्वतःबद्दल काही कठीण आणि प्रामाणिक प्रश्न विचारणे आवश्यक आहे. मी प्रत्यक्ष रोज किती वेळ

देऊ शकतो? मी शेतावर जाऊन काम करण्यास तयार आहे का? मला माणसांचे व्यवस्थापन करता येते का? मला विक्री आणि ग्राहकांशी संवाद साधता येतो का? माझ्याकडे अपयश पचवण्याची मानसिक ताकद आहे का? मी सतत नवीन गोष्टी शिकण्यास तयार आहे का?

या प्रश्नांची खरी उत्तरेच पुढील दिशा ठरवतात. उदाहरणार्थ, ज्याच्याकडे वेळ नाही त्याने रोज उपस्थिती लागणारे व्यवसाय निवडताना सावधगिरी बाळगली पाहिजे. ज्याला विक्री जमत नाही त्याने थेट ग्राहकांपर्यंत पोहोचणारे मॉडेल निवडताना अतिरिक्त तयारी केली पाहिजे. ज्याच्याकडे भांडवल कमी आहे त्याने कमी गुंतवणुकीत सुरू होणाऱ्या पर्यायांचा विचार केला पाहिजे. आणि ज्याला माणसे हाताळणे जमत नाही, त्याने मोठ्या प्रमाणावर मजूर व्यवस्थापन लागणाऱ्या प्रकल्पांबाबत वास्तववादी दृष्टिकोन ठेवला पाहिजे.

शेतीत यशस्वी होण्यासाठी सर्व काही येणे आवश्यक नसते. कोणालाही सर्व गोष्टी जमत नाहीत. यशस्वी शेतकरी तो नसतो जो प्रत्येक क्षेत्रात तज्ज्ञ असतो. यशस्वी शेतकरी तो असतो जो स्वतःच्या ताकदी ओळखतो, स्वतःच्या मर्यादा मान्य करतो आणि त्यानुसार योग्य निर्णय घेतो.

प्रत्यक्षात शेतीतील अनेक समस्या निसर्गामुळे निर्माण होत नाहीत. त्या चुकीच्या आत्ममूल्यांकनामुळे निर्माण होतात. माणूस स्वतःला जितका समजतो आणि प्रत्यक्षात जितका असतो यामधील अंतर

जितके जास्त, तितक्या अडचणी वाढतात. त्यामुळे शेतीत यशस्वी होण्याची सुरुवात अनेकदा जमिनीपासून होत नाही, ती स्वतःला ओळखण्यापासून होते.

म्हणून जमीन खरेदी करण्यापूर्वी, पीक निवडण्यापूर्वी, गोठा बांधण्यापूर्वी किंवा लाखो रुपयांची गुंतवणूक करण्यापूर्वी एकदा आरशात पाहा. जमिनीचा अभ्यास करण्यापूर्वी स्वतःचा अभ्यास करा. कारण योग्य जमीन मिळणे महत्त्वाचे आहे, पण योग्य व्यक्ती बनणे त्याहून अधिक महत्त्वाचे आहे. शेतीतील अनेक निर्णय मातीवर घेतले जातात, पण त्यांचे परिणाम शेवटी माणसाच्या स्वभावावर आणि क्षमतेवर अवलंबून असतात.

१२. कुटुंबाची तयारी आणि सहकार्य गृहीत धरले

शेतीत येण्याचा निर्णय अनेक वेळा एक व्यक्ती घेत असते, पण त्या निर्णयाचे परिणाम संपूर्ण कुटुंबाला भोगावे लागतात. ही गोष्ट अनेक नवीन शेतकरी दुर्लक्षित करतात. त्यांना शेती करायची असते, गावाकडे राहायचे असते, शहरातील जीवन सोडायचे असते किंवा निसर्गाच्या जवळ जायचे असते. पण त्यांच्या जोडीदाराला, मुलांना किंवा कुटुंबातील इतर सदस्यांना नेमके काय हवे आहे, याचा पुरेसा विचार अनेकदा केला जात नाही.

शेती हा फक्त आर्थिक निर्णय नसतो. तो जीवनशैली बदलणारा निर्णय असतो. नोकरी बदलण्यापेक्षा, व्यवसाय सुरू करण्यापेक्षा किंवा नवीन घर घेण्यापेक्षा त्याचा प्रभाव अनेकदा अधिक खोलवर असतो. कारण शेतीत येताना केवळ उत्पन्नाचे साधन बदलत नाही, तर राहण्याची पद्धत, सामाजिक वातावरण, मुलांचे शिक्षण, आरोग्य सुविधा, मित्रपरिवार, प्रवास, करिअरच्या संधी आणि दैनंदिन जीवनातील अनेक गोष्टी बदलतात.

विशेषतः जे लोक शहरातून गावाकडे स्थलांतर करण्याचा विचार करतात त्यांनी या मुद्द्याकडे अत्यंत गांभीर्याने पाहिले पाहिजे. शहरातील जीवनाची सवय असलेल्या कुटुंबासाठी गावातील जीवनशैली स्वीकारणे नेहमीच सोपे नसते. काही गोष्टींमध्ये गावातील जीवन अधिक समृद्ध असते, तर काही बाबतीत मर्यादा

असू शकतात. हा बदल प्रत्येक व्यक्ती वेगवेगळ्या पद्धतीने अनुभवत असतो.

अनेक वेळा शेतीची आवड कुटुंबातील एका व्यक्तीला असते, पण त्याची किंमत संपूर्ण कुटुंब मोजत असते. कधी मुलांच्या शिक्षणासाठी अतिरिक्त प्रवास करावा लागतो. कधी चांगल्या शाळा किंवा इतर सुविधा दूर असतात. कधी जोडीदाराला स्वतःच्या करिअरच्या संधी सोडाव्या लागतात. कधी सामाजिक जीवन पूर्णपणे बदलते. कधी गावातील वातावरणाशी जुळवून घेण्यासाठी अपेक्षेपेक्षा जास्त वेळ लागतो.

या गोष्टी सुरुवातीला फारशा जाणवत नाहीत. कारण नवीन स्वप्नांचा उत्साह मोठा असतो. नवीन जागा, नवीन प्रकल्प आणि नवीन जीवनशैली याबद्दल आकर्षण असते. पण काही वर्षांनंतर जेव्हा दैनंदिन वास्तव समोर येते, तेव्हा अनेक लपलेल्या समस्या दिसू लागतात.

परिणाम असा होतो की काही वेळा शेतीतील समस्या कमी आणि कौटुंबिक समस्या जास्त निर्माण होतात. शेतातील प्रकल्प तांत्रिकदृष्ट्या यशस्वी असतो, आर्थिकदृष्ट्या टिकाऊ असतो, पण कुटुंब समाधानी नसते. अशा परिस्थितीत अनेकांना आपले निर्णय पुन्हा विचारात घ्यावे लागतात. काही वेळा गाव सोडून पुन्हा शहराकडे जावे लागते. काही वेळा प्रकल्पाचा आकार बदलावा लागतो. आणि काही वेळा संपूर्ण योजना नव्याने आखावी लागते.

मी अनेक वेळा असे पाहिले आहे की शेतातील प्रकल्प उत्तम प्रकारे चालू असतो. उत्पादन चांगले असते, आर्थिक स्थितीही ठीक असते. पण कुटुंब आनंदी नसल्यामुळे शेवटी निर्णय बदलावा लागतो. कारण शेतीतील यश आणि जीवनातील समाधान या दोन वेगळ्या गोष्टी आहेत. एक मिळवताना दुसरे गमावले जात असेल, तर दीर्घकालीन यश टिकणे कठीण होते.

म्हणून शेतीत येण्यापूर्वी एक गोष्ट स्पष्टपणे समजून घेतली पाहिजे. जमीन तुमची असू शकते. गुंतवणूक तुमची असू शकते. निर्णय तुमचा असू शकतो. पण त्या निर्णयाचे परिणाम फक्त तुमच्यावर होत नाहीत. ते तुमच्या संपूर्ण कुटुंबावर होतात.

यासाठी मोठी गुंतवणूक करण्यापूर्वी आणि आयुष्याची दिशा बदलण्यापूर्वी कुटुंबासोबत स्पष्ट आणि प्रामाणिक चर्चा करणे आवश्यक आहे. त्यांच्या अपेक्षा काय आहेत? त्यांच्या चिंता काय आहेत? त्यांना कोणत्या गोष्टींबद्दल भीती वाटते? त्यांना कोणत्या सुविधा महत्त्वाच्या वाटतात? आणि सर्वात महत्त्वाचे म्हणजे ते या प्रवासासाठी खरोखर तयार आहेत का?

या प्रश्नांची उत्तरे आधी मिळाली तर पुढील अनेक अडचणी टाळता येतात. काही वेळा कुटुंब पूर्णपणे सहकार्य करते आणि संपूर्ण प्रवास अधिक सोपा होतो. काही वेळा काही तडजोडी कराव्या लागतात. मुलांच्या शिक्षणासाठी वेगळी व्यवस्था करावी लागते, राहण्याच्या पद्धतीत बदल करावे लागतात किंवा व्यवसायाचे स्वरूप बदलावे लागते. आणि काही वेळा शेतीचा संपूर्ण आराखडादेखील बदलावा लागू शकतो.

पण या सर्व गोष्टी सुरुवातीलाच स्पष्ट झालेल्या चांगल्या. कारण गैरसमजांवर उभा राहिलेला प्रकल्प कितीही चांगला असला तरी त्यामध्ये तणाव निर्माण होण्याची शक्यता असते. उलट स्पष्ट संवाद आणि परस्पर संमतीवर उभा राहिलेला प्रकल्प अधिक स्थिर आणि टिकाऊ असतो.

शेतीत येताना जमीन, पाणी, पैसा, तंत्रज्ञान आणि बाजारपेठ यांचा विचार नक्की करा. पण त्याचबरोबर एक प्रश्न स्वतःला प्रामाणिकपणे विचारा.

"माझे कुटुंबही या निर्णयात माझ्यासोबत आहे का?"

कारण शेतीचा प्रवास एकट्याचा असू शकतो, पण त्याचे परिणाम कधीच एकट्यावर होत नाहीत. दीर्घकालीन यशासाठी सुपीक जमीन जितकी आवश्यक आहे, तितकाच कुटुंबाचा पाठिंबाही आवश्यक असतो.

१३. उत्पादनाचा विचार केला पण विक्रीचा नाही

शेतीत येणाऱ्या नवीन लोकांची कदाचित ही सर्वात महागात पडणारी चूक असते. ते काय पिकवायचे याचा खूप विचार करतात, पण ते विकायचे कुणाला याचा विचार करत नाहीत. त्यांना उत्पादनाची चिंता असते, पण बाजारपेठेची चिंता नसते. प्रत्यक्षात मात्र शेतीतील सर्वात मोठी समस्या उत्पादनाची नसून विक्रीची असते.

आज हजारो शेतकरी उत्तम दर्जाचा भाजीपाला, फळे, धान्य, दूध किंवा इतर उत्पादने तयार करू शकतात. तंत्रज्ञान उपलब्ध आहे, माहिती उपलब्ध आहे आणि उत्पादन वाढवण्याचे अनेक मार्ग उपलब्ध आहेत. पण त्या उत्पादनाला योग्य ग्राहक शोधणे, योग्य किमतीत विकणे आणि सातत्याने विक्री टिकवून ठेवणे ही खरी कसोटी असते. उत्कृष्ट उत्पादन तयार करणारे शेतकरी भरपूर आहेत, पण उत्कृष्ट विक्रेते शेतकरी फार कमी आहेत.

नवीन शेतकरी सहसा एका चुकीच्या गृहितकावर काम करतात. त्यांना वाटते की चांगला माल तयार झाला की तो आपोआप विकला जाईल. पण बाजारपेठ असे काम करत नाही. ग्राहक तुमच्या शेतावर येऊन उभे राहत नाहीत. व्यापारी तुमची वाट पाहत बसत नाहीत. हॉटेल, किराणा दुकाने, प्रोसेसिंग उद्योग किंवा अंतिम ग्राहकांना तुमच्या उत्पादनाबद्दल माहितीही नसते. तुम्हालाच त्यांच्यापर्यंत पोहोचावे लागते.

अनेक लोक आधी पीक ठरवतात आणि नंतर बाजार शोधायला सुरुवात करतात. प्रत्यक्षात हा क्रम उलटा असायला हवा. आधी बाजारपेठ शोधली पाहिजे, ग्राहक शोधला पाहिजे, मागणी समजून घेतली पाहिजे आणि त्यानंतर उत्पादनाचा निर्णय घेतला पाहिजे. कारण तुम्हाला काय पिकवायचे आहे यापेक्षा बाजाराला काय हवे आहे हे अधिक महत्त्वाचे असते.

अनेकदा काही शेतकरी उत्कृष्ट दर्जाचा भाजीपाला पिकवतात, पण ग्राहक नसतात. काही जण फळबाग लावतात, पण काढणीच्या वेळी माल घेणारा कोणी नसतो. काही जण सेंद्रिय उत्पादन करतात, पण सेंद्रिय ग्राहक शोधण्यासाठी आवश्यक असलेले नेटवर्क त्यांच्याकडे नसते. परिणाम असा होतो की उत्पादन उत्कृष्ट असूनही आर्थिक यश मिळत नाही.

यामध्ये आणखी एक महत्त्वाची गोष्ट आहे, जी अनेक लोक पूर्णपणे दुर्लक्षित करतात. ती म्हणजे भौगोलिक अंतर. विशेषतः शहरातून गावाकडे स्थलांतर करणाऱ्या लोकांसाठी हा अत्यंत महत्त्वाचा मुद्दा आहे.

अनेक लोक असा विचार करतात की शहर सोडायचे, गावात जाऊन राहायचे आणि शेती करायची. हे ऐकायला आकर्षक वाटते. पण मग एक मूलभूत प्रश्न उभा राहतो. विक्री कोण करणार?

तुम्ही शेतावर राहून दररोज शहरात जाऊन ग्राहक भेटणार का? हॉटेल्स, किराणा दुकाने, सुपरमार्केट, सोसायट्या, ग्राहक गट

आणि वितरक यांच्याशी संपर्क ठेवणार का? जर शेतावरूनच माल विकायचा असेल तर ग्राहक शेतावर कसे येणार? विक्रीचे नेटवर्क कोण उभारणार? लॉजिस्टिक्स कोण सांभाळणार?

अनेक वेळा लोक शहर सोडतात आणि नकळतपणे आपले सर्वात मोठे बलस्थान गमावून बसतात. त्यांचे शहरातील संपर्क कमी होतात. ग्राहकांशी संवाद कमी होतो. बाजारपेठेतील हालचालींपासून ते दूर जातात. उत्पादन वाढते, पण विक्रीची ताकद कमी होते.

याउलट काही वेळा शहरात राहून शेती करणे अधिक फायदेशीर ठरते. कारण शेतीचा व्यवसाय हा फक्त उत्पादनाचा नसतो, तर उत्पादन आणि विक्री यांचा एकत्रित व्यवसाय असतो. शेतावर उत्पादन तयार होते, पण पैसा बाजारातून येतो. ग्राहक, विक्री चॅनेल, ब्रँडिंग आणि नेटवर्क हे अनेकदा जमिनीपेक्षा अधिक मौल्यवान ठरतात.

मी अनेक वेळा असे पाहिले आहे की चांगला उत्पादक असलेला शेतकरी अडचणीत येतो, पण चांगला विक्रेता असलेला शेतकरी मार्ग काढतो. कारण उत्पादन तयार करणे ही फक्त अर्धी लढाई असते. उरलेली अर्धी लढाई विक्रीची असते.

म्हणून शेती सुरू करण्यापूर्वी स्वतःला काही अत्यंत महत्त्वाचे प्रश्न विचारा. माझा ग्राहक कोण आहे? तो कुठे आहे? तो किती पैसे देण्यास तयार आहे? मी त्याच्यापर्यंत कसा पोहोचणार? माझे विक्री

नेटवर्क कोणते आहे? आणि सर्वात महत्त्वाचे म्हणजे, माझा माल विकला गेला नाही तर पर्याय काय आहे?

या प्रश्नांची उत्तरे नसतील तर तुम्ही उत्पादन सुरू करण्यासाठी तयार नाही. कारण एक किलो टोमॅटो पिकवणे महत्त्वाचे आहे, पण तो किलो कोणाला, कितीला आणि किती सातत्याने विकता येतो हे त्याहून महत्त्वाचे आहे.

लक्षात ठेवा, शेती हा उत्पादनाचा व्यवसाय नाही. तो विक्रीचा व्यवसाय आहे. शेतात पीक उगवते, पण नफा बाजारात तयार होतो. आणि ज्याने विक्रीचा विचार आधी केला, ग्राहक आधी शोधला आणि बाजारपेठ आधी उभी केली, त्याच्याकडे उत्पादनासाठी नेहमीच जागा असते.

१४. फक्त शेतीवर अवलंबून राहण्याचा निर्णय घेतला

शेतीत येणाऱ्या अनेक लोकांची एक धोकादायक चूक म्हणजे त्यांनी स्वतःसाठी दुसरा कोणताही आर्थिक आधार ठेवलेला नसतो. त्यांना वाटते की शेती सुरू झाली की सर्व खर्च शेतीतूनच निघतील. घरखर्च, मुलांचे शिक्षण, आरोग्य खर्च, कर्जाचे हप्ते आणि भविष्यातील गरजा या सगळ्या गोष्टी शेती सहज सांभाळेल अशी अपेक्षा असते. प्रत्यक्षात मात्र बहुतेक वेळा असे होत नाही. विशेषतः सुरुवातीच्या काही वर्षांत तरी नाही.

शेती हा अनिश्चित व्यवसाय आहे. पाऊस, बाजारभाव, रोगराई, कीड, मजुरांची उपलब्धता, सरकारी धोरणे आणि इतर अनेक गोष्टी उत्पन्नावर परिणाम करत असतात. काही वेळा सर्व काही योग्य करूनही अपेक्षित उत्पन्न मिळत नाही. अशा परिस्थितीत जर तुमच्या कुटुंबाचे संपूर्ण आर्थिक भविष्य फक्त शेतीवर अवलंबून असेल, तर प्रत्येक अडचण संकट बनते.

पिकाचे नुकसान झाले की चिंता. बाजारभाव पडले की चिंता. उत्पन्न उशिरा आले की चिंता. घरखर्च कसा भागवायचा, शाळेची फी कशी भरायची, कर्जाचे हप्ते कसे द्यायचे याचा मानसिक ताण वाढू लागतो. अशा वेळी शेतकरी अनेकदा चुकीचे निर्णय घेतो. कमी भावात माल विकतो. अर्धवट प्रयोग बंद करतो. दीर्घकालीन फायद्याचे निर्णय टाळतो आणि तात्पुरता दिलासा देणारे निर्णय घेतो. कारण त्याच्याकडे वाट पाहण्याची आर्थिक ताकद नसते.

शेतीमध्ये संयम ठेवण्यासाठी आर्थिक श्वास घेण्याची जागा असावी लागते. ही जागा पूरक उत्पन्न निर्माण करते. ते उत्पन्न नोकरीचे असू शकते, व्यवसायाचे असू शकते, भाडे उत्पन्नाचे असू शकते, प्रक्रिया उद्योगाचे असू शकते किंवा कुटुंबातील दुसऱ्या सदस्याच्या उत्पन्नाचे असू शकते. अनेक यशस्वी शेतकऱ्यांच्या मागे हा आर्थिक आधार असतो. बाहेरून लोकांना फक्त त्यांची शेती दिसते, पण पडद्यामागे त्यांना टिकून राहण्याची ताकद देणारा दुसरा आर्थिक स्त्रोत असतो.

मात्र याचा अर्थ असा नाही की फक्त शेतीवर अवलंबून राहणे अशक्य आहे. नक्कीच शक्य आहे. पण त्यासाठी शेतीचे मॉडेल वेगळे असावे लागते. जर तुमच्याकडे फक्त एकच पीक असेल, वर्षातून एक किंवा दोन वेळा उत्पन्न मिळत असेल आणि उर्वरित काळात रोख प्रवाह नसेल, तर संपूर्ण कुटुंबाचा खर्च त्या शेतीवर चालवणे अत्यंत कठीण ठरते.

फक्त शेतीवर अवलंबून राहायचे असेल तर उत्पन्नाचे अनेक स्रोत एकाच शेतातून निर्माण करावे लागतात. उदाहरणार्थ, आमच्या मॉडेलमध्ये दूध आहे, अंडी आहेत, भाजीपाला आहे, फळे आहेत, ठोक माल आहे, कोंबड्यांची विक्री आहे. काही काळ शेळीपालनही होते. म्हणजे वर्षभरात वेगवेगळ्या वेळेला वेगवेगळ्या स्रोतांमधून पैसा येत राहतो. एका गोष्टीचा बाजारभाव कमी झाला तर दुसरी गोष्ट आधार देते. एका उत्पादनात नुकसान झाले तरी संपूर्ण व्यवस्था कोलमडत नाही.

याहूनही महत्त्वाची गोष्ट म्हणजे खर्चाचा मोठा भाग शेतातूनच भरून निघतो. माझ्या ताटातील जवळपास नव्वद टक्के अन्न माझ्या शेतातून येते. दूध, अंडी, भाजीपाला, फळे, दुग्धजन्य पदार्थ आणि इतर अनेक गोष्टी विकत घ्याव्या लागत नाहीत. त्यामुळे केवळ उत्पन्न वाढत नाही, तर खर्चही कमी होतो. हा आर्थिक फायदा अनेकदा लोकांच्या लक्षात येत नाही.

याउलट जर एखादी व्यक्ती फक्त कोरडवाहू शेती करत असेल, वर्षातून एक-दोन पिकांवर अवलंबून असेल आणि त्याशिवाय दुसरा कोणताही रोख प्रवाह नसेल, तर पूर्णपणे शेतीवर अवलंबून राहणे खूप कठीण होऊ शकते. कारण त्या परिस्थितीत उत्पन्नाची अनिश्चितता जास्त आणि नियंत्रण कमी असते.

म्हणूनच फक्त शेतीवर अवलंबून राहणे आणि फक्त एका पिकावर अवलंबून राहणे या दोन वेगळ्या गोष्टी आहेत. अनेक लोक या दोन्ही गोष्टी एकच समजतात. प्रत्यक्षात यशस्वी शेती व्यवस्थांमध्ये बहुतेक वेळा विविध उत्पन्न स्रोत, विविध उत्पादने आणि विविध रोख प्रवाह असतात.

शेतीने स्वतःचा खर्च उचलणे, नंतर घरखर्च उचलणे आणि शेवटी संपत्ती निर्माण करणे हा एक प्रवास असतो. पहिल्याच दिवसापासून ती अपेक्षा ठेवणे धोकादायक ठरू शकते. त्यामुळे शेतीत उतरण्यापूर्वी स्वतःला एक प्रश्न विचारणे आवश्यक आहे.

"जर पुढील काही वर्षे शेतीतून अपेक्षित उत्पन्न मिळाले नाही, तर माझ्याकडे पर्याय काय आहे?"

या प्रश्नाचे उत्तर नसेल तर तुम्ही शेतीत गुंतवणूक करत आहात, पण जोखीम व्यवस्थापन करत नाही आहात.

लक्षात ठेवा, शेती मजबूत करण्याचा सर्वात सोपा मार्ग म्हणजे तिच्या उत्पन्नाचे विविध स्रोत तयार करणे. आर्थिकदृष्ट्या मोकळा शेतकरी संयमाने निर्णय घेऊ शकतो. तो बाजारभावाची वाट पाहू शकतो. नवीन प्रयोग करू शकतो. दीर्घकालीन विचार करू शकतो. पण आर्थिकदृष्ट्या अडकलेला शेतकरी अनेकदा परिस्थितीने निर्णय घ्यायला भाग पाडला जातो.

म्हणून प्रश्न फक्त शेतीवर अवलंबून राहण्याचा नाही. प्रश्न असा आहे की तुमची शेती स्वतःमध्ये किती विविध, लवचिक आणि टिकाऊ आहे. कारण एकाच आधारावर उभे राहिलेले घर वादळात कोसळू शकते, पण अनेक खांबांवर उभे राहिलेली व्यवस्था अधिक काळ टिकून राहते.

१५. इतरांचे यश पाहिले पण त्यामागील संघर्ष पाहिला नाही

शेतीत येणाऱ्या अनेक लोकांची ही शेवटची आणि कदाचित सर्वात मानवी चूक असते. आपण यश पाहतो, पण संघर्ष पाहत नाही. आपण परिणाम पाहतो, पण प्रक्रिया पाहत नाही. आपण फळे पाहतो, पण त्या फळांना पोसणारी मुळे पाहत नाही. आणि याच कारणामुळे अनेक लोक शेतीबद्दल अवास्तव अपेक्षा तयार करून घेतात.

एखाद्या शेतकऱ्याचे सुंदर शेत पाहिले की आपल्याला त्याचे आजचे यश दिसते. हिरवीगार फळबाग दिसते. भरलेला गोठा दिसतो. चांगले घर दिसते. आधुनिक यंत्रसामग्री दिसते. सोशल मीडियावर लाखो व्ह्यूज दिसतात. त्याच्या उत्पादनांना मिळणारा चांगला भाव दिसतो. ग्राहकांची रांग दिसते. पण या सर्व गोष्टींच्या मागे असलेली वर्षानुवर्षांची झुंज मात्र दिसत नाही.

आपल्याला त्याचा आजचा दिवस दिसतो, पण कालचा संघर्ष दिसत नाही.

किती वेळा पिके फसली होती हे दिसत नाही. किती वेळा चुकीचे निर्णय घेतले गेले होते हे दिसत नाही. किती वेळा आर्थिक संकट आले होते, किती वेळा कर्जाचा ताण होता, किती वेळा बाजारभावांनी निराश केले होते, किती वेळा नवीन प्रयोग अपयशी

ठरले होते, हे बाहेरच्या जगाला सहसा दिसत नाही. कारण लोक यश दाखवतात, संघर्ष नाही.

विशेषतः सोशल मीडियाच्या काळात हा भ्रम अधिक वाढला आहे. एखादा शेतकरी पंधरा वर्षे झगडून उभा राहतो, पण आपल्याला त्याचा फक्त पंधरा मिनिटांचा यूट्यूब व्हिडिओ दिसतो. आपण त्याचा परिणाम पाहतो, पण त्या परिणामासाठी दिलेली किंमत पाहत नाही.

अनेक नवीन शेतकरी याच सापळ्यात अडकतात. ते एखाद्या यशस्वी शेतकऱ्याच्या आयुष्याचा शेवटचा अध्याय पाहतात आणि स्वतःच्या आयुष्याची सुरुवात त्याच पानापासून करण्याचा प्रयत्न करतात. त्यांना वाटते की आज जे दिसत आहे, तेच वास्तव आहे. पण प्रत्यक्षात ते अनेक वर्षांच्या संघर्षाचे अंतिम चित्र असते.

समजा तुम्ही एखाद्या शेतकऱ्याच्या शेतावर भेट दिली. त्याने दहा एकरात उत्कृष्ट फळबाग उभी केली आहे. त्याला चांगले उत्पन्न मिळत आहे. त्याचे ग्राहक तयार आहेत. त्याचे नाव झाले आहे. हे पाहून प्रेरणा मिळणे स्वाभाविक आहे. पण स्वतःला एक प्रश्न विचारा. ही फळबाग पहिल्या वर्षी अशीच होती का? त्याला पहिल्या दिवसापासून ग्राहक मिळाले होते का? तो पहिल्या दिवसापासून नफ्यात होता का? की त्याने अनेक वर्षे प्रयोग, अपयश, नुकसान, चुका आणि शिक्षण यामधून हा टप्पा गाठला?

बहुतेक वेळा उत्तर दुसरेच असते.

शेतीतील प्रत्येक यशोगाथेमध्ये काही गोष्टी दिसतात आणि काही गोष्टी लपलेल्या असतात. दिसते ते यश. लपलेले असते ते अपयश. दिसतो तो नफा. लपलेले असते ते नुकसान. दिसते ती फळबाग. लपलेली असतात ती हजारो सुकलेली रोपे. दिसतो तो आत्मविश्वास. लपलेली असतात ती शेकडो शंका आणि चिंता.

म्हणून यशस्वी शेतकऱ्यांचा अभ्यास करताना त्यांच्या यशापेक्षा त्यांच्या प्रवासाचा अभ्यास करा. त्यांनी कोणत्या चुका केल्या? कोणते निर्णय चुकीचे ठरले? कोणत्या संकटांचा सामना केला? कोणत्या अडचणींवर मात केली? कोणत्या गोष्टी पुन्हा करायच्या असतील तर वेगळ्या पद्धतीने करतील? हे प्रश्न अधिक महत्त्वाचे आहेत.

मला नेहमी असे वाटते की एखाद्या शेतकऱ्याने किती पैसे कमावले हे विचारण्यापेक्षा त्याने किती चुका केल्या हे विचारणे अधिक उपयुक्त असते. कारण यशाची नक्कल करता येत नाही. प्रत्येकाची जमीन वेगळी असते, परिस्थिती वेगळी असते, बाजारपेठ वेगळी असते आणि क्षमता वेगळी असते. पण चुका टाळता येतात. दुसऱ्यांच्या अनुभवातून शिकता येते.

शेतीत येताना प्रेरणा घ्या, पण तुलना करू नका. दुसऱ्याचे यश पाहा, पण स्वतःचा प्रवास विसरू नका. कारण तुलना अनेकदा निराशा निर्माण करते, तर समजून घेतलेली प्रेरणा दिशा देते.

लक्षात ठेवा, प्रत्येक हिरव्यागार शेतामागे असंख्य अयशस्वी हंगाम लपलेले असतात. प्रत्येक यशस्वी शेतकऱ्यामागे लोकांना न

दिसणाऱ्या शेकडो चुका असतात. आणि प्रत्येक मोठ्या यशामागे अनेक वेळा हार मानायची इच्छा झालेली असते.

शेतीचा खरा अभ्यास यशाकडे पाहून होत नाही. तो संघर्ष समजून घेतल्यावर होतो. कारण शेवटी यश म्हणजे चुका न होणे नाही. यश म्हणजे चुका, अपयश, नुकसान आणि अडचणी यांच्यानंतरही टिकून राहणे होय.

म्हणून शेतीत उतरताना इतरांच्या फळांकडे पाहण्यापेक्षा त्यांच्या मुळांचा शोध घ्या. कारण झाड किती उंच आहे यापेक्षा ते जमिनीत किती खोल रुजले आहे हे अधिक महत्त्वाचे असते.

जमीन निवडताना

१६. जमीन तुमच्या व्यवसायाला योग्य आहे का?

शेतीमध्ये येणाऱ्या नव्या लोकांची सर्वात मोठी चूक कोणती असेल तर ती म्हणजे आधी जमीन खरेदी करणे आणि नंतर त्यात काय करायचे याचा विचार करणे. प्रत्यक्षात प्रक्रिया याच्या नेमकी उलटी असायला हवी. आधी व्यवसाय ठरवला पाहिजे आणि मग त्या व्यवसायाला योग्य अशी जमीन शोधली पाहिजे.

माझ्याकडे अनेक लोक सल्ला घ्यायला येतात. त्यांनी आधी दोन, पाच किंवा दहा एकर जमीन घेतलेली असते. त्यानंतर ते विचारतात, "आता या जमिनीत काय करता येईल?" हा प्रश्न जमीन खरेदी करण्यापूर्वी विचारायला हवा होता. एकाच जमिनीवर सर्व प्रकारचे व्यवसाय यशस्वीपणे करता येतात असे नाही.

आपण घर बांधताना आधी प्लॉट घेऊन नंतर घराचा विचार करत नाही. घराची गरज, आकार, बजेट आणि वापर ठरवून मग जागा निवडतो. शेतीत मात्र अनेक लोक भावनेच्या भरात जमीन घेतात आणि नंतर त्या जमिनीत एखादा व्यवसाय बसवण्याचा प्रयत्न करतात. त्यामुळे पुढे अनेक अडचणी निर्माण होतात.

उदाहरणार्थ, फळबाग आणि भाजीपाला या दोन्ही शेतीच्या प्रकारांसाठी आवश्यक असलेल्या जमिनीच्या गरजा पूर्णपणे वेगळ्या असतात. फळबाग हा दीर्घकालीन निर्णय असतो. एकदा आंबा, मोसंबी, डाळिंब किंवा इतर फळझाडे लावली की पुढील दहा-

पंधरा वर्षे त्याच निर्णयाचे परिणाम भोगावे लागतात. त्यामुळे अशा जमिनीसाठी दीर्घकालीन पाण्याची उपलब्धता, खोल माती, हवामानाची स्थिरता आणि भविष्यातील जोखीम यांचा विचार करावा लागतो.

भाजीपाला मात्र वेगळे गणित आहे. भाजीपाला उत्पादनात माती आणि पाण्याइतकाच बाजारपेठेचा प्रश्न महत्त्वाचा असतो. उत्कृष्ट भाजीपाला पिकवून काही उपयोग नाही, जर तो योग्य वेळी ग्राहकांपर्यंत पोहोचवता आला नाही तर. अनेक जण स्वस्त म्हणून शहरापासून खूप दूर जमीन घेतात आणि नंतर वाहतुकीचा खर्च, वेळ आणि माल खराब होण्यामुळे नफ्याचा मोठा भाग गमावतात. भाजीपाला हा केवळ शेती व्यवसाय नसून तो उत्पादन आणि वितरण यांचा संयुक्त व्यवसाय आहे.

डेअरी व्यवसायाचे गणित आणखी वेगळे आहे. गायींना रविवारी सुट्टी नसते आणि दूध उत्पादन वर्षभर चालू असते. त्यामुळे डेअरीसाठी जमीन निवडताना केवळ चारा उत्पादनाचा विचार पुरेसा नसतो. पशुवैद्यकीय सेवा, दूध संकलन व्यवस्था, कामगारांची उपलब्धता, वीज, रस्ता आणि बाजारपेठ यांचाही तितकाच विचार करावा लागतो. स्वस्त म्हणून घेतलेली दूरवरची जमीन डेअरी व्यवसायासाठी महाग ठरू शकते.

पोल्ट्री व्यवसायातही अनेकजण चुकतात. गावाच्या अगदी जवळ जमीन घेतली तर दुर्गंधी, माशा किंवा आवाज यांबद्दल तक्रारी येऊ शकतात. मुख्य रस्त्यावर जमीन घेतली तर जैवसुरक्षेचे प्रश्न निर्माण

होतात. खूप आत जमीन घेतली तर खाद्य, औषधे आणि उत्पादनांची वाहतूक महाग पडते. त्यामुळे पोल्ट्रीसाठी जमीन निवडताना इतर शेती व्यवसायांपेक्षा वेगळ्या निकषांचा विचार करावा लागतो.

सेंद्रिय शेती करू इच्छिणाऱ्या लोकांनी तर आणखी सावध असणे आवश्यक आहे. अनेकदा स्वतःची जमीन उत्तम असते, पण शेजारील शेतात मोठ्या प्रमाणात रासायनिक फवारण्या होत असतात. वाऱ्याबरोबर फवारणीचे कण, पाण्याबरोबर रसायने किंवा इतर प्रदूषण येऊ शकते. त्यामुळे सेंद्रिय शेतीमध्ये केवळ स्वतःची जमीन पाहून चालत नाही, तर आजूबाजूचा परिसरही तपासावा लागतो.

कृषी पर्यटनाचा विचार करणाऱ्यांची चूक वेगळी असते. त्यांना शेतीपेक्षा दृश्य अधिक महत्त्वाचे असते. काही जमीन शेतीसाठी उत्कृष्ट असते पण पर्यटनासाठी निरुपयोगी असते. तर काही जमीन पर्यटनासाठी उत्तम असते पण व्यावसायिक शेतीसाठी फारशी योग्य नसते. त्यामुळे कृषी पर्यटन आणि शेती हे दोन वेगळे व्यवसाय आहेत हे लक्षात घेतले पाहिजे.

मी अनेकदा पाहिले आहे की लोक "ही जमीन चांगली आहे का?" असा प्रश्न विचारतात. प्रत्यक्षात हा चुकीचा प्रश्न आहे. योग्य प्रश्न असा आहे की "मला जो व्यवसाय करायचा आहे, त्यासाठी ही जमीन योग्य आहे का?"

जमीन स्वतःहून चांगली किंवा वाईट नसते. एखादी जमीन फळबागेसाठी उत्कृष्ट असू शकते, पण भाजीपाल्यासाठी अयोग्य असू शकते. एखादी जमीन डेअरीसाठी आदर्श असू शकते, पण पोल्ट्रीसाठी अडचणीची ठरू शकते. काही जमीन कृषी पर्यटनासाठी सोन्याची खाण असते, पण पारंपरिक शेतीसाठी सामान्य असते.

शेतीतील अनेक चुका नंतर सुधारता येतात. माती सुधारता येते, पाणी साठवता येते, कुंपण करता येते, तंत्रज्ञान बदलता येते. पण चुकीच्या व्यवसायासाठी घेतलेली जमीन दुरुस्त करणे अत्यंत कठीण असते. त्यामुळे जमीन खरेदी करण्यापूर्वी सर्वात पहिला प्रश्न जमिनीबद्दल नसून स्वतःच्या व्यवसायाबद्दल असला पाहिजे.

"मला नेमके काय करायचे आहे?"

या प्रश्नाचे स्पष्ट उत्तर मिळाल्यावरच योग्य जमीन शोधण्याची प्रक्रिया सुरू करावी.

१७. हवामान आणि पावसाचा पट्टा समजून घेतला का?

जमीन खरेदी करताना बहुतेक लोक माती पाहतात, पाणी पाहतात, रस्ता पाहतात आणि भावाची घासाघीस करतात. पण एक गोष्ट मात्र अनेकदा दुर्लक्षित राहते. ती म्हणजे त्या भागाचे हवामान.

शेतीमध्ये तुम्ही अनेक गोष्टी बदलू शकता. माती सुधारू शकता. पाणी साठवू शकता. कुंपण करू शकता. नवीन तंत्रज्ञान वापरू शकता. पण हवामान बदलू शकत नाही. त्यामुळे जमीन निवडताना त्या भागाचे हवामान, पावसाचा स्वभाव आणि दीर्घकालीन नैसर्गिक परिस्थिती समजून घेणे अत्यंत आवश्यक असते.

आजकाल सोशल मीडियामुळे अनेक लोक देशभरातील यशस्वी प्रकल्प पाहतात. कुठे डाळिंब यशस्वी झालेले दिसते, कुठे आंब्याची बाग, कुठे भाजीपाला, कुठे फुलशेती. मग त्यांना वाटते की हा मॉडेल आपल्या जमिनीवरही तसाच चालेल. प्रत्यक्षात शेती ही कॉपी-पेस्ट करण्याची गोष्ट नाही. प्रत्येक प्रदेशाचे हवामान वेगळे असते.

मला अनेकदा असे लोक भेटतात जे कोकणातील एखादी जमीन पाहून प्रेमात पडतात. हिरवेगार डोंगर, धबधबे, भरपूर पाऊस, समुद्राची जवळीक आणि निसर्गसौंदर्य पाहून ते लगेच जमीन

खरेदी करण्याचा निर्णय घेतात. पण पर्यटनासाठी सुंदर दिसणारा प्रदेश शेतीसाठी सर्वोत्तम असेलच असे नाही.

कोकणात भरपूर पाऊस पडतो हे खरे आहे. पण तो पाऊस प्रामुख्याने काही महिन्यांतच पडतो. अनेक ठिकाणी माती हलकी असते, उतार जास्त असतात आणि पाणी साठवण्याची क्षमता मर्यादित असते. अनेक रब्बी पिके तेथे सहज घेता येत नाहीत. काही भागांत यंत्रांचा वापरही अवघड होतो. त्यामुळे केवळ निसर्गरम्य वातावरण पाहून जमीन घेणे ही महागात पडणारी चूक ठरू शकते.

दुसऱ्या टोकाला दुष्काळी भाग आहेत. अनेकांना अशा भागात जमीन स्वस्त मिळते म्हणून ती आकर्षक वाटते. मोठे क्षेत्र कमी पैशात मिळते. पण जमीन स्वस्त का आहे हा प्रश्न विचारला जात नाही. काही वर्षे चांगला पाऊस पडला म्हणून तो भाग कायमचा बदलला असे समजणे धोकादायक असते.

शेतीचे नियोजन चांगल्या वर्षांवर नाही तर वाईट वर्षांवर केले पाहिजे. एखादा व्यवसाय सलग तीन वर्षे कमी पाऊस पडला तरी टिकू शकेल का, हा प्रश्न महत्त्वाचा असतो. विशेषतः फळबाग करणाऱ्यांनी हा विचार नक्की केला पाहिजे. फळबाग लावल्यानंतर मागे फिरणे सोपे नसते.

काही लोक ऊसपट्ट्यातील जमीन पाहून निश्चिंत होतात. त्यांना वाटते की आजूबाजूला ऊस दिसतो म्हणजे पाण्याची काहीच समस्या नाही. प्रत्यक्षात अनेक भागांमध्ये ऊस हा भूजलाच्या

मोठ्या उपशावर उभा असतो. काही ठिकाणी धरणाचे पाणी मिळत असते. काही ठिकाणी वर्षानुवर्षे साठवलेली जलसंपत्ती वापरली जात असते. आज ऊस आहे म्हणून पुढील पंधरा वर्षे पाणी उपलब्ध राहीलच याची खात्री नसते.

ऊस एक वर्षासाठी पाणी मागतो. पण आंबा, मोसंबी, डाळिंब किंवा इतर फळबाग पुढील दहा-पंधरा वर्षे पाणी मागते. त्यामुळे ऊस दिसतो म्हणून फळबाग लावण्याचा निर्णय घेणे चुकीचे ठरू शकते.

आणखी एक सामान्य चूक म्हणजे पावसाचे सरासरी आकडे पाहून निर्णय घेणे. समजा एखाद्या भागात वार्षिक ७०० मिलिमीटर पाऊस पडतो. हा आकडा पाहून तो भाग चांगला आहे असे वाटू शकते. पण महत्त्वाचा प्रश्न असा आहे की हा पाऊस कसा पडतो?

जर ७०० मिलिमीटर पावसापैकी ५०० मिलिमीटर पाऊस चार दिवसांत पडत असेल आणि उरलेले दोन महिने कोरडे जात असतील, तर त्या भागाचे शेतीसाठीचे गणित पूर्णपणे वेगळे असते. त्यामुळे पावसाचे प्रमाण महत्त्वाचे असले तरी पावसाचा स्वभाव त्याहून महत्त्वाचा असतो.

त्याच तालुक्यातील दोन गावांमध्येही मोठा फरक असू शकतो. एका गावात थंडी जास्त असते, दुसऱ्या गावात गारपीट जास्त होते. कुठे धुके पडते, कुठे उष्णता जास्त असते, कुठे वाऱ्याचा वेग जास्त असतो. ही माहिती इंटरनेटवर मिळत नाही. ती स्थानिक शेतकऱ्यांशी बोलल्यावरच मिळते.

आज हवामान बदलामुळे ही समस्या आणखी गंभीर झाली आहे. पूर्वी काही प्रमाणात ऋतूंचे गणित निश्चित होते. आता अतिवृष्टी, अवकाळी पाऊस, गारपीट, उष्णतेच्या लाटा आणि दीर्घ कोरडे कालखंड सामान्य होत चालले आहेत. त्यामुळे जमीन निवडताना फक्त आजची परिस्थिती न पाहता पुढील वीस वर्षांचा विचार करणे आवश्यक झाले आहे.

माझ्या मते जमीन खरेदी करण्यापूर्वी किमान दहा वर्षांचा पावसाचा इतिहास, दुष्काळाचा इतिहास, पूरस्थिती, तापमानातील चढउतार आणि स्थानिक शेतकऱ्यांचे अनुभव समजून घेतले पाहिजेत. अनेक लोक माती परीक्षण करतात, पण हवामान परीक्षण करत नाहीत. प्रत्यक्षात दोन्ही गोष्टी तितक्याच महत्त्वाच्या आहेत.

लक्षात ठेवा, चुकीची माती काही प्रमाणात सुधारता येते. कमी पाणी असेल तर साठवता येते. कुंपण करता येते. रस्ता करता येतो. पण चुकीच्या हवामान पट्ट्यात घेतलेली जमीन बदलता येत नाही.

म्हणून जमीन निवडताना जमिनीकडे पाहण्यापूर्वी आकाशाकडे पाहायला शिका. शेतीचे अंतिम नियंत्रण अनेकदा जमिनीपेक्षा हवामानाकडेच असते.

१८. पाणी आहे का, आणि पुढेही राहणार आहे का?

जमीन खरेदी करताना लोक सर्वात जास्त कोणत्या प्रश्नावर भर देतात तर तो म्हणजे पाणी. जमीन पाहायला गेल्यावर पहिला प्रश्न असतो, "पाणी आहे का?"

हा प्रश्न योग्य आहे. पण अपुरा आहे.

योग्य प्रश्न असा आहे, "आज पाणी आहे, पण पुढील दहा-पंधरा वर्षे राहणार आहे का?"

शेतीमधील अनेक अपयशांची सुरुवात इथून होते. लोक सध्याची परिस्थिती पाहतात, पण भविष्यातील परिस्थितीचा विचार करत नाहीत. विशेषतः फळबाग, डेअरी किंवा इतर दीर्घकालीन प्रकल्पांसाठी ही चूक खूप महागात पडते.

मला अनेक लोक भेटतात ज्यांनी जमीन घेताना दोन चालू बोअरवेल पाहिलेल्या असतात. त्यांना वाटते की पाण्याचा प्रश्न कायमचा सुटला. पण दोन-तीन वर्षांनी त्याच बोअरवेलचा डिस्चार्ज कमी होतो किंवा ती पूर्णपणे कोरडी पडते. त्यानंतर संपूर्ण व्यवसाय अडचणीत येतो.

बोअरवेल ही पाण्याची हमी नसते. ती फक्त त्या क्षणाचा फोटो असते.

खरा प्रश्न असा असतो की त्या भागातील भूजल पातळी मागील दहा वर्षांत कशी बदलली आहे? आसपासच्या विहिरींची स्थिती काय आहे? दरवर्षी नवीन बोअर किती खोदल्या जात आहेत? लोक किती खोल जात आहेत? परिसरातील जलस्रोतांची स्थिती सुधारते आहे की बिघडते आहे?

ही माहिती अनेकदा कागदावर मिळत नाही. ती स्थानिक लोकांकडून मिळते.

जमीन घेण्यापूर्वी किमान पाच-दहा शेतकऱ्यांशी बोलले पाहिजे. त्यांना विचारले पाहिजे की दहा वर्षांपूर्वी पाणी किती खोलीवर होते आणि आज किती आहे. काही मिनिटांची ही चर्चा लाखो रुपयांचे नुकसान वाचवू शकते.

अनेक जण फक्त पाण्याचे प्रमाण पाहतात. पण पाण्याची गुणवत्ता तपासत नाहीत. ही आणखी एक मोठी चूक आहे.

पाणी दिसायला स्वच्छ असले तरी ते शेतीसाठी योग्य असेलच असे नाही. काही भागांत पाण्यात क्षारांचे प्रमाण जास्त असते. काही ठिकाणी TDS खूप जास्त असतो. काही भागांत सोडियमचे प्रमाण धोकादायक पातळीवर असते. सुरुवातीला काही वर्षे समस्या जाणवत नाही. पण हळूहळू मातीची रचना बिघडू लागते, उत्पादन कमी होते आणि जमीन निकृष्ट होत जाते.

मी अशा अनेक शेतकऱ्यांना पाहिले आहे ज्यांच्याकडे भरपूर पाणी आहे, पण त्या पाण्यामुळेच त्यांची जमीन खराब झाली आहे.

म्हणून जमीन खरेदी करण्यापूर्वी पाण्याची तपासणी करणे हे माती परीक्षणाइतकेच महत्त्वाचे आहे.

पाण्याबाबत आणखी एक भ्रम म्हणजे जवळ धरण आहे, कालवा आहे किंवा नदी आहे म्हणून कायम पाणी मिळेल असे समजणे.

भारतामध्ये पाण्याचे राजबदलते. पाणी वाटप बदलते. पिकांची पद्धत बदलते. लोकसंख्या वाढते. औद्योगिक वापर वाढतो. शहरांची गरज वाढते. आज उपलब्ध असलेले पाणी उद्या उपलब्ध राहीलच याची खात्री नसते.

विशेषतः फळबाग लावताना हा विचार अत्यंत महत्त्वाचा आहे.

एक वर्षाचा ऊस वाळला तर नुकसान होते.

पंधरा वर्षांची मोसंबी किंवा आंब्याची बाग वाळली तर आयुष्यभर आठवण राहते.

पाणी उपलब्धतेचा विचार करताना फक्त स्वतःच्या जमिनीचा विचार करू नका. संपूर्ण परिसराचा विचार करा. आजूबाजूला मोठ्या प्रमाणात ऊस आहे का? नवीन फळबागा वाढत आहेत का? भूजलाचा वापर झपाट्याने वाढतो आहे का? या प्रश्नांची उत्तरे भविष्यातील पाण्याची दिशा सांगतात.

मला नेहमी एक गोष्ट मजेशीर वाटते. जमीन पाहायला गेले की मालक नेहमी उन्हाळ्यातसुद्धा पाण्याने भरलेली टाकी दाखवतो. पण ती टाकी कशाने भरली आहे हे कोणी विचारत नाही.

पाणी साठलेले दिसणे आणि पाणी टिकून राहणे या दोन वेगळ्या गोष्टी आहेत.

काही लोक पाणीटंचाईच्या भागात उत्कृष्ट जलसंधारण करून यशस्वी झालेले असतात. तर काही लोक भरपूर पाऊस पडणाऱ्या भागातसुद्धा पाण्याअभावी अडचणीत असतात. प्रश्न केवळ पाण्याचा नसून पाणी व्यवस्थापनाचा असतो.

जमीन खरेदी करताना एक महत्त्वाचा प्रश्न स्वतःला विचारा.

जर पुढील तीन वर्षे पाऊस सरासरीपेक्षा कमी पडला, तर माझा व्यवसाय टिकेल का?

जर या प्रश्नाचे उत्तर "नाही" असेल तर जमीन कितीही स्वस्त असली, माती कितीही चांगली असली किंवा परिसर कितीही सुंदर असला तरी पुन्हा विचार करणे आवश्यक आहे.

शेतीमध्ये पैसा, तंत्रज्ञान, मेहनत आणि व्यवस्थापन यांची कमतरता काही प्रमाणात भरून काढता येते. पण पाण्याची कमतरता भरून काढणे अत्यंत कठीण असते.म्हणून जमीन निवडताना फक्त "पाणी आहे का?" हा प्रश्न विचारू नका. "हे पाणी पुढील पंधरा वर्षे टिकणार आहे का?" हा प्रश्न विचारा.

शेतीतील अनेक स्वप्ने पाण्याच्या कमतरतेमुळे नव्हे, तर पाण्याबद्दलच्या चुकीच्या गृहितकांमुळे उद्ध्वस्त होतात.

१९. माती आणि भूभाग समजून घेतला का?

जमीन खरेदी करताना लोक सर्वात जास्त फसतात ती मातीच्या बाबतीत. माती दिसते एकसारखी, पण तिचे गुणधर्म पूर्णपणे वेगळे असू शकतात.

अनेक जण जमीन पाहायला जातात, हातात थोडी माती घेतात, ती काळी दिसली की खूश होतात आणि निर्णय जवळजवळ पक्का करतात. पण शेतीमध्ये मातीचा रंग हा तिच्या गुणवत्तेचा सर्वात विश्वासार्ह निकष नाही.

माझ्या मते जमीन निवडताना मातीपेक्षा भूभाग समजून घेणे जास्त महत्त्वाचे आहे. चुकीची माती काही प्रमाणात सुधारता येते, पण चुकीचा भूभाग बदलणे अत्यंत खर्चिक असते.

सर्वप्रथम मातीची खोली तपासली पाहिजे. वरचे चार-सहा इंच चांगले दिसत असले तरी खाली दोन फूटांवर खडक लागतो का, चुनखडीचा थर आहे का, कठीण पॅन आहे का, हे समजून घेतले पाहिजे. विशेषतः फळबागेचा विचार असेल तर हा मुद्दा अत्यंत महत्त्वाचा आहे. झाडांची मुळे जितकी खोल जाऊ शकतात तितकी झाडांची वाढ, उत्पादन आणि दुष्काळ सहन करण्याची क्षमता वाढते.

मी अनेक वेळा पाहिले आहे की वरून उत्कृष्ट दिसणाऱ्या जमिनीवर काही फूटांनंतर खडक लागतो. अशा जमिनीत पहिली काही वर्षे झाडे चांगली दिसतात, पण नंतर वाढ खुंटते.

शेतकऱ्याला वाटते की खत, पाणी किंवा रोगाचा प्रश्न आहे. प्रत्यक्षात समस्या जमिनीच्या पोटात असते.

मातीचा प्रकार देखील तितकाच महत्त्वाचा आहे. काळी जमीन, मध्यम जमीन, हलकी जमीन, गाळाची जमीन, लाल माती, खडकाळ जमीन यापैकी प्रत्येक प्रकाराची ताकद आणि मर्यादा वेगळी असते.

काळी जमीन पाणी धरून ठेवते, पण जास्त पाऊस झाला तर निचऱ्याचा प्रश्न निर्माण होऊ शकतो.

हलकी जमीन निचरा चांगला करते, पण पाणी आणि अन्नद्रव्ये धरून ठेवण्याची क्षमता कमी असते.

गाळाची जमीन उत्पादनक्षम असू शकते, पण पूराचा धोका वाढवते.

म्हणून "कुठली माती सर्वोत्तम?" या प्रश्नाचे उत्तर नसते. योग्य प्रश्न असा असतो, "माझ्या व्यवसायासाठी कुठली माती योग्य आहे?"

भूभाग समजून घेताना उतार हा अनेक लोक दुर्लक्षित करतात.

जमीन सपाट दिसते म्हणून ती सपाट असतेच असे नाही. पावसाचे पाणी कोणत्या दिशेने वाहते, कुठे साचते, कुठे धूप होते, कुठे चिखल तयार होतो, हे पाहिले पाहिजे.

अनेक लोक उन्हाळ्यात जमीन पाहतात. त्या वेळी सर्व काही व्यवस्थित दिसते. पण पावसाळ्यात त्याच जमिनीच्या एका कोपऱ्यात पाणी साचते, दुसऱ्या भागात माती वाहून जाते आणि तिसऱ्या भागात चिखलाचे साम्राज्य तयार होते.

म्हणून शक्य असल्यास जमीन किमान एकदा पावसाळ्यात पाहावी.

जमिनीचा नैसर्गिक निचरा हा फार महत्त्वाचा मुद्दा आहे. पाणी साठवणे जितके महत्त्वाचे आहे तितकेच अतिरिक्त पाणी बाहेर काढणे महत्त्वाचे आहे.

अनेक शेतकरी पाण्याअभावी त्रस्त असतात, पण तितकेच शेतकरी पाण्याच्या अतिरेकामुळे त्रस्त असतात.

विशेषतः फळबाग, पोल्ट्री आणि काही भाजीपाला पिकांमध्ये पाणी साचणे हे दुष्काळाइतकेच धोकादायक ठरू शकते.

माती परीक्षण हा विषय अनेकदा फक्त खत व्यवस्थापनापुरता मर्यादित समजला जातो. प्रत्यक्षात जमीन खरेदी करण्यापूर्वी माती परीक्षण करणे ही अत्यंत चांगली गुंतवणूक असते.

pH किती आहे, सेंद्रिय कर्ब किती आहे, क्षारता आहे का, चुनखडीचे प्रमाण किती आहे, यामुळे भविष्यातील अनेक समस्या आधीच समजू शकतात.

लाखो रुपयांची जमीन घेण्यापूर्वी काही हजार रुपयांची तपासणी टाळणे हा व्यवहारातील मोठा विरोधाभास आहे.

मला अनेकदा लोक विचारतात, "वाईट माती सुधारता येते का?"

उत्तर आहे, हो.

सेंद्रिय पदार्थ वाढवता येतात. बायोचार वापरता येतो. कंपोस्ट देता येते. आच्छादन करता येते. सूक्ष्मजीव वाढवता येतात. अनेक गोष्टी सुधारता येतात.

पण खडकाळ भूभाग, सतत पाणी साचणारी जागा, खोलवर क्षारयुक्त थर किंवा अतिशय चुकीचा उतार सुधारण्यासाठी प्रचंड खर्च येतो.

म्हणून जमीन निवडताना फक्त वरची माती पाहू नका. जमिनीच्या पोटात काय आहे ते समजून घ्या.

लक्षात ठेवा, पिकाचे यश जमिनीच्या वर दिसते. पण त्याची कारणे बहुतेक वेळा जमिनीच्या खाली लपलेली असतात.

शेतीमध्ये झाडे, पिके आणि उत्पादन हे फक्त परिणाम असतात. त्याची खरी सुरुवात माती आणि भूभागापासून होते.

म्हणून जमीन निवडताना डोळ्यांनी दिसणाऱ्या गोष्टींपेक्षा जमिनीखाली असलेल्या गोष्टी समजून घेण्यावर जास्त भर द्या.

२०. रस्ता आणि वाहतूक व्यवस्था

जमीन खरेदी करताना लोक माती पाहतात, पाणी पाहतात, परिसर पाहतात. पण रस्त्याकडे फारसे लक्ष देत नाहीत. जमीन पाहायला जाताना बहुतेक वेळा आपण स्वतःच्या गाडीत जातो. एकदा आत पोहोचलो की रस्ता चांगला आहे की वाईट याचा फारसा विचार होत नाही.

प्रत्यक्षात अनेक शेती व्यवसायांचे यश किंवा अपयश रस्त्यावर ठरते.

मी अनेक शेतकऱ्यांना भेटलो आहे ज्यांच्याकडे चांगली जमीन आहे, भरपूर पाणी आहे, मेहनत आहे, उत्पादन आहे. पण तरीही व्यवसाय अपेक्षेप्रमाणे वाढत नाही. एकच असतो. माल बाहेर काढणे अवघड असते.

शेतीमध्ये उत्पादन करणे ही फक्त अर्धी लढाई असते. उरलेली अर्धी लढाई म्हणजे उत्पादन योग्य वेळी योग्य ठिकाणी पोहोचवणे.

रस्ता हा खर्च नसतो. तो व्यवसायाचा महत्त्वाचा घटक असतो.

अनेक लोक जमीन उन्हाळ्यात पाहतात. त्या वेळी कच्चा रस्ता सुद्धा व्यवस्थित दिसतो. गाडी सहज जाते. धूळ उडते पण अडचण वाटत नाही. मग जमीन घेतली जाते.

पहिला पावसाळा आला की वास्तव समोर येते.

जिथे उन्हाळ्यात रस्ता होता तिथे पावसाळ्यात चिखल असतो. काही ठिकाणी पाणी साचते. काही ठिकाणी वाहन अडकतात. काही ठिकाणी ट्रॅक्टर जाऊ शकतो पण टेम्पो जाऊ शकत नाही. काही ठिकाणी चारचाकी पूर्णपणे बंद होते.

अशा वेळी समजते की जमीन खरेदी करताना रस्ता तपासला नव्हता.

विशेषतः भाजीपाला, फळे, दूध, अंडी, फुले किंवा इतर नाशवंत उत्पादनांच्या व्यवसायात हा प्रश्न अत्यंत गंभीर असतो.

समजा तुमच्याकडे उत्कृष्ट टोमॅटो तयार झाले. पण पावसाळ्यात तीन दिवस वाहन शेतापर्यंत पोहोचू शकले नाही. तर उत्पादन किती चांगले आहे याला काही अर्थ राहत नाही.

बाजारात माल वेळेवर पोहोचणे हे अनेकदा उत्पादनापेक्षा जास्त महत्त्वाचे असते.

काही लोक म्हणतात, "ट्रॅक्टर आहे ना, काही प्रॉब्लेम नाही."

पण शेती केवळ ट्रॅक्टरवर चालत नाही.

खताची गाडी येते.

बियाणे येते.

दूध गाडी जाते.

भाजीपाला बाहेर जातो.

मजूर येतात.

डॉक्टर येतात.

पशुवैद्य येतात.

कुरिअर येते.

सिमेंट, लोखंड, बांधकाम साहित्य येते.

म्हणून रस्ता हा केवळ माल बाहेर नेण्यासाठी नसतो. संपूर्ण व्यवसाय त्यावर उभा असतो.

एक महत्त्वाची गोष्ट म्हणजे रस्ता कोणाचा आहे हे देखील समजून घेतले पाहिजे.

अनेक वेळा जमीन शेतरस्त्याने जोडलेली असते. वर्षानुवर्षे लोक तो वापरत असतात. पण त्याची कायदेशीर स्थिती स्पष्ट नसते.

आज सर्व काही ठीक असते. उद्या शेजाऱ्यांशी वाद झाला की रस्त्याचा प्रश्न उभा राहतो.

म्हणून रस्ता फक्त आहे का हे पाहू नका. तो कायमस्वरूपी उपलब्ध राहील का हे देखील तपासा.

काही ठिकाणी जमीन मुख्य रस्त्याजवळ असते. हे वरकरणी फायदेशीर वाटते. पण त्याचे काही तोटेही असतात. चोरीचा धोका वाढू शकतो. अनावश्यक लोकांची वर्दळ वाढते. भविष्यात रस्ता रुंदीकरण किंवा इतर विकास प्रकल्पांचा प्रश्न निर्माण होऊ शकतो.

तर काही जमीन इतकी आत असते की शांतता भरपूर असते. पण प्रत्येक गोष्टीसाठी अतिरिक्त वेळ, इंधन आणि वाहतूक खर्च करावा लागतो.

म्हणून मुख्य रस्त्यालगत आणि अतिदुर्गम अशा दोन्ही टोकांपासून सावध राहणे आवश्यक आहे.

मी एक साधा नियम पाळतो.

जमीन पाहायला गेल्यावर स्वतःच्या गाडीने पोहोचण्यापेक्षा एक टेम्पो, ट्रक किंवा दूध गाडी त्या शेतापर्यंत सहज पोहोचू शकेल का याचा विचार करतो.

शेती छंद म्हणून करायची असेल तर रस्त्याचे महत्त्व मर्यादित असू शकते. पण व्यवसाय म्हणून करायची असेल तर रस्ता म्हणजे व्यवसायाची रक्तवाहिनी असते.

माती खराब असेल तर सुधारता येते.

पाणी कमी असेल तर साठवता येते.

कुंपण करता येते.

बांध करता येतात.

पण चुकीच्या ठिकाणी असलेली जमीन आणि खराब वाहतूक व्यवस्था याची किंमत अनेक वर्षे मोजावी लागते.

म्हणून जमीन निवडताना एक दिवस पावसाळ्यात त्या रस्त्याने स्वतः जाऊन या.

जमीन वर्षभर तिथेच असते. पण तुमचा माल योग्य वेळी बाजारात पोहोचला नाही तर संपूर्ण व्यवसायाचे गणित बदलू शकते.

२१. जमीन कुठे आहे हे जमिनीपेक्षा महत्त्वाचे असते

बहुतेक लोक जमीन खरेदी करताना जमिनीकडे पाहतात. पण अनुभवी लोक परिसराकडे पाहतात.

अनेक वेळा जमीन चांगली असते, पण तिचे स्थान चुकीचे असते. आणि शेतीमध्ये चुकीचे स्थान ही अशी चूक आहे जी नंतर दुरुस्त करता येत नाही.

माती सुधारता येते. पाणी साठवता येते. कुंपण करता येते. पण जमीन दुसऱ्या ठिकाणी हलवता येत नाही.

म्हणून जमीन निवडताना "जमीन कशी आहे?" यापेक्षा "ती कुठे आहे?" हा प्रश्न जास्त महत्त्वाचा असतो.

गावालगतची जमीन याचे एक चांगले उदाहरण आहे.

अनेकांना गावाजवळ जमीन हवी असते. वीज जवळ असते, लोकांची मदत मिळते, रस्ता असतो आणि सुरक्षितता वाटते. पण गावालगतच्या जमिनींचे काही वेगळे प्रश्नही असतात.

काही ठिकाणी हंगणदारीचा त्रास असतो. काही ठिकाणी लोक कचरा टाकतात. काही ठिकाणी जनावरे मोकाट फिरतात. काही ठिकाणी रात्री दारुडे किंवा टवाळ मंडळींची वर्दळ असते. काही वेळा शेत हे गावाच्या सार्वजनिक जागेसारखे वापरले जाऊ लागते.

सुरुवातीला किरकोळ वाटणाऱ्या या गोष्टी पुढे मोठी डोकेदुखी बनतात.

दुसऱ्या टोकाला खूप आत, एकांतात असलेल्या जमिनी असतात.

अशा जमिनी पाहताना शांतता, निसर्ग आणि एकांत आकर्षक वाटतो. पण प्रत्यक्ष व्यवसाय करताना त्याचे तोटे समोर येतात.

रात्री एखादी अडचण आली तर मदत मिळायला वेळ लागतो. चोरी झाली तर साक्षीदार नसतात. मजूर येण्यास तयार होत नाहीत. साहित्य पोहोचवणे महाग पडते. आपत्कालीन परिस्थितीत हॉस्पिटल किंवा इतर सेवा दूर असतात.

मी अनेक शहरातील लोकांना पाहिले आहे जे एकांताच्या प्रेमात पडून जमीन घेतात. काही वर्षांनी त्याच एकांताचा कंटाळा येतो.

शेती म्हणजे फक्त निसर्ग नाही. ती एक सतत चालणारी व्यवस्थापन प्रक्रिया आहे.

शहरापासूनचे अंतर हा आणखी एक महत्त्वाचा मुद्दा आहे.

जर तुम्ही पूर्णवेळ शेतकरी असाल तर कदाचित हा प्रश्न कमी महत्त्वाचा असेल. पण नोकरी, व्यवसाय किंवा इतर काम सांभाळून शेती करत असाल तर शहरापासूनचे अंतर तुमचे आयुष्य ठरवू शकते.

पहिल्या काही महिन्यांत दोन तासांचा प्रवास रोमांचक वाटतो. काही वर्षांनी तोच प्रवास थकवणारा बनतो.

अनेक लोक जमीन घेताना हा मानसिक आणि शारीरिक खर्च मोजत नाहीत.

भाजीपाला, दूध, अंडी किंवा थेट ग्राहकांना विक्री करणारे व्यवसाय असतील तर बाजारपेठेचे अंतर आणखी महत्त्वाचे ठरते.

मला अनेकदा असे दिसते की लोक जमीन खरेदी करताना प्रति एकर भावावर खूप चर्चा करतात, पण पुढील दहा वर्षांचा वाहतूक खर्च मोजत नाहीत.

कधी कधी बाजारपेठेजवळची महाग जमीन दीर्घकालीन दृष्टिकोनातून स्वस्त पडते आणि दूरची स्वस्त जमीन महाग पडते.

एक गोष्ट नेहमी लक्षात ठेवा.

जमिनीची किंमत आणि जमिनीचे मूल्य या दोन वेगळ्या गोष्टी आहेत.

काही जमीन स्वस्त असते ती खरोखरच कमी उपयुक्त असते.

तर काही जमीन महाग असते तिचे स्थान उत्कृष्ट असते.

शेतीमध्ये लोकेशनचा परिणाम फक्त आर्थिक नसतो. तो मानसिक देखील असतो.

शेतावर जाणे सोपे आहे का?

कुटुंबाला तिथे येणे आवडेल का?

मजूर सहज येतील का?

माल बाहेर काढणे सोपे आहे का?

आपत्कालीन परिस्थितीत मदत मिळेल का?

हे प्रश्न स्वतःला विचारले पाहिजेत.

मी एक गोष्ट वारंवार सांगतो.

लोक जमीन खरेदी करतात जणू काही ते जमीन विकत घेत आहेत. प्रत्यक्षात ते त्या परिसराचा, त्या गावाचा, त्या रस्त्याचा, त्या बाजारपेठेचा आणि त्या सामाजिक वातावरणाचाही व्यवहार करत असतात.

जमीन ही फक्त एका मोठ्या चित्राचा छोटा भाग असते.

म्हणून जमीन निवडताना फक्त सातबारा आणि माती पाहू नका. त्या जागेभोवती दहा किलोमीटरचा परिसर समजून घ्या.

अनेक वेळा यशस्वी शेतीचे रहस्य जमिनीमध्ये नसते, तर त्या जमिनीच्या स्थानामध्ये असते.

२२. शेजारी आणि गावाची मानसिकता

शेतीमध्ये एक गोष्ट अनेक लोक खूप उशिरा शिकतात.

तुम्ही जमीन खरेदी करता, पण प्रत्यक्षात तुम्ही फक्त जमीन विकत घेत नसता. तुम्ही शेजारी, गाव, स्थानिक संस्कृती, सामाजिक वातावरण आणि अनेक वर्षे चालणारे मानवी संबंध देखील विकत घेत असता.

माती, पाणी, रस्ता आणि हवामान यांची माहिती कागदावर मिळू शकते. पण गावाची मानसिकता आणि शेजाऱ्यांचा स्वभाव यासाठी कोणतीही सरकारी वेबसाईट नसते.

याच कारणामुळे अनेक चांगले प्रकल्प अयशस्वी होतात आणि अनेक साधारण प्रकल्प यशस्वी होतात.

मी अनेकदा पाहिले आहे की लोक जमीन खरेदी करण्यापूर्वी माती परीक्षण करतात, पाण्याचे परीक्षण करतात, कागदपत्रे तपासतात. पण शेजाऱ्यांशी पंधरा मिनिटे बोलण्याची तसदी घेत नाहीत.

प्रत्यक्षात अनेक वेळा शेजारी हा घटक मातीपेक्षाही महत्त्वाचा ठरतो.

समजा तुमची बांधावरून सतत भांडणे होत आहेत. पाण्यावरून वाद आहेत. रस्त्यावरून वाद आहेत. जनावरे शेतात सोडली जात आहेत. कुंपण तोडले जात आहे. अशा परिस्थितीत तुम्ही कितीही चांगली शेती केली तरी मनःशांती मिळत नाही.

वाईट शेजारी ही अशी समस्या आहे ज्यासाठी कोणतेही खत, औषध किंवा यंत्र उपलब्ध नाही.

गावाची मानसिकता समजून घेणेही तितकेच महत्त्वाचे आहे.

काही गावे सहकार्य करणारी असतात. नवीन लोक आले की मदत करतात. माहिती देतात. कामगार मिळवून देतात. अडचणीच्या वेळी साथ देतात.

तर काही ठिकाणी बाहेरून आलेल्या माणसाकडे संशयाने पाहिले जाते.

विशेषतः शहरातून शेतीत आलेल्या लोकांना सुरुवातीला हे जाणवत नाही. जमीन खरेदी करताना सर्वजण चांगले वागतात. खरे चित्र पुढील काही वर्षांत दिसते.

काही गावांमध्ये नवीन प्रयोगांचे स्वागत केले जाते. तर काही गावांमध्ये "आमच्याकडे असे चालत नाही" हे वाक्य वारंवार ऐकायला मिळते.

हे चूक किंवा बरोबर याचे प्रश्न नाहीत. ही प्रत्येक गावाची सामाजिक वास्तवता असते.

जमीन खरेदी करण्यापूर्वी शक्य असल्यास त्या गावात अनेक वेळा जा. वेगवेगळ्या लोकांशी बोला. चहाच्या टपरीवर बसा. किराणा दुकानात चर्चा करा. स्थानिक शेतकऱ्यांना भेटा.

पंधरा दिवसांच्या भेटीत जे कळत नाही ते कधी कधी दोन तासांच्या गप्पांमध्ये कळते.

आणखी एक संवेदनशील पण महत्त्वाचा मुद्दा म्हणजे स्थानिक सामाजिक रचना.

आपण कितीही आधुनिक विचारांचे असलो तरी ग्रामीण भागात स्थानिक संबंध, गट, जुने वाद, सामाजिक समीकरणे आणि सत्ता केंद्रे यांचा प्रभाव असतो.

हे समजून घेणे म्हणजे कोणाच्या बाजूने उभे राहणे नाही. ते वास्तव समजून घेणे आहे.

काही ठिकाणी दोन गटांमध्ये वर्षानुवर्षे वाद असतात. काही ठिकाणी पाण्यावरून संघर्ष असतात. काही ठिकाणी राजकीय गटबाजी तीव्र असते.

नवीन माणूस म्हणून तुम्ही कोणत्या वातावरणात प्रवेश करत आहात हे समजणे आवश्यक असते.

मजूर मिळण्याचा प्रश्न देखील गावाच्या मानसिकतेशी जोडलेला असतो.

काही गावांमध्ये कामगार सहज मिळतात. काही ठिकाणी मोठ्या शेतकऱ्यांचे वर्चस्व असते आणि नवीन लोकांना कामगार मिळवणे कठीण जाते.

काही भागांत कामगार स्थिर असतात. काही ठिकाणी मोठ्या प्रमाणावर स्थलांतर होते.

हे सर्व घटक तुमच्या व्यवसायावर थेट परिणाम करतात.

मी एक गोष्ट वारंवार पाहिली आहे.

शहरातून आलेले अनेक लोक असा समज करतात की पैसे दिले की सर्व प्रश्न सुटतात.

शेतीमध्ये तसे होत नाही.

पैसे देऊन तुम्ही जमीन विकत घेऊ शकता.

पण विश्वास विकत घेऊ शकत नाही.

आदर विकत घेऊ शकत नाही.

चांगले संबंध विकत घेऊ शकत नाही.

हे सर्व हळूहळू कमवावे लागते.

त्यामुळे जमीन खरेदी करताना फक्त जमिनीची पाहणी करू नका. गावाचीही पाहणी करा.

स्वतःला एक प्रश्न विचारा.

"मला या गावात पुढील वीस वर्षे राहायला किंवा ये-जा करायला आवडेल का?"

जर या प्रश्नाचे उत्तर नकारार्थी असेल, तर जमीन कितीही चांगली असली तरी पुन्हा विचार करा.

शेती ही फक्त माती, पाणी आणि पिकांची गोष्ट नाही.

शेती ही माणसांची गोष्ट आहे.

आणि अनेक वेळा यशस्वी शेतीचे रहस्य जमिनीमध्ये नसते, तर शेजाऱ्यांशी आणि गावाशी असलेल्या संबंधांमध्ये असते.

२३. सुरक्षिततेचा विचार न करता जमीन निवडली

शेतीमध्ये नवीन येणारे अनेक लोक एक मोठी चूक करतात. ते शेताला फक्त उत्पादनाचे ठिकाण समजतात. त्यांच्या दृष्टीने जमीन म्हणजे पीक घेण्याची जागा असते. पण प्रत्यक्षात शेत हे केवळ उत्पादन केंद्र नसते. ते गोदाम असते, पशुपालन केंद्र असते, यंत्रसामग्री ठेवण्याची जागा असते, अनेक वेळा निवासस्थान असते आणि सर्वात महत्त्वाचे म्हणजे ते तुमच्या भांडवलाचे आणि उत्पन्नाचे केंद्र असते.

म्हणूनच जमीन निवडताना सुरक्षेचा विचार करणे अत्यंत महत्त्वाचे असते. दुर्दैवाने हा विषय बहुतेक वेळा दुर्लक्षित राहतो. जमीन पाहायला गेल्यावर मालक तुम्हाला माती दाखवतो, पाणी दाखवतो, रस्ता दाखवतो आणि आसपासचा परिसर दाखवतो. पण रात्री अकरा वाजता त्या भागात काय घडते, कोणाची वर्दळ असते, चोरीचा इतिहास काय आहे किंवा सामाजिक वातावरण कसे आहे हे कोणी दाखवत नाही.

अनेक लोकांना वाटते की चोरी म्हणजे ट्रॅक्टर किंवा मोठी यंत्रसामग्री चोरीला जाणे. प्रत्यक्षात शेतीतील चोरीचे स्वरूप खूप वेगळे असते. कधी मोटार चोरीला जाते. कधी वीज केबल गायब होते. कधी सोलर पॅनेल किंवा बॅटरी चोरीला जाते. कधी ठिबक सिंचनाचे साहित्य उचलले जाते. काही वेळा उभ्या पिकाची रातोरात काढणी होते. फळबागेतील फळे थोडी थोडी कमी होत

राहतात. पशुखाद्य गायब होते. काही भागांत जनावरेसुद्धा चोरीला जाण्याच्या घटना घडतात.

यातील अनेक घटना पोलिसांत तक्रार करण्याइतक्या मोठ्या नसतात. पण त्या सतत घडत राहिल्या तर वर्षभरात त्यांचा आर्थिक परिणाम खूप मोठा होतो. हजार-दोन हजार रुपयांच्या छोट्या नुकसानींची बेरीज वर्षाच्या शेवटी लाखोंपर्यंत जाऊ शकते.

विशेषतः शहरातून शेतीत आलेल्या लोकांना या वास्तवाचा अंदाज नसतो. ते कायम शेतावर राहत नाहीत. आठवड्यातून एक-दोन वेळा शेतावर जातात. अशा परिस्थितीत शेतावर काय चालू आहे यावर सतत लक्ष ठेवणे कठीण जाते. आणि नेमक्या अशाच शेतांमध्ये छोट्या-छोट्या चोऱ्या किंवा नुकसानाच्या घटना जास्त घडतात.

म्हणून जमीन निवडताना त्या परिसरातील चोरीचा इतिहास जाणून घेणे आवश्यक आहे. आजूबाजूच्या शेतकऱ्यांना सरळ प्रश्न विचारले पाहिजेत. रात्री लोकांची वर्दळ असते का? मोटारी चोरीला जातात का? सोलर साहित्य सुरक्षित आहे का? पशुखाद्य किंवा पिकांची चोरी होते का? या प्रश्नांची उत्तरे ब्रोकर किंवा जमीनमालकाकडून मिळणार नाहीत. ती फक्त स्थानिक शेतकरीच देऊ शकतात.

याचबरोबर मोकाट जनावरांचा विषय अनेक भागांत अत्यंत गंभीर झाला आहे. पूर्वी कुंपण ही एक औपचारिक गोष्ट मानली जायची. आज अनेक ठिकाणी मजबूत कुंपण ही शेतीची मूलभूत गरज बनली आहे. गायी, बैल, म्हशी, शेळ्या, मेंढ्या, डुकरे, रानडुकरे,

नीलगाय, माकडे किंवा इतर वन्य प्राणी यांचा प्रश्न प्रदेशानुसार बदलतो. काही भागांत तर शेतकरी पिकापेक्षा कुंपणावर जास्त खर्च करताना दिसतात.

जमीन खरेदी करताना हा खर्च अनेकदा दुर्लक्षित केला जातो. एखादी जमीन स्वस्त मिळाली म्हणून आनंद होतो. पण नंतर संपूर्ण परिघाला मजबूत कुंपण करायला लाखो रुपये खर्च होतात. सुरुवातीला न दिसणारा हा खर्च नंतर मोठा आर्थिक धक्का ठरू शकतो.

जमिनीचे स्थानही सुरक्षिततेच्या दृष्टीने महत्त्वाचे असते. काही लोक मुख्य रस्त्यालगत जमीन घेतात. त्याचे अनेक फायदे असतात. वाहतूक सोपी होते, माल बाहेर काढणे सोपे होते आणि संपर्क चांगला राहतो. पण त्याचबरोबर अनावश्यक वर्दळही वाढते. रस्त्याने जाणारे लोक फळे तोडतात, भाजीपाला काढतात, झाडांना हानी पोहोचवतात किंवा शेताला सार्वजनिक जागा समजतात.

काही जमीन गावालगत असते. अशा ठिकाणी रात्रीची वर्दळ, दारू पिणारे लोक किंवा इतर सामाजिक समस्या निर्माण होऊ शकतात. दुसरीकडे खूप एकांतातील जमिनींमध्ये वेगळाच धोका असतो. तिथे कोणी नसल्यामुळे चोरी किंवा नुकसान उशिरा लक्षात येते. मदत मिळायला वेळ लागतो. शेतावर नजर ठेवणे कठीण होते. त्यामुळे सुरक्षिततेच्या दृष्टीने संतुलन आवश्यक असते.

आजकाल तंत्रज्ञानामुळे काही समस्या कमी करता येतात. सीसीटीव्ही, सोलर कॅमेरे, सेन्सर, मोबाईल अलर्ट आणि इतर साधनांचा उपयोग होऊ शकतो. पण तंत्रज्ञान हे पूरक साधन आहे. चुकीचे लोकेशन दुरुस्त करणारे साधन नाही. खराब परिसरात बसवलेला कॅमेरा समस्या कमी करू शकतो, पण पूर्णपणे संपवू शकत नाही.

मी एक साधा नियम सांगतो. जमीन खरेदी करण्यापूर्वी त्या परिसराला एकदा दिवसा आणि एकदा रात्री भेट द्या. दिवसा दिसणारे गाव आणि रात्री दिसणारे गाव अनेकदा पूर्णपणे वेगळे असते. रात्रीची वर्दळ, वाहतूक, आवाज, सुरक्षितता, सामाजिक वातावरण आणि प्रत्यक्ष परिस्थिती तेव्हाच समजते.

शेतीमध्ये नुकसान फक्त दुष्काळ, रोगराई किंवा बाजारभावामुळे होत नाही. अनेक वेळा ते हळूहळू होणाऱ्या छोट्या-छोट्या नुकसानीमुळे होते. आज काही फळे गेली. उद्या मोटार बिघडली. परवा केबल चोरीला गेली. महिनाभराने जनावरांनी नुकसान केले. अशा छोट्या घटनांचा एकत्रित परिणाम मोठा असतो.

म्हणून जमीन निवडताना फक्त उत्पादनाचा विचार करू नका. त्या उत्पादनाचे संरक्षण कसे होईल याचाही विचार करा. कारण शेतीमध्ये नफा कमावणे महत्त्वाचे आहेच, पण तो नफा टिकवून ठेवणे त्याहून अधिक महत्त्वाचे असते.

२४. मजूर आणि मनुष्यबळ उपलब्धतेचा विचार केला नाही

शेतीमध्ये एक गोष्ट अनेकदा दुर्लक्षित राहते. लोक जमीन, पाणी, हवामान, बाजारपेठ, रस्ता आणि वीज यांचा सखोल अभ्यास करतात. पण शेवटी काम कोण करणार हा मूलभूत प्रश्न विचारायला विसरतात. प्रत्यक्षात शेतीमध्ये सर्वात मोठी मर्यादा अनेक वेळा जमीन किंवा पाणी नसते, तर योग्य माणसे असतात.

विशेषतः शहरातून शेतीत येणाऱ्या लोकांची ही मोठी चूक असते. त्यांना वाटते की जमीन घेतली, पाण्याची व्यवस्था केली, पैसा गुंतवला आणि तंत्रज्ञान वापरले की शेती यशस्वी होईल. पण काही महिन्यांतच त्यांना समजते की शेतीतील सर्वात मोठा प्रश्न अनेकदा मातीचा नसतो, तर माणसांचा असतो.

मी अनेक उत्कृष्ट प्रकल्प फक्त कामगारांच्या अभावामुळे अडखळताना पाहिले आहेत. कल्पना चांगली असते, जमीन चांगली असते, पाणी उपलब्ध असते, गुंतवणूक केलेली असते. पण योग्य वेळी योग्य माणसे मिळत नाहीत आणि संपूर्ण व्यवस्था विस्कळीत होते.

आज भारतातील अनेक ग्रामीण भागांमध्ये परिस्थिती झपाट्याने बदलत आहे. तरुण पिढी शेतीमजुरीकडे वळत नाही. अनेक जण शहरांकडे स्थलांतर करत आहेत. काही भागांत उद्योगधंदे वाढल्यामुळे मजुरीचे दर वाढले आहेत. काही भागांत वर्षातील

विशिष्ट काळात कामगार पूर्णपणे गायब होतात. तर काही भागांत कामगार आहेत, पण त्यांना शेतीत काम करण्याची इच्छा नाही.

म्हणून जमीन खरेदी करण्यापूर्वी त्या भागातील मनुष्यबळाची स्थिती समजून घेणे अत्यंत आवश्यक आहे.

सर्वप्रथम स्वतःला एक प्रश्न विचारा. तुम्ही नेमका कोणता व्यवसाय करणार आहात? कारण प्रत्येक शेती व्यवसायाची मनुष्यबळाची गरज वेगळी असते.

समजा तुम्ही फळबाग करणार असाल. सुरुवातीच्या लागवडीनंतर आणि झाडे स्थिरावल्यानंतर तुलनेने कमी मजूर लागतात. पण जर तुम्ही भाजीपाला उत्पादन करणार असाल तर परिस्थिती पूर्णपणे वेगळी असते. लागवड, तणनियंत्रण, काढणी, प्रतवारी, पॅकिंग आणि विक्री यासाठी नियमित आणि वेळेवर कामगारांची आवश्यकता असते.

डेअरीमध्ये तर माणसांचे महत्त्व आणखी वाढते. गायींना रविवार नसतो, सणवार नसतो. दूध काढणे, खाद्य व्यवस्थापन, गोठ्याची स्वच्छता, आरोग्य तपासणी आणि जनावरांची देखभाल यासाठी दररोज विश्वासू माणसे लागतात. पोल्ट्रीमध्येही नियमित देखरेख आवश्यक असते. त्यामुळे कोणता व्यवसाय करणार आहात यानुसार मनुष्यबळाची गरज समजून घेतली पाहिजे.

अनेक लोक स्वस्त म्हणून दुर्गम भागात जमीन घेतात. सुरुवातीला ती खूप चांगली डील वाटते. पण नंतर लक्षात येते की कामगार

मिळवण्यासाठी दररोज गावात जावे लागते. काही वेळा मजूर येण्यासाठी तयार होत नाहीत. काही वेळा त्यांना आणण्यासाठी वाहनाची व्यवस्था करावी लागते. काही वेळा ये-जा करण्याचाच खर्च मोठा होतो.

हे गणित सुरुवातीला दिसत नाही. लोक एकराच्या भावावर तासन्तास चर्चा करतात, पण पुढील दहा वर्षांचा मजुरी खर्च आणि मनुष्यबळ उपलब्धतेचा विचार करत नाहीत.

शेतीतील काही कामे यांत्रिकीकरणामुळे सोपी झाली आहेत. ट्रॅक्टर, पॉवर टिलर, स्प्रेयर, हार्वेस्टर आणि इतर यंत्रसामग्री अनेक कामे करू शकतात. पण सर्व कामे मशीन करू शकत नाहीत. विशेषतः फळे तोडणे, भाजीपाला काढणे, जनावरांची देखभाल, निवडक छाटणी, कलम करणे, प्रतवारी करणे आणि अनेक सूक्ष्म कामांसाठी अजूनही कुशल माणसे आवश्यक असतात.

म्हणून फक्त कामगार आहेत का हे पाहणे पुरेसे नाही. चांगले कामगार आहेत का हेही पाहिले पाहिजे. काही भागांत मजूर भरपूर असतात, पण प्रशिक्षित कामगार कमी असतात. काही भागांत कामगार असतात, पण ते फक्त हंगामी उपलब्ध असतात. काही भागांत मोठे शेतकरी सर्व चांगले कामगार आधीच बांधून ठेवतात. त्यामुळे नवीन व्यक्तीला विश्वासू माणसे मिळवणे कठीण जाते.

याहूनही महत्त्वाची गोष्ट म्हणजे मालक स्वतः किती वेळ देणार आहे. अनेक लोक नोकरी, व्यवसाय किंवा इतर जबाबदाऱ्या सांभाळून शेती करतात. अशा परिस्थितीत विश्वासू आणि सक्षम मनुष्यबळ हा व्यवसायाचा पाया बनतो. जर तुम्ही दररोज शेतावर उपस्थित राहू शकत नसाल, तर योग्य माणसे मिळणे हे अनेक वेळा पाण्याइतकेच महत्त्वाचे ठरते.

माझ्या अनुभवात आणखी एक गोष्ट वारंवार दिसून आली आहे. शेतीतील सर्वात मोठे नुकसान अनेकदा खराब माणसांमुळे होते. चुकीचा सालदार, बेईमान कामगार किंवा अयोग्य व्यवस्थापक वर्षानुवर्षांची मेहनत वाया घालवू शकतो.

शेतीमध्ये नवीन येणारे लोक अनेकदा एक चूक करतात. ते कोणालाही लगेच आगाऊ पैसे देतात. एखादा सालदार म्हणतो, "आम्ही मध्य प्रदेशातून येतो, आधी पैसे पाठवा." एखादा लेबर सप्लायर मोठी आश्वासने देतो आणि आगाऊ रक्कम मागतो. काही वेळा पैसे दिल्यानंतर ती माणसे कधीच येत नाहीत. काही वेळा येतात, पण काही दिवसांत काम सोडून निघून जातात.

म्हणूनच मनुष्यबळ निवडताना घाई करू नका. विश्वास कमवायला वेळ द्या. काम पाहा, शिफारसी तपासा आणि शक्य तितके व्यवहार टप्प्याटप्प्याने करा.

मी शेतीमध्ये एक गोष्ट वारंवार पाहिली आहे. चांगला कामगार मिळाला तर साधारण जमीनसुद्धा चांगले उत्पादन देते. पण वाईट

व्यवस्थापन आणि अयोग्य मनुष्यबळ असेल तर उत्कृष्ट जमीन, उत्तम पाणी आणि भरपूर पैसा असूनही अपेक्षित परिणाम मिळत नाहीत.

त्यामुळे जमीन खरेदी करण्यापूर्वी आसपासच्या शेतकऱ्यांना काही प्रश्न जरूर विचारा. कामगार सहज मिळतात का? त्यांची मजुरी किती आहे? हंगामात मजूर उपलब्ध असतात का? स्थिर कामगार मिळतात का? विश्वासू माणसे सापडतात का? या प्रश्नांची उत्तरे अनेक वेळा जमिनीच्या भावापेक्षा अधिक महत्त्वाची असतात.

लक्षात ठेवा, शेती हा माणसांचा व्यवसाय आहे. यंत्रे मदत करू शकतात. तंत्रज्ञान मदत करू शकते. पैसा मदत करू शकतो. पण शेवटी शेती चालवतात ती माणसेच.

म्हणून जमीन निवडताना फक्त माती आणि पाणी पाहू नका. त्या जमिनीभोवती काम करणारी माणसेही पाहा. अनेक वेळा यशस्वी शेतीचे रहस्य जमिनीत नसते, तर योग्य वेळी योग्य काम करणाऱ्या माणसांमध्ये असते.

२५. भविष्याचा विचार केला नाही

शेतीमध्ये बहुतेक लोक वर्तमानकाळ पाहून निर्णय घेतात. पण जमीन खरेदी हा वर्तमानाचा नाही, तर भविष्यातील निर्णय असतो. एखादे पीक चुकले तर पुढच्या हंगामात बदल करता येतो. एखादा व्यवसाय चुकला तर दिशा बदलता येते. पण जमीन खरेदी ही अनेकदा आयुष्यातील सर्वात मोठ्या आणि सर्वात दीर्घकालीन गुंतवणुकांपैकी एक असते. त्यामुळे जमीन घेताना आज काय आहे यापेक्षा उद्या काय होणार आहे याचा विचार करणे आवश्यक असते.

दुर्दैवाने बहुतेक लोक याच ठिकाणी चुकतात. ते आजचा रस्ता पाहतात, पण पाच वर्षांनंतरचा रस्ता कसा असेल याचा विचार करत नाहीत. ते आजचे पाणी पाहतात, पण दहा वर्षांनंतरची पाण्याची परिस्थिती काय असेल हे समजून घेत नाहीत. ते आजचे गाव पाहतात, पण पुढच्या पिढीचे गाव कसे असेल याची कल्पना करत नाहीत.

माझ्या मते जमीन निवडताना सर्वात महत्त्वाचा प्रश्न असा असतो, "ही जमीन पुढील वीस वर्षांनंतरही मला तितकीच उपयोगी राहील का?" हा प्रश्न विचारल्यावर अनेक गोष्टी वेगळ्या नजरेने दिसू लागतात.

उदाहरणार्थ, एखादी जमीन आज शांत, सुंदर आणि शेतीसाठी आदर्श वाटू शकते. आजूबाजूला गर्दी नसते, प्रदूषण नसते आणि

वातावरण सुखद वाटते. पण जर त्या भागातून नवीन महामार्ग जाणार असेल, औद्योगिक क्षेत्र विकसित होणार असेल किंवा शहराचा विस्तार त्या दिशेने होणार असेल, तर पुढील काही वर्षांत संपूर्ण परिस्थिती बदलू शकते.

काही वेळा हा बदल आर्थिकदृष्ट्या फायदेशीर वाटतो. जमिनीची किंमत वाढते. लोक म्हणतात की जमीन दुप्पट-तिप्पट झाली. पण जर तुमचा उद्देश शेती करणे असेल, तर जमिनीची किंमत वाढणे आणि शेती फायदेशीर राहणे या दोन वेगळ्या गोष्टी आहेत. कारखाने आले, ट्रॅफिक वाढले, प्रदूषण वाढले, मजुरी महाग झाली किंवा शेतीभोवतीचे वातावरण बदलले तर शेतीचे गणित पूर्णपणे बदलू शकते.

मला अनेक वेळा असे वाटते की काही लोक जमीन शेतकरी म्हणून विकत घेतात, पण विचार गुंतवणूकदारासारखा करतात. जमीन महाग झाली म्हणजे फायदा झाला असे ते समजतात. पण जर शेती करणेच कठीण झाले, तर कागदावरील वाढलेली किंमत तुम्हाला उत्पादन देणार नाही. त्यामुळे जमीन घेताना सर्वप्रथम हे स्पष्ट असले पाहिजे की तुम्ही जमीन शेतीसाठी घेत आहात की फक्त गुंतवणुकीसाठी.

पाण्याच्या बाबतीतही हाच नियम लागू होतो. आज एखाद्या भागात भरपूर पाणी असते. त्यामुळे मोठ्या प्रमाणावर फळबागा वाढतात, नवीन बोअरवेल घेतल्या जातात आणि पाण्याचा वापर वाढतो. सुरुवातीला सर्व काही चांगले दिसते. पण दहा-पंधरा वर्षांनंतर

त्याच भागात भूजलाची पातळी खालावते. ज्या परिस्थितीवर आधारित तुम्ही निर्णय घेतला होता तीच परिस्थिती बदलून गेलेली असते.

हवामान बदल हा आणखी एक महत्त्वाचा विषय आहे. पूर्वी काही भाग विशिष्ट पिकांसाठी प्रसिद्ध होते. पण आज तापमानातील बदल, अवकाळी पाऊस, गारपीट, उष्णतेच्या लाटा आणि पावसाच्या बदलत्या पद्धतीमुळे अनेक भागांचे शेती गणित बदलताना दिसत आहे. पूर्वी जे सुरक्षित मानले जात होते ते आज धोकादायक ठरू शकते. त्यामुळे फक्त भूतकाळ पाहून भविष्याचा अंदाज बांधणे पुरेसे नसते.

मी अनेकदा पाहतो की लोक जमीन घेताना स्वतःचा विचार करतात, पण पुढील पिढीचा विचार करत नाहीत. आज तुमचे वय चाळीस किंवा पन्नास असेल. तुम्हाला शेतीची आवड असेल. पण वीस वर्षांनंतर? शेताची देखभाल कोण करणार? मुलांना शेतीमध्ये रस असेल का? शहरापासूनचे अंतर त्यांना योग्य वाटेल का? तुम्ही उभारलेली व्यवस्था त्यांच्यासाठी उपयुक्त ठरेल का?

हे प्रश्न आज विचारायला अवघड वाटतात. पण जमीन खरेदीच्या वेळीच त्यांचा विचार केला पाहिजे. कारण जमीन ही एका हंगामासाठी घेतली जात नाही. ती अनेकदा पुढील पिढीसाठी घेतली जाते.

काही वेळा एखादी जमीन आजच्या गरजांसाठी योग्य असते, पण भविष्यातील गरजांसाठी अयोग्य ठरते. त्यामुळे जमीन निवडताना

फक्त भाव, माती, पाणी आणि रस्ता यांच्यावर निर्णय घेऊ नका. त्या परिसराचा विकास आराखडा समजून घ्या. भविष्यातील महामार्ग, रेल्वे मार्ग, औद्योगिक प्रकल्प, नवीन शहरे, धरणे, कालवे, वीज प्रकल्प किंवा इतर विकासकामांची माहिती मिळवा. आजूबाजूच्या भागातील बदलांचा वेग समजून घ्या.

अनेक वेळा जमीन बदलत नाही, पण तिच्या आजूबाजूचे जग पूर्णपणे बदलते. आणि शेतीवर परिणाम करणारी गोष्ट अनेकदा जमीन नसून तिच्या आसपास घडणारे बदल असतात.

मला नेहमी वाटते की जमीन खरेदी करताना प्रत्येकाने स्वतःला दोन प्रश्न विचारावेत. पहिला प्रश्न, "ही जमीन आज योग्य आहे का?" आणि दुसरा, त्याहून महत्त्वाचा प्रश्न, "ही जमीन वीस वर्षांनंतरही योग्य राहील का?"

पहिल्या प्रश्नाचे उत्तर शोधणे तुलनेने सोपे असते. दुसऱ्या प्रश्नाचे उत्तर शोधण्यासाठी अभ्यास करावा लागतो, विचार करावा लागतो आणि भविष्यात डोकवावे लागते. पण शेतीमध्ये दीर्घकालीन यश बहुतेक वेळा याच दुसऱ्या प्रश्नावर अवलंबून असते.

कारण जमीन खरेदी हा फक्त व्यवहार नसतो. तो भविष्याबद्दल घेतलेला निर्णय असतो. आणि शेतीमध्ये भविष्यातील योग्य निर्णय हे अनेकदा वर्तमानातील योग्य निर्णयांपेक्षा अधिक मौल्यवान ठरतात.

२६. जमीन सर्व ऋतूंमध्ये पाहिली का?

शेतीतील सर्वात महागड्या चुकांपैकी एक म्हणजे एका दिवसाच्या पाहणीवर लाखो रुपयांचा निर्णय घेणे. जमीन पाहायला गेलो, मालकाने सर्व दाखवले, दोन-तीन तास फिरलो, जमीन आवडली आणि व्यवहार ठरला. बहुतेक जमीन खरेदी अशाच पद्धतीने होते. पण एक प्रश्न स्वतःला विचारला पाहिजे. तुम्ही त्या जमिनीला खरोखर पाहिले होते का?

ज्या दिवशी तुम्ही जमीन पाहता, त्या दिवशी तुम्ही फक्त त्या दिवसाची परिस्थिती पाहत असता. जमिनीचे खरे स्वरूप वर्षभरात दिसते. एकाच जमिनीचे तीन वेगवेगळे चेहरे असतात. उन्हाळ्यात एक, पावसाळ्यात दुसरा आणि हिवाळ्यात तिसरा. त्यामुळे माझ्या मते जमीन खरेदी करण्यापूर्वी ती किमान तीन वेगवेगळ्या ऋतूंमध्ये पाहिली पाहिजे.

उन्हाळा हा जमिनीचा सर्वात प्रामाणिक ऋतू असतो. पावसाळ्यात सर्व काही हिरवेगार दिसते. तणसुद्धा सुंदर दिसते. कोरडा नाला नदीसारखा वाटतो. अर्धवट भरलेली विहीरही भरपूर पाण्याची वाटते. परिसर जिवंत वाटतो आणि अनेक वेळा माणूस त्या सौंदर्याच्या प्रेमात पडतो. पण मे महिन्यात वास्तव दिसते.

उन्हाळ्यात कळते की पाणी किती टिकते. विहीर किती खाली जाते. बोअरवेलची स्थिती काय आहे. झाडांची अवस्था कशी आहे. आजूबाजूच्या शेतांचे चित्र कसे आहे. अनेक वेळा पावसाळ्यात

हिरवीगार दिसणारी जमीन मे महिन्यात पूर्णपणे वेगळी दिसते. काही जमिनींचे खरे सामर्थ्य उन्हाळ्यात दिसते, तर काही जमिनींच्या मर्यादा तेव्हाच समोर येतात.

मी अनेक लोकांना पाहिले आहे ज्यांनी ऑगस्ट किंवा सप्टेंबरमध्ये जमीन पाहिली आणि ती पाहताच निर्णय घेतला. पाणी आहे, हिरवळ आहे, झाडे आहेत, सर्व काही उत्तम दिसते. पण पुढच्या मे महिन्यात त्यांना समजते की विहिरीत पाणी राहत नाही, परिसर कोरडा पडतो आणि त्यांनी पाहिलेली परिस्थिती फक्त काही महिन्यांची होती.

पावसाळा जमिनीची दुसरी बाजू दाखवतो. उन्हाळ्यात उत्तम वाटणाऱ्या अनेक जमिनी पावसाळ्यात समस्या निर्माण करतात. पाणी कुठे साचते? माती वाहून जाते का? रस्ता बंद होतो का? शेतात वाहन पोहोचू शकते का? नाल्याला पूर येतो का? शेजारच्या जमिनीचे पाणी तुमच्या शेतात येते का? हे प्रश्न फक्त पावसाळ्यातच समजतात.

अनेक लोकांना व्यवहार झाल्यानंतर पहिल्याच पावसाळ्यात समजते की त्यांच्या शेताचा एक भाग दरवर्षी पाण्याखाली जातो. काहींना कळते की पावसाळ्यात रस्ता पूर्णपणे बंद होतो. काहींना समजते की ट्रॅक्टर आत जाऊ शकत नाही. काही वेळा शेजारच्या डोंगरावरील किंवा शेतावरील पाणी त्यांच्या जमिनीत साचते. या समस्या उन्हाळ्यात कधीच दिसत नाहीत.

हिवाळाही तितकाच महत्त्वाचा असतो. विशेषतः फळबाग, भाजीपाला किंवा विशिष्ट पिकांचा विचार असेल तर. धुके पडते का? गारठा किती असतो? थंडी किती दिवस टिकते? सकाळी दव किती असते? वारा कसा असतो? या सर्व गोष्टी उत्पादनावर आणि गुणवत्तेवर परिणाम करतात.

एकाच तालुक्यातील दोन गावांमध्येही यामध्ये मोठा फरक असू शकतो. काही भागांत द्राक्षे उत्कृष्ट होतात, तर काही किलोमीटर अंतरावर त्याच पिकाला रोगांचा त्रास होतो. काही भागांत थंडीचा फायदा होतो, तर काही भागांत गारठा नुकसान करतो. त्यामुळे हिवाळ्याचा स्वभाव समजून घेणेही महत्त्वाचे असते.

म्हणून जमीन पाहताना फक्त जमीन पाहू नका, वेळही पाहा. अनेक वेळा मी लोकांना एक साधा सल्ला देतो. जमीन खरेदी करण्याची घाई करू नका. जर जमीन खरोखरच चांगली असेल, तर ती तीन महिने किंवा सहा महिने थांबेल. पण एकदा चुकीची जमीन घेतली की ती अनेक वर्षे तुमच्यासोबत राहते.

मालक तुम्हाला जमीन ज्या दिवशी दाखवतो तो दिवस साधारणपणे तिचा सर्वोत्तम दिवस असतो. तो तुम्हाला पावसाळ्यानंतरची हिरवळ दाखवेल. विहिरीत पाणी असताना दाखवेल. सर्व काही आकर्षक दिसत असताना दाखवेल. पण शेती सर्वोत्तम दिवसांवर चालत नाही. शेती वाईट दिवसांवर टिकली पाहिजे.

म्हणून जमीन पाहायला जाताना स्वतःला काही प्रश्न विचारा. मे महिन्यात ही जमीन कशी दिसत असेल? जुलैमध्ये येथे काय होत असेल? डिसेंबरमध्ये परिस्थिती काय असेल? पाणी, रस्ता, हवामान आणि परिसर वर्षभर कसा बदलत असेल?

जर या प्रश्नांची उत्तरे तुम्हाला माहित नसतील, तर अजून जमीन पूर्णपणे समजलेली नाही.

मी नेहमी म्हणतो की घर खरेदी करण्यापूर्वी लोक अनेक वेळा जाऊन पाहतात. गाडी खरेदी करण्यापूर्वी टेस्ट ड्राइव्ह घेतात. पण लाखो रुपयांची जमीन अनेक लोक दोन तासांच्या भेटीत खरेदी करतात. ही घाईच अनेक समस्यांचे मूळ असते.

जमिनीचे खरे स्वरूप एका दिवसात दिसत नाही. ते बारा महिने पाहावे लागते. कारण जमीन विकत घेताना तुम्ही एक दिवस विकत घेत नसता. तुम्ही पुढील अनेक वर्षांचे उन्हाळे, पावसाळे आणि हिवाळे विकत घेत असता.

आणि शेतीमध्ये अनेक वेळा जमिनीची खरी किंमत तिच्या चांगल्या दिवसांत नाही, तर तिच्या वाईट दिवसांत ठरते.

२७. फक्त स्वस्त आहे म्हणून जमीन खरेदी करणे

शेतीची जमीन खरेदी करताना सर्वात महाग चूक कोणती असेल तर ती म्हणजे स्वस्त किंमतीच्या प्रेमात पडणे. अनेक लोक जमीन पाहण्यापूर्वीच तिच्या किंमतीच्या प्रेमात पडतात. "बाजारभावापेक्षा खूप कमी मिळते आहे", "अशी संधी पुन्हा मिळणार नाही", "मालकाला पैशांची गरज आहे" अशी कारणे ऐकली की निर्णयक्षमता कमी होऊ लागते.

माझ्या अनुभवात जमीन स्वस्त असण्यामागे जवळजवळ नेहमीच काहीतरी असते. कधी कायदेशीर समस्या असते, कधी रस्त्याचा प्रश्न असतो, कधी पाण्याची अडचण असते, कधी वाद असतो, तर कधी जमीन शेतीसाठीच योग्य नसते. बाजारपेठेत नसताना कोणी लाखो रुपयांची मालमत्ता कमी किमतीत विकत नाही.

नवीन शेतकऱ्यांमध्ये ही चूक जास्त दिसते. ते प्रति एकर किंमत पाहतात. पण प्रति एकर उत्पन्न, विकासाचा खर्च, पाण्याचा खर्च, कुंपणाचा खर्च, माती सुधारण्याचा खर्च आणि भविष्यातील अडचणींचा खर्च विचारात घेत नाहीत.

समजा दोन जमिनी आहेत. एक १५ लाख रुपये प्रति एकर आणि दुसरी ८ लाख रुपये प्रति एकर. वरवर पाहता दुसरी जमीन स्वस्त वाटते. पण जर त्या जमिनीत पाणी नसेल, रस्ता नसेल, माती खराब असेल आणि पुढील पाच वर्षे विकासकामांवर लाखो रुपये

खर्च करावे लागणार असतील तर ती प्रत्यक्षात अधिक महाग ठरू शकते.

शेतीमध्ये खरेदी किंमत हा एकदाच होणारा खर्च असतो. पण चुकीची जमीन घेतली तर तिची किंमत तुम्ही दरवर्षी भरत राहता. काही वेळा खराब जमीन आयुष्यभर सुधारत बसावे लागते. त्यामुळे जमीन घेताना "कितीला मिळते आहे?" यापेक्षा "ही जमीन माझ्या उद्दिष्टासाठी योग्य आहे का?" हा प्रश्न अधिक महत्त्वाचा आहे.

मी अनेक शेतकऱ्यांना पाहिले आहे की त्यांनी स्वस्त जमीन घेण्यासाठी गाव बदलले, परिसर बदलला, पाण्याची परिस्थिती दुर्लक्षित केली आणि नंतर वर्षानुवर्षे पश्चात्ताप केला. दुसरीकडे काही लोकांनी महाग वाटणारी पण योग्य जमीन घेतली आणि काही वर्षांत त्याचा फायदा झाला.

शेती हा भावनेचा नव्हे तर दीर्घकालीन नियोजनाचा विषय आहे. स्वस्त जमीन घेऊन नंतर समस्या सोडवण्यापेक्षा, सुरुवातीलाच योग्य जमीन घेणे जास्त स्वस्त पडते. जमीन खरेदी करताना किंमत ही शेवटी तपासायची गोष्ट असावी. आधी कायदेशीर स्थिती, पाणी, रस्ता, माती, बाजारपेठ, मजूर उपलब्धता आणि तुमचे शेतीचे उद्दिष्ट तपासा. किंमत त्यानंतर ठरवा.

माझ्या मते शेतकरी दोन प्रकारचे असतात. एक जमीन स्वस्त शोधतात. दुसरे योग्य जमीन शोधतात. दीर्घकालीन यश बहुतेक वेळा दुसऱ्या गटाला मिळते.

२८. पाणी आणि माती तपासून घेतली का?

मला शेतीमध्ये एक गोष्ट नेहमी आश्चर्यचकित करते. लोक लाखो रुपयांची जमीन खरेदी करतात. काही जण आयुष्यभराची बचत खर्च करतात. काही जण कर्ज काढतात. काही जण निवृत्तीची संपूर्ण रक्कम जमिनीत गुंतवतात. पण जमीन आणि पाण्याची तपासणी करण्यासाठी काही हजार रुपये खर्च करायला तयार नसतात.

जमीन खरेदी करण्यापूर्वी लोक सातबारा तपासतात, फेरफार तपासतात, मोजणी तपासतात, रस्ता तपासतात, शेजारी तपासतात. पण ज्या दोन गोष्टींवर पुढील अनेक वर्षांचे उत्पादन अवलंबून असणार आहे, त्या माती आणि पाण्याची तपासणी अनेकदा केली जात नाही. हे म्हणजे घर खरेदी करण्यापूर्वी कागदपत्रे तपासणे आणि पाया तपासायचा विसरण्यासारखे आहे.

अनेक नवीन शेतकरी आणि गुंतवणूकदार पाण्याकडे फक्त एका निकषाने पाहतात. त्यांचा प्रश्न असतो, "पाणी आहे का?" पण प्रत्यक्षात हा चुकीचा प्रश्न आहे. योग्य प्रश्न असा आहे, "हे पाणी शेतीसाठी योग्य आहे का?" कारण सर्व पाणी शेतीसाठी चांगले असतेच असे नाही.

काही भागांत विहिरी आणि बोअरवेलमध्ये भरपूर पाणी असते. वर्षभर पाणी उपलब्ध असते. पण त्या पाण्यात क्षारांचे प्रमाण जास्त असते. काही ठिकाणी TDS खूप जास्त असतो. काही

भागांत सोडियमचे प्रमाण धोकादायक असते. सुरुवातीला सर्व काही व्यवस्थित दिसते. पिके येतात, उत्पादन मिळते. पण हळूहळू मातीची रचना बिघडू लागते, जमीन घट्ट होत जाते, उत्पादन कमी होऊ लागते आणि शेवटी सुपीक जमीन निकृष्ट होण्यास सुरुवात होते.

विशेष म्हणजे हा बदल एका वर्षात दिसत नाही. तो हळूहळू अनेक वर्षांत समोर येतो. त्यामुळे अनेक शेतकऱ्यांना समस्या लक्षात येईपर्यंत खूप उशीर झालेला असतो.

याठिकाणी TDS हा महत्त्वाचा घटक आहे. TDS म्हणजे Total Dissolved Solids. सोप्या भाषेत सांगायचे तर पाण्यात विरघळलेले क्षार, खनिजे आणि इतर घटकांचे एकूण प्रमाण. TDS जितका जास्त, तितके पाणी अधिक खारट किंवा क्षारयुक्त असण्याची शक्यता वाढते. अनेक भागांत शेतकरी वर्षानुवर्षे जास्त TDS असलेले पाणी वापरत असतात आणि त्याचा परिणाम हळूहळू मातीवर होत राहतो. म्हणून पाणी भरपूर असणे आणि पाणी चांगले असणे या दोन वेगळ्या गोष्टी आहेत.

EC म्हणजे Electrical Conductivity. हे पाण्यातील क्षारांचे प्रमाण मोजण्याचे एक महत्त्वाचे मापन आहे. EC जास्त असेल तर पाण्यात विरघळलेल्या क्षारांचे प्रमाण जास्त असते. अशा पाण्यामुळे वनस्पतींना मातीमधून पाणी आणि अन्नद्रव्ये शोषणे कठीण होऊ शकते. अनेक वेळा शेतकरी भरपूर खत घालतो, पाणी देतो, खर्च

करतो, पण उत्पादन अपेक्षेप्रमाणे मिळत नाही. समस्या खतांमध्ये नसते. समस्या पाण्याच्या गुणवत्तेत असते.

pH हा आणखी एक अत्यंत महत्त्वाचा घटक आहे. pH म्हणजे पाणी किंवा माती आम्लधर्मी आहे की अल्कधर्मी याचे मापन. pH खूप कमी किंवा खूप जास्त असल्यास अनेक अन्नद्रव्ये पिकांना उपलब्ध होत नाहीत. शेतकरी खत घालत राहतो, खर्च करत राहतो, पण वनस्पती ती अन्नद्रव्ये वापरू शकत नाहीत. यामुळे उत्पादन कमी होते आणि खर्च वाढतो. अनेक समस्या खतांच्या कमतरतेमुळे नसतात, तर pH मुळे निर्माण झालेल्या असतात.

म्हणून पाण्याचा pH आणि मातीचा pH दोन्ही तपासणे आवश्यक असते.

मातीच्या बाबतीतही अनेक गैरसमज असतात. जमीन पाहताना वरची माती काळी, मऊ आणि सुपीक दिसू शकते. पण डोळ्यांनी दिसणारे चित्र पूर्ण सत्य नसते. मातीमध्ये pH किती आहे? EC किती आहे? सेंद्रिय कर्ब म्हणजे Organic Carbon किती आहे? क्षारता आहे का? चुनखडीचे प्रमाण किती आहे? हे सर्व तपासणीशिवाय समजत नाही.

विशेषतः Organic Carbon हा मातीच्या आरोग्याचा महत्त्वाचा निर्देशक आहे. सेंद्रिय कर्ब कमी असेल तर मातीची पाणी धरून ठेवण्याची क्षमता कमी होते. सूक्ष्मजीवांची संख्या घटते. अन्नद्रव्यांचा वापर कमी कार्यक्षम होतो. खतांचा परिणाम कमी होतो. आज

अनेक जमिनी वरून सुपीक दिसतात, पण त्यातील सेंद्रिय कर्ब अत्यंत कमी असतो.

मी अनेक वेळा असे पाहिले आहे की जमीन खरेदी करण्यापूर्वी मालक सांगतो, "ही जमीन खूप सुपीक आहे." नवीन खरेदीदार ते मान्य करतो. कारण माती दिसायला चांगली असते. काही वर्षांनी त्याला समजते की pH खूप जास्त आहे, सेंद्रिय कर्ब अत्यंत कमी आहे किंवा पाण्यातील क्षार धोकादायक पातळीवर आहेत. आता सुधारणा करणे शक्य असते, पण त्यासाठी वेळ, पैसा आणि मेहनत लागते. हीच माहिती जमीन खरेदी करण्यापूर्वी मिळू शकली असती.

याहूनही महत्त्वाचे म्हणजे तपासणीचा खर्च हा जमीन खरेदीच्या किमतीच्या तुलनेत अत्यंत कमी असतो. काही हजार रुपयांत मिळणारी माहिती पुढील अनेक वर्षांच्या निर्णयांवर परिणाम करू शकते. पण लोक लाखो रुपयांचा व्यवहार करताना हा छोटासा खर्च टाळतात.

माझा एक साधा नियम आहे. जर तुम्ही पाच लाखांची मोटारसायकल घेण्यापूर्वी टेस्ट रायड घेता, दहा लाखांची कार घेण्यापूर्वी सर्व फीचर्स तपासता, तर लाखो रुपयांची जमीन खरेदी करण्यापूर्वी पाणी आणि मातीची प्रयोगशाळा चाचणी का करू नये?

माझ्या मते जमीन खरेदी करण्यापूर्वी तीन गोष्टी अनिवार्य आहेत. पाण्याचा TDS तपासा. पाण्याचा EC आणि pH तपासा. आणि

मातीचा pH, EC तसेच Organic Carbon तपासा. शक्य असेल तर सूक्ष्म व स्थूल अन्नद्रव्यांचाही अहवाल घ्या.

लक्षात ठेवा, जमीन आणि पाणी हे शेतीचे इंजिन असते. आणि कोणताही शहाणा माणूस इंजिन तपासल्याशिवाय वाहन खरेदी करत नाही. मग आयुष्यभरासाठी शेतीची जमीन घेताना तिची सर्वात महत्त्वाची दोन इंजिने तपासल्याशिवाय निर्णय का घ्यावा?

कायदेशीर बाबी

२९. फक्त ७/१२ पाहून जमीन खरेदी करणे

शेतीची जमीन खरेदी करताना सर्वात मोठी आणि सर्वात सामान्य चूक म्हणजे ७/१२ उतारा पाहूनच जमीन खरेदी करण्याचा निर्णय घेणे. ग्रामीण भागात अनेक लोकांना वाटते की ७/१२ म्हणजे जमिनीचे जन्मकुंडली, आधारकार्ड आणि मालकी हक्काचे अंतिम प्रमाणपत्र. प्रत्यक्षात तसे नाही.

७/१२ उतारा हा महसूल विभागाचा रेकॉर्ड आहे. तो जमीन कोणाच्या नावावर नोंद आहे, कोणते पीक घेतले जाते, क्षेत्रफळ किती आहे याची माहिती देतो. पण जमीन पूर्णपणे वादमुक्त आहे, मालकी निर्विवाद आहे आणि भविष्यात कोणताही दावा होणार नाही याची हमी तो देत नाही.

समजा एखाद्या जमिनीवर एका व्यक्तीचे नाव ७/१२ वर आहे. पण त्याच्या भावंडांची वारस नोंद झालेली नाही. किंवा जमिनीबाबत कोर्टात वाद सुरू आहे. किंवा एखाद्या बँकेचा चार्ज आहे. या गोष्टी ७/१२ वर स्पष्टपणे दिसतीलच असे नाही. तुम्ही पैसे देऊन जमीन खरेदी कराल आणि काही वर्षांनी एखादा वारसदार किंवा बँक तुमच्या दारात उभी राहील.

अनेक शेतकरी माती तपासण्यासाठी हजारो रुपये खर्च करतात, पण जमिनीचा टायटल तपासण्यासाठी वकिलाला पैसे देण्यास कचरत असतात. प्रत्यक्षात खराब माती सुधारणे शक्य असते. पाणी

आणणे शक्य असते. कुंपण करणे शक्य असते. पण मालकी हक्काचा वाद निर्माण झाला तर संपूर्ण गुंतवणूक अडकू शकते.

मी जमीन खरेदी करताना ७/१२ हा फक्त सुरुवातीचा कागद मानतो. त्यानंतर खरेदीखते, फेरफार नोंदी, वारस नोंदी, ८-अ उतारा, बँक चार्ज, न्यायालयीन वाद आणि टायटल सर्च यांची पडताळणी करणे आवश्यक असते.

जमीन खरेदी करताना स्वतःला एक प्रश्न जरूर विचारा. "या जमिनीवर नाव कोणाचे आहे?" यापेक्षा महत्त्वाचा प्रश्न आहे, "या जमिनीवर दावा कोणाचा असू शकतो?"

३०. टायटल सर्च न करणे

शेतीची जमीन खरेदी करताना लोक लाखो रुपयांचा व्यवहार करतात, पण काही हजार रुपये खर्च करून टायटल सर्च करून घेत नाहीत. माझ्या मते जमीन खरेदीतील ही सर्वात महाग चूक आहे. इतर अनेक चुका टायटल सर्चमध्ये सापडू शकतात.

टायटल सर्च म्हणजे जमिनीचा मालकी हक्काचा इतिहास तपासणे. ही जमीन मूळ कोणाची होती, कोणाकडून कोणाकडे गेली, सर्व व्यवहार कायदेशीर पद्धतीने झाले का, कुठे वाद आहेत का, गहाण आहे का, वारसांचा प्रश्न आहे का, याची तपासणी केली जाते. साधारणपणे मागील ३० वर्षांचा इतिहास तपासला जातो.

अनेक लोक जमीन पाहतात, पाणी पाहतात, रस्ता पाहतात, शेजारी पाहतात, पण जमीन ज्या कागदांच्या आधारावर उभी आहे तो पाया तपासत नाहीत. घर बांधताना पाया कमकुवत असेल तर घर पडते. जमीन व्यवहारात टायटल हा पाया असतो.

समजा एखाद्या व्यक्तीने १५ वर्षांपूर्वी बेकायदेशीर व्यवहारातून जमीन घेतली. नंतर ती दुसऱ्याला विकली, त्याने तिसऱ्याला विकली आणि शेवटी ती जमीन तुमच्यापर्यंत आली. तुम्ही सर्वात शेवटचे खरेदीदार असाल, पण मूळ व्यवहारात दोष असल्यास त्याचा फटका तुम्हालाही बसू शकतो.

अनेक वेळा विक्रेता प्रामाणिक असतो. त्यालाही जमिनीच्या इतिहासातील त्रुटी माहित नसतात. म्हणूनच "मला विक्रेत्यावर विश्वास आहे" हे टायटल सर्चचे पर्याय नाही. व्यवहार व्यक्तीवर नव्हे तर कागदपत्रांवर उभा असला पाहिजे.

शेतकरी अनेकदा ५० हजार रुपये कमी भावासाठी आठवडे घासाघीस करतो, पण टायटल सर्चसाठी १०-२० हजार रुपये खर्च करायला तयार नसतो. ही चुकीची बचत असते. टायटल सर्चचा खर्च हा खर्च नसून विमा असतो.

जमीन खरेदीपूर्वी अनुभवी वकिलाकडून टायटल सर्च करून घ्या. फक्त कागदपत्रे पाहून मत घेऊ नका. लिखित टायटल रिपोर्ट मागा. भविष्यात प्रश्न निर्माण झाल्यास तोच तुमचा सर्वात मोठा आधार ठरू शकतो.

माझ्या मते जमीन खरेदीतील सर्वात महत्त्वाचा कागद ७/१२ नाही, खरेदीखत नाही, तर टायटल सर्च रिपोर्ट आहे. तो तुम्हाला जमीन आज कोणाची आहे हे नाही, तर ती इथपर्यंत कशी आली हे सांगतो.

३१. वारस आणि मालकी हक्क न तपासणे

शेतीची जमीन खरेदी करताना सर्वात जास्त कोर्ट केसेस कोणत्या कारणामुळे होतात असे विचारले तर माझे उत्तर असेल, "वारसांचा प्रश्न." अनेक जमीन व्यवहार कागदावर पूर्णपणे योग्य दिसतात. पैसे दिलेले असतात, खरेदीखत झालेले असते, ताबाही मिळालेला असतो. पण काही वर्षांनी एखादा वारसदार पुढे येतो आणि संपूर्ण व्यवहारावर प्रश्नचिन्ह उभे राहते.

ग्रामीण भागात अनेक जमिनी वडिलोपार्जित असतात. कुटुंबातील एखादी व्यक्ती गावात राहते, शेती करते आणि स्वतःला मालक समजू लागते. इतर भावंडे शहरात, परदेशात किंवा इतरत्र स्थायिक झालेली असतात. जमीन विकायची वेळ आली की व्यवहार एका व्यक्तीसोबत होतो. पण कायद्याच्या दृष्टीने हक्क अनेकांचा असू शकतो.

काही वेळा वारस नोंदी पूर्ण झालेल्या नसतात. काही वेळा एखाद्या वारसाचे नाव महसूल नोंदीतच आलेले नसते. काही वेळा कुटुंबात वाटणी झालेली नसते. काही वेळा तोंडी वाटणी झाली असते, पण त्याचे कोणतेही कायदेशीर दस्तऐवज नसतात. अशा परिस्थितीत जमीन खरेदी करणे म्हणजे भविष्यातील वादाला निमंत्रण देणे होय.

समजा एका शेतकऱ्याचे निधन झाले. त्याला तीन मुले आणि दोन मुली आहेत. मुलगे शेती करत आहेत म्हणून त्यांनी जमीन स्वतःची समजली. त्यांनी ती विकली. काही वर्षांनी एका मुलीने तिच्या

वारस हक्काचा दावा केला. आता खरेदीदाराचा त्या कुटुंबाशी काही संबंध नसतानाही तो कोर्टात उभा राहतो.

अनेक खरेदीदार एक महत्त्वाची चूक करतात. ते कागदावर नाव कोणाचे आहे हे पाहतात, पण हक्क कोणाचा असू शकतो हे तपासत नाहीत. जमीन व्यवहारात दुसरा प्रश्न जास्त महत्त्वाचा असतो.

जमीन खरेदी करण्यापूर्वी विक्रेत्याचे कुटुंब समजून घ्या. आई-वडील जिवंत आहेत का, किती वारस आहेत, कोणाचा मृत्यू झाला आहे, वारस नोंदी पूर्ण झाल्या आहेत का, कुटुंबात वाटणी झाली आहे का, याची खात्री करा. आवश्यक असल्यास वारस प्रमाणपत्र, मृत्यू दाखले आणि इतर कागदपत्रे तपासा.

मी अनेकदा एक गोष्ट म्हणतो. जमीन विकत घेताना तुम्ही फक्त जमीन विकत घेत नसता. तुम्ही त्या जमिनीचा संपूर्ण इतिहास आणि त्या इतिहासाशी संबंधित सर्व धोकेही विकत घेत असता.

३२. पॉवर ऑफ अॅटर्नीवर व्यवहार करताना अधिकार न तपासणे

जमीन खरेदी करताना अनेकदा प्रत्यक्ष मालक तुमच्यासमोर नसतो. तो परदेशात असतो, दुसऱ्या शहरात राहतो, वृद्ध असतो किंवा व्यवहारासाठी येऊ शकत नसतो. अशा वेळी त्याच्या वतीने एखादी व्यक्ती पॉवर ऑफ अॅटर्नी घेऊन व्यवहार करते. अनेक खरेदीदार पॉवर ऑफ अॅटर्नीचा कागद पाहतात आणि निश्चिंत होतात. इथेच मोठी चूक होते.

पॉवर ऑफ अॅटर्नी म्हणजे एखाद्याला दिलेला अधिकार. पण प्रत्येक पॉवर ऑफ अॅटर्नी सारखी नसते. काही फक्त महसूल कार्यालयातील कामांसाठी असतात. काही बँकेच्या कामांसाठी असतात. काही विशिष्ट व्यवहारापुरत्या मर्यादित असतात. प्रत्येक पॉवरमध्ये जमीन विकण्याचा अधिकार दिलेला असेलच असे नाही.

अनेकांना वाटते, "पॉवर आहे म्हणजे जमीन विकू शकतो." पण खरा प्रश्न असा असतो, "त्या पॉवरमध्ये नेमका कोणता अधिकार दिलेला आहे?" हे न तपासता व्यवहार करणे धोकादायक ठरू शकते.

याहून मोठा धोका म्हणजे रद्द झालेली किंवा कालबाह्य झालेली पॉवर ऑफ अॅटर्नी. समजा मालकाने काही वर्षांपूर्वी पॉवर दिली होती. नंतर ती रद्द केली. पण जुना कागद वापरून व्यवहार करण्याचा प्रयत्न झाला. काही वेळा मालकाच्या मृत्यूनंतरही लोक

जुनी पॉवर दाखवत व्यवहार करण्याचा प्रयत्न करतात. अशा परिस्थितीत व्यवहाराची वैधता गंभीर प्रश्नात येऊ शकते.

एकदा विचार करा. तुम्ही लाखो रुपयांची जमीन विकत घेत आहात. पण ती विकणाऱ्या व्यक्तीला ती विकण्याचा अधिकार आहे की नाही, हेच तुम्ही तपासत नाही. हा धोका कोणत्याही शेतकऱ्याने घेऊ नये.

जमीन खरेदी करताना पॉवर ऑफ ॲटर्नीची नोंदणीकृत प्रत तपासा. ती कधी दिली आहे, कोणाला दिली आहे, कोणत्या अधिकारांसाठी दिली आहे, ती अजूनही वैध आहे का, याची खात्री करा. शक्य असल्यास मूळ मालकाशी प्रत्यक्ष किंवा दूरध्वनीवर संपर्क साधून व्यवहाराची पुष्टी करून घ्या.

माझ्या मते पॉवर ऑफ ॲटर्नी असलेला व्यवहार चुकीचा नाही. पण त्यात तपासणी दुप्पट करावी लागते. तुम्ही थेट मालकाशी व्यवहार करत नसता.

३३. वादग्रस्त जमीन खरेदी करणे

शेतीची जमीन खरेदी करताना सर्वात धोकादायक संकेत कोणता असेल तर तो म्हणजे चालू असलेला वाद. हा वाद कोर्टात असू शकतो, महसूल कार्यालयात असू शकतो किंवा गावपातळीवर चालू असू शकतो. अनेक वेळा जमीन स्वस्त मिळत असल्यामुळे खरेदीदार अशा गोष्टींकडे दुर्लक्ष करतात. नंतर लक्षात येते की त्यांनी जमीन नव्हे, तर समस्या विकत घेतली आहे.

वादग्रस्त जमीन अनेक कारणांनी बाजारभावापेक्षा स्वस्त असते. भावांमधील भांडण, वारसांचा वाद, वाटणीचा प्रश्न, रस्त्याचा वाद, बांधाचा वाद, ताब्याचा प्रश्न किंवा सरकारी विभागाशी सुरू असलेला वाद. विक्रेत्याला जमीन लवकर विकायची असते आणि खरेदीदाराला स्वस्त सौदा मिळाल्याचा आनंद झालेला असतो.

अनेक वेळा विक्रेता म्हणतो, "केस काही मोठी नाही", "उद्या निकाल लागेल", "समोरचा फक्त त्रास देतो आहे", "तुम्ही काळजी करू नका". पण न्यायालयात एकदा वाद गेला की निकाल कधी लागेल आणि कोणाच्या बाजूने लागेल हे कोणी सांगू शकत नाही. भारतात काही जमीन वाद दशकानुदशके चालतात.

याहून मोठी समस्या म्हणजे न्यायालयात केस नसली तरी गावात वाद असणे. शेजारी बांधावरून भांडत असतील, रस्त्यावरून तणाव असेल किंवा कुटुंबात गंभीर मतभेद असतील तर ते भविष्यात

कायदेशीर वादात बदलू शकतात. कागदपत्रे स्वच्छ दिसतात म्हणून जमीन सुरक्षित आहे असे समजू नये.

मी स्वतः जमीन पाहायला गेलो तर गावातील दोन-तीन ज्येष्ठ लोकांशी नक्की बोलतो. अनेक वेळा कागदांपेक्षा गावातील लोक खरी परिस्थिती जास्त स्पष्टपणे सांगतात. "ही जमीन चांगली आहे, पण यांचे भावांशी पटत नाही" असे एक वाक्यसुद्धा लाखो रुपयांचे नुकसान वाचवू शकते.

एक गोष्ट कायम लक्षात ठेवा. जमीन खरेदी केल्यानंतर तुमचे काम शेती करणे आहे, न्यायालयात हजेरी लावणे नाही. वादग्रस्त जमीन स्वस्त असू शकते, पण त्याची खरी किंमत वेळ, तणाव आणि अनिश्चिततेमध्ये मोजावी लागते.

माझ्या अनुभवात स्वस्त जमीन पाहून लोक आकर्षित होतात. पण जमीन स्वस्त का आहे हा प्रश्न विचारत नाहीत. बाजारपेठेत नसताना काहीही स्वस्त नसते.

३४. गहाण किंवा बँक चार्ज तपासू नये

शेतीची जमीन खरेदी करताना अनेक खरेदीदार मालकी, पाणी, रस्ता आणि किंमत तपासतात. पण एक अत्यंत महत्त्वाची गोष्ट विसरतात. त्या जमिनीवर कोणत्याही बँकेचे, पतसंस्थेचे किंवा वित्तीय संस्थेचे कर्ज आहे का?

शेतकरी म्हणून आपण हे समजून घेतले पाहिजे की जमीन ही फक्त शेतीचे साधन नसते. ती बँकेसाठी तारणदेखील असते. अनेक शेतकरी पीककर्ज, ट्रॅक्टर कर्ज, डेअरी कर्ज किंवा इतर व्यवसायासाठी जमीन गहाण ठेवतात. कर्ज घेताना सर्व काही व्यवस्थित असते. पण कर्ज फेडले गेले नाही तर त्याचा परिणाम पुढील खरेदीदारावरही होऊ शकतो.

अनेक वेळा विक्रेता सांगतो की कर्ज फेडले आहे. पण बँकेचा चार्ज महसूल नोंदीतून काढलेला नसतो. काही वेळा कर्जाचा काही भाग बाकी असतो. काही वेळा सहकारी बँक, पतसंस्था किंवा खासगी वित्तीय संस्थेची नोंद खरेदीदाराच्या लक्षातही येत नाही.

समजा तुम्ही जमीन विकत घेतली. काही महिन्यांनी बँकेकडून नोटीस आली की या जमिनीवर अजूनही कर्ज बाकी आहे. आता तुमच्यासमोर दोन प्रश्न उभे राहतात. जमीन वाचवायची की कोर्टात जाण्याची तयारी ठेवायची. दोन्ही परिस्थितीत वेळ, पैसा आणि मानसिक त्रास तुमचाच असतो.

ही समस्या विशेषतः ग्रामीण भागात जास्त आढळते. अनेक व्यवहार ओळखीवर होतात. "तो आपला माणूस आहे", "त्याने सांगितले आहे की कर्ज नाही" अशा विश्वासावर लाखो रुपयांचे निर्णय घेतले जातात. जमीन व्यवहारात विश्वास महत्त्वाचा असतो, पण कागदपत्रांपेक्षा जास्त नाही.

जमीन खरेदीपूर्वी संबंधित बँक, पतसंस्था किंवा वित्तीय संस्थेकडून कर्जमुक्तीची खात्री करा. आवश्यक असल्यास "नो ड्यूज सर्टिफिकेट" घ्या. महसूल नोंदीतील सर्व नोंदी तपासा. विक्रेत्याच्या शब्दांवर अवलंबून राहू नका.

माझ्या मते जमीन खरेदीतील एक साधा नियम आहे. ज्या जमिनीवर दुसऱ्याचा आर्थिक हक्क आहे, ती जमीन पूर्णपणे तुमची होऊ शकत नाही. आधी तो हक्क संपला पाहिजे.

३५. कुळकायद्याची किंवा टेनन्सीची जमीन समजून न घेणे

महाराष्ट्रात शेतीची जमीन खरेदी करताना सर्वात क्लिष्ट आणि सर्वात जास्त दुर्लक्षित होणारा विषय म्हणजे कुळकायदा आणि टेनन्सी कायदे. अनेक खरेदीदारांना या कायद्यांची प्राथमिक माहितीही नसते. जमीन दिसायला उत्तम असते, किंमत आकर्षक असते, विक्रेता तयार असतो. पण व्यवहार झाल्यानंतर समजते की जमीन सामान्य शेतीजमिनीसारखी नाही.

पूर्वी अनेक ठिकाणी जमीन मालक आणि जमीन कसणारा शेतकरी वेगळा असायचा. अशा परिस्थितीत विविध कायद्यांद्वारे कसणाऱ्या शेतकऱ्यांना काही विशेष हक्क देण्यात आले. आजही अनेक जमिनींवर त्या कायद्यांचे परिणाम दिसतात. त्यामुळे प्रत्येक शेतीजमीन विक्रीसाठी पूर्णपणे मुक्त असेलच असे नाही.

अनेक वेळा ७/१२ वर काही विशिष्ट नोंदी असतात. काही जमिनींच्या हस्तांतरणावर निर्बंध असतात. काही व्यवहारांसाठी सरकारी परवानगी आवश्यक असते. काही ठिकाणी पूर्वीच्या कुळधारकांचे किंवा त्यांच्या वारसांचे हक्क निर्माण होऊ शकतात. या गोष्टी दुर्लक्षित करून व्यवहार केल्यास पुढे मोठे कायदेशीर प्रश्न उभे राहू शकतात.

माझ्या परिचयातील एका शेतकऱ्याने बाजारभावापेक्षा कमी दरात जमीन घेतली. त्याला वाटले की त्याने उत्तम सौदा केला आहे. नंतर त्याला कळले की जमीन टेनन्सीच्या गुंतागुंतीच्या नियमांमध्ये

अडकलेली आहे. जमीन वापरणे शक्य होते, पण भविष्यातील व्यवहार, कर्ज आणि इतर अनेक बाबींमध्ये अडचणी निर्माण झाल्या.

जमीन खरेदी करताना फक्त "जमीन कोणाची आहे?" हा प्रश्न विचारू नका. "ही जमीन कोणत्या कायद्यांच्या अधीन आहे?" हा प्रश्नही तितकाच महत्त्वाचा आहे. विशेषतः जुन्या मालकीच्या जमिनींमध्ये हा तपास अत्यावश्यक असतो.

या विषयात अंदाज, ऐकीव माहिती किंवा दलालाचा सल्ला पुरेसा नसतो. महसूल नोंदी तपासा. संबंधित नोंदींचा अर्थ समजून घ्या. आवश्यक असल्यास महसूल विषयातील अनुभवी वकील किंवा तज्ज्ञाचा सल्ला घ्या. काही हजार रुपयांची तपासणी पुढील अनेक वर्षांच्या अडचणी टाळू शकते.

माझ्या मते शेतीजमिनीची खरी किंमत तिच्या क्षेत्रफळाने किंवा पाण्याने ठरत नाही. तिच्या कायदेशीर स्वातंत्र्याने ठरते. दोन एकर जमीन आणि दोन एकर समस्या यामध्ये फरक असतो.

३६. आदिवासी किंवा प्रतिबंधित जमीन खरेदी करणे

शेतीची जमीन खरेदी करताना अनेक लोकांना एक गोष्ट माहिती नसते. महाराष्ट्रातील सर्व जमीन एकाच प्रकारची नसते. काही जमिनींवर विशेष कायदेशीर संरक्षण असते. विशेषतः आदिवासी जमिनींच्या बाबतीत कायदे अत्यंत कठोर आहेत. या नियमांची माहिती नसल्यामुळे अनेक लोक अडचणीत सापडतात.

अनेक वेळा एखादी जमीन बाजारभावापेक्षा स्वस्त मिळत असते. कागदपत्रेही वरवर व्यवस्थित दिसतात. दलाल सांगतो की काहीच अडचण नाही. पण जमीन मूळतः आदिवासी व्यक्तीच्या नावाची असल्यास किंवा तिच्यावर विशिष्ट कायदेशीर निर्बंध असल्यास परिस्थिती पूर्णपणे वेगळी असू शकते.

या प्रकारच्या जमिनींच्या हस्तांतरणावर अनेकदा विशेष नियम लागू असतात. काही व्यवहारांसाठी सरकारी परवानगी आवश्यक असते. काही व्यवहार कायदेशीरदृष्ट्या ग्राह्यच धरले जात नाहीत. काही वेळा अनेक वर्षांनीही अशा व्यवहारांवर प्रश्न उपस्थित होऊ शकतात. त्यामुळे फक्त खरेदीखत झाले म्हणजे व्यवहार सुरक्षित झाला असे समजू नये.

सर्वात मोठी समस्या म्हणजे अशा जमिनींचा इतिहास अनेकदा खूप जुना असतो. आजचा विक्रेता प्रामाणिक असू शकतो. त्याने स्वतःही ती जमीन पूर्वी कोणाकडून घेतलेली असू शकते. पण मूळ मालकी

आणि त्यावरील निर्बंध तपासले नाहीत तर भविष्यात मोठी अडचण निर्माण होऊ शकते.

ग्रामीण भागात एक गैरसमज आढळतो. "अमुक व्यक्तीने विकली आहे म्हणजे काही अडचण नसणार." जमीन व्यवहारात हा विचार धोकादायक असतो. प्रश्न विक्रेता कोण आहे हा नसून, त्या जमिनीची कायदेशीर पार्श्वभूमी काय आहे हा असतो.

जमीन खरेदीपूर्वी तिचा संपूर्ण इतिहास तपासा. महसूल नोंदीतील विशेष शेरा, निर्बंध, वर्गीकरण आणि पूर्वीची मालकी यांची माहिती घ्या. आवश्यक असल्यास महसूल विभागातील जाणकार व्यक्ती किंवा अनुभवी वकिलाचा सल्ला घ्या.

माझ्या मते शेतीजमीन खरेदी करताना सर्वात धोकादायक वाक्य आहे, "काळजी करू नका, सगळे असेच करतात." कायदा लोक काय करतात यावर चालत नाही. कायदा कागदांवर आणि नियमांवर चालतो.

३७. वनजमीन, इनाम जमीन किंवा विशेष अटींची जमीन घेणे

शेतीची जमीन म्हणजे शेतीची जमीन, असा अनेकांचा समज असतो. पण महसूल खात्याच्या नोंदींमध्ये जमिनीचे अनेक प्रकार असतात. काही जमिनींवर ऐतिहासिक कारणांमुळे विशेष अटी लागू असतात. काही जमिनी पूर्वी इनाम म्हणून दिलेल्या असतात. काही जमिनी वन क्षेत्राशी संबंधित असतात. काही जमिनींच्या हस्तांतरणावर विशिष्ट निर्बंध असतात. हे समजून न घेता व्यवहार करणे भविष्यात गंभीर अडचणी निर्माण करू शकते.

अनेक वेळा जमीन पाहताना सर्व काही सामान्य दिसते. शेतात पीक असते, शेजारी शेती करत असतात आणि विक्रेताही आत्मविश्वासाने बोलत असतो. पण महसूल नोंदींमध्ये असलेला एक छोटासा शेरा संपूर्ण व्यवहाराचे स्वरूप बदलू शकतो.

वनजमिनींच्या बाबतीत विशेष काळजी घ्यावी लागते. काही जमिनी वन विभागाच्या अधिकारक्षेत्राशी संबंधित असू शकतात. काही भागांमध्ये झाडतोड, बांधकाम, कुंपण किंवा इतर वापरांवर मर्यादा असू शकतात. जमीन खरेदी केल्यानंतर अशा मर्यादा समजल्या तर नियोजन पूर्णपणे बदलावे लागू शकते.

इनाम जमिनींची परिस्थितीही काही वेळा गुंतागुंतीची असते. अशा जमिनींवर पूर्वीच्या अटी, निर्बंध किंवा विशिष्ट प्रक्रिया लागू असू

शकतात. व्यवहार कायदेशीरदृष्ट्या योग्य आहे का हे तपासल्याशिवाय पुढे जाणे धोकादायक ठरू शकते.

माझ्या मते शेतीजमीन खरेदी करताना सर्वात मोठी चूक म्हणजे जमिनीच्या वर्गीकरणाकडे दुर्लक्ष करणे. अनेक खरेदीदार फक्त क्षेत्रफळ, पाणी आणि किंमत पाहतात. पण महसूल नोंदीतील वर्गीकरण आणि विशेष शेरा वाचत नाहीत. अनेकदा सर्वात महत्त्वाची माहिती तिथेच लपलेली असते.

जमीन खरेदीपूर्वी ७/१२, ८-अ आणि इतर संबंधित नोंदी काळजीपूर्वक तपासा. एखादा शेरा समजला नाही तर त्याचा अर्थ जाणून घ्या. "हे काही महत्त्वाचे नाही" असे कोणी सांगितले म्हणून दुर्लक्ष करू नका. अनेकदा सर्वात मोठी अडचण अशाच छोट्या शेरामध्ये लपलेली असते.

शेती करण्यासाठी जमीन घेणे आणि भविष्यात कायदेशीर अडचणींसोबत झगडणे यात खूप फरक आहे. जमीन घेताना काही दिवस जास्त तपासणी करणे नेहमीच फायदेशीर ठरते.

३८. भविष्यातील अधिग्रहण, रस्ता किंवा आरक्षण न तपासणे

जमीन खरेदी करताना बहुतेक लोक आजची परिस्थिती पाहतात. पाणी आहे का, रस्ता आहे का, माती चांगली आहे का, किंमत योग्य आहे का. पण एक अत्यंत महत्त्वाचा प्रश्न विचारत नाहीत. "पाच किंवा दहा वर्षांनी या जमिनीचे काय होणार आहे?"

सरकार, महामार्ग प्राधिकरण, रेल्वे, औद्योगिक विकास महामंडळ, महापालिका किंवा इतर संस्था भविष्यात विविध प्रकल्पांसाठी जमीन आरक्षित करू शकतात. नवीन रस्ते, बायपास, कालवे, वीजवाहिन्या, औद्योगिक क्षेत्रे, पर्यटन प्रकल्प किंवा इतर विकासकामे प्रस्तावित असू शकतात. ही माहिती जमिनीवर उभे राहून दिसत नाही. ती कागदांमध्ये आणि विकास आराखड्यांमध्ये लपलेली असते.

समजा तुम्ही दहा एकर जमीन विकत घेतली. विहीर केली, कुंपण केले, फळबाग लावली आणि अनेक वर्षांची गुंतवणूक केली. काही वर्षांनी समजले की प्रस्तावित रस्ता तुमच्या जमिनीच्या मध्यभागातून जाणार आहे. किंवा जमिनीचा काही भाग अधिग्रहित होणार आहे. आता प्रश्न फक्त जमिनीचा राहत नाही. तुमचे संपूर्ण नियोजन विस्कळीत होऊ शकते.

काही वेळा अधिग्रहणामुळे आर्थिक फायदा होतो, पण शेती करणाऱ्या व्यक्तीसाठी तो नेहमीच फायदा असेल असे नाही.

पैशाने जमीन मिळू शकते, पण तयार फळबाग, विकसित माती, पाण्याची व्यवस्था आणि अनेक वर्षांची मेहनत परत मिळत नाही.

अनेक शेतकरी एक चूक करतात. ते वर्तमान पाहून निर्णय घेतात. पण जमीन हा पाच-दहा वर्षांचा नव्हे तर पिढ्यानपिढ्यांचा विषय असतो. त्यामुळे भविष्यातील सरकारी योजना आणि आरक्षण समजून घेणे अत्यावश्यक असते.

जमीन खरेदी करण्यापूर्वी स्थानिक विकास आराखडा, रस्ता आरक्षण, औद्योगिक झोन, प्रस्तावित प्रकल्प आणि इतर सरकारी नोंदी तपासा. तलाठी, मंडळ अधिकारी, नगररचना विभाग किंवा संबंधित कार्यालयांमधून माहिती मिळवता येते. एक दिवस चौकशीसाठी खर्च करणे हे अनेक वर्षांच्या पश्चात्तापापेक्षा स्वस्त असते.

माझ्या मते जमीन खरेदीतील सर्वात मोठ्या चुकांपैकी एक म्हणजे फक्त आज दिसणाऱ्या गोष्टींवर लक्ष केंद्रित करणे. शहाणा शेतकरी आजची जमीनच नाही, तर उद्याचे नकाशेही पाहतो.

३९. मोजणी न करता जमीन खरेदी करणे

शेतीची जमीन खरेदी करताना अनेक लोक ७/१२ वरील क्षेत्रफळ पाहतात आणि तेच अंतिम सत्य मानतात. कागदावर ५ एकर लिहिलेले असेल तर प्रत्यक्षातही ५ एकरच असतील असे गृहीत धरले जाते. पण जमीन व्यवहारात कागदावरील क्षेत्रफळ आणि प्रत्यक्ष ताब्यातील क्षेत्रफळ यामध्ये फरक असणे ही फार सामान्य गोष्ट आहे.

गेल्या अनेक दशकांत बांध सरकलेले असतात, शेजाऱ्यांनी थोडेथोडे अतिक्रमण केलेले असते, ओढे-नाले बदललेले असतात किंवा जुन्या मोजणीतील चुका पुढे चालत आलेल्या असतात. अनेक वेळा जमीन पिढ्यानपिढ्या वापरली जात असल्यामुळे कोणी प्रत्यक्ष मोजणी करण्याची गरजच समजत नाही.

समजा तुम्ही १० एकर जमीन विकत घेतली. व्यवहारानंतर सरकारी मोजणी केली आणि लक्षात आले की प्रत्यक्षात ९ एकर १० गुंठेच ताब्यात आहेत. उरलेली जमीन शेजाऱ्याच्या ताब्यात आहे किंवा तिच्या सीमारेषेबाबत वाद आहे. आता तुमच्याकडे खरेदीखत आहे, पण प्रत्यक्ष जमीन मिळवण्यासाठी वेगळा संघर्ष सुरू होतो.

मोजणी न करण्याचा सर्वात मोठा फटका फळबाग, डेअरी, पोल्ट्री किंवा दीर्घकालीन गुंतवणूक करणाऱ्यांना बसतो. त्यांनी एकदा विकासकामे सुरू केली की सीमारेषेवरील वाद अधिक गुंतागुंतीचे होतात.

ग्रामीण भागात एक वाक्य नेहमी ऐकायला मिळते. "ही जमीन आमच्या आजोबांच्या वेळेपासून अशीच आहे." पण जमीन व्यवहारात परंपरा हा पुरावा नसतो. मोजणी हा पुरावा असतो.

माझ्या मते लाखो रुपयांचा व्यवहार करताना अधिकृत मोजणी न करणे म्हणजे घर खरेदी करताना खोल्या न मोजताच पैसे देण्यासारखे आहे. विशेषतः मोठ्या क्षेत्रफळाच्या जमिनींमध्ये मोजणी अत्यावश्यक असते.

जमीन खरेदीपूर्वी शक्य असल्यास अधिकृत मोजणी करून घ्या. सीमारेषा प्रत्यक्ष पाहा. शेजाऱ्यांच्या उपस्थितीत बांध तपासा. नकाशा आणि प्रत्यक्ष जमीन जुळते का ते खात्री करा. काही हजार रुपयांचा हा खर्च भविष्यातील मोठे वाद टाळू शकतो.

माझ्या अनुभवात जमिनीच्या किंमतीवर लोक दिवसन्‌दिवस घासाघीस करतात, पण मोजणीवर खर्च करायला तयार नसतात. प्रत्यक्षात किंमतीतील १% बचतीपेक्षा योग्य मोजणी १०० पट अधिक महत्त्वाची असते.

४०. रस्त्याचा कायदेशीर हक्क तपासू नये

शेतीची जमीन खरेदी करताना पाण्यानंतर सर्वात महत्त्वाची गोष्ट कोणती असेल तर ती म्हणजे रस्ता. पण अनेक खरेदीदार एक मोठी चूक करतात. ते रस्ता आहे का हे पाहतात, पण तो रस्ता कायदेशीर आहे का हे तपासत नाहीत.

जमिनीपर्यंत जाणारी वाट दिसत आहे म्हणजे ती तुमचा कायदेशीर हक्काचा रस्ता आहे असे होत नाही. अनेक वेळा वर्षानुवर्षे लोक एकमेकांच्या शेतातून ये-जा करत असतात. संबंध चांगले असतात म्हणून प्रश्न निर्माण होत नाही. पण जमीन विकत घेतल्यानंतर परिस्थिती बदलू शकते.

समजा तुम्ही एक सुंदर शेतजमीन विकत घेतली. विहीर आहे, वीज आहे, माती चांगली आहे. पण तिथे पोहोचण्यासाठी जो रस्ता वापरला जातो तो प्रत्यक्षात शेजाऱ्याच्या मालकीच्या जमिनीतून जातो. आज तो काही बोलत नाही. उद्या त्याने गेट लावले किंवा रस्ता बंद केला तर? आता तुमच्याकडे जमीन आहे, पण तिच्यापर्यंत पोहोचण्याचा मार्ग नाही.

अशा प्रकारचे वाद ग्रामीण भागात खूप सामान्य आहेत. अनेक वेळा जमिनीच्या किमतीपेक्षा रस्त्याचा वाद मोठा ठरतो. शेतात ट्रॅक्टर, जनावरे, मालवाहतूक, बांधकाम साहित्य किंवा शेतीमाल नेण्यासाठी कायमस्वरूपी आणि निर्विवाद रस्ता आवश्यक असतो.

विशेषतः फळबाग, पोल्ट्री, डेअरी, फार्महाऊस किंवा पर्यटनाशी संबंधित प्रकल्प करायचा असल्यास रस्त्याचा प्रश्न अधिक महत्त्वाचा ठरतो. रोजची वाहतूक सुरू राहणार असते.

मी जमीन पाहायला गेलो की पहिला प्रश्न पाण्याचा आणि दुसरा प्रश्न रस्त्याचा विचारतो. पाणी नसले तर उपाय सापडू शकतो. पण रस्ता नसलेली किंवा वादग्रस्त रस्ता असलेली जमीन अनेकदा कायमची समस्या बनते.

जमीन खरेदीपूर्वी महसूल नकाशा तपासा. रस्ता सार्वजनिक आहे का, गाव रस्ता आहे का, हक्काचा रस्ता आहे का, याची खात्री करा. फक्त प्रत्यक्ष दिसणाऱ्या वाटेवर विश्वास ठेवू नका. कागदावर असलेला रस्ता आणि जमिनीवर असलेला रस्ता दोन्ही जुळले पाहिजेत.

माझ्या मते शेतीजमीन खरेदीतील सर्वात धोकादायक परिस्थिती म्हणजे "जमीन माझी, पण रस्ता दुसऱ्याचा." अशा वेळी जमीन तुमच्या नावावर असते, पण तिचा उपयोग दुसऱ्याच्या मर्जीवर अवलंबून असतो.

४१. प्रत्यक्ष ताबा कोणाकडे आहे हे न तपासणे

जमीन खरेदी करताना बहुतांश लोक मालकी हक्क तपासतात, पण ताबा कोणाकडे आहे हे तपासत नाहीत. ही अत्यंत गंभीर चूक आहे. कागदावर मालकी आणि प्रत्यक्ष जमिनीवरील ताबा या दोन वेगळ्या गोष्टी असू शकतात.

अनेक वेळा जमीन एका व्यक्तीच्या नावावर असते, पण ती दुसरी व्यक्ती कसत असते. काही वेळा ती बटाईने दिलेली असते. काही वेळा नातेवाईक वापरत असतात. काही वेळा शेजाऱ्याने वर्षानुवर्षे ताब्यात घेतलेली असते. काही वेळा जुना वाद सुरू असल्यामुळे प्रत्यक्ष मालकही जमिनीत पाऊल ठेवू शकत नाही.

समजा तुम्ही सर्व कागदपत्रे तपासून जमीन विकत घेतली. खरेदीखत झाले. पैसे दिले. पण दुसऱ्या दिवशी शेतावर गेल्यावर समजले की तिथे दुसराच शेतकरी पीक घेत आहे आणि तो जमीन सोडण्यास तयार नाही. आता तुमच्याकडे मालकीची कागदपत्रे आहेत, पण प्रत्यक्ष ताबा नाही.

जमीन व्यवहारात ही परिस्थिती नवीन नाही. अनेक खरेदीदारांना वाटते की खरेदीखत झाले म्हणजे जमीन आपोआप त्यांच्या ताब्यात आली. प्रत्यक्षात काही वेळा ताबा मिळवण्यासाठी स्वतंत्र प्रक्रिया करावी लागते. काही प्रकरणांमध्ये न्यायालयीन वादही निर्माण होतात.

विशेषतः अनेक वर्षांपासून पडिक असलेल्या किंवा मालक गावाबाहेर राहणाऱ्या जमिनींमध्ये हा धोका जास्त असतो. प्रत्यक्ष जमिनीवर काय सुरू आहे याची माहिती कागदपत्रांमधून मिळत नाही.

जमीन खरेदी करण्यापूर्वी शेतावर अनेक वेळा भेट द्या. वेगवेगळ्या हंगामात भेट द्या. शेजारी, गावातील लोक आणि प्रत्यक्ष शेती करणाऱ्या व्यक्तींशी बोला. "ही जमीन कोण कसतो?" हा प्रश्न जरूर विचारा. अनेक वेळा याचे उत्तर कागदांपेक्षा वेगळी कथा सांगते.

माझ्या मते जमीन व्यवहारातील सर्वात वाईट परिस्थिती म्हणजे तुम्ही जमीन विकत घेतली आहे, पण तिचा वापर करण्यासाठी दुसऱ्याची परवानगी घ्यावी लागते.

शेती करणाऱ्या व्यक्तीसाठी मालकीपेक्षा ताबा अधिक महत्त्वाचा असतो. पीक ताब्यातील जमिनीवर येते, कागदांवर नाही.

शेताचे प्लॅनिंग

४२. शेताचा मास्टर प्लॅन न बनवणे

शेतीमध्ये मी पाहिलेली सर्वात महागडी चूक कोणती असेल तर ती म्हणजे जमीन घेतल्यानंतर थेट शेती सुरू करणे. बहुतेक लोक जमीन घेतात, विहीर करतात, कुंपण करतात आणि लगेच झाडे लावायला सुरुवात करतात. त्यावेळी त्यांना वाटते की कामाला सुरुवात झाली म्हणजे प्रगती झाली. प्रत्यक्षात मात्र त्यांनी भविष्यातील अनेक समस्यांची बीजे पेरलेली असतात.

घर बांधताना आपण आधी नकाशा तयार करतो. किती खोल्या असतील, जिना कुठे असेल, बाथरूम कुठे असेल, पार्किंग कुठे असेल याचे नियोजन करतो. पण लाखो रुपयांची शेती सुरू करताना अनेकजण कोणताही नकाशा बनवत नाहीत. जिथे जागा दिसली तिथे झाडे लावली जातात. जिथे सोयीचे वाटले तिथे गोठा बांधला जातो. जिथे जागा मिळाली तिथे टाकी बसवली जाते. काही वर्षांनी लक्षात येते की सगळेच चुकीच्या ठिकाणी आहे.

शेती ही फक्त जमीन नसते. ती एक उत्पादन प्रणाली असते. त्या प्रणालीमध्ये पाणी फिरते, माणसे फिरतात, ट्रॅक्टर फिरतो, जनावरे फिरतात, शेण फिरते, खत फिरते, माल फिरतो आणि पैसा फिरतो. या सर्व गोष्टींचा प्रवाह आधी ठरवला नाही तर पुढे जाऊन रोजच्या कामात प्रचंड वेळ, श्रम आणि पैसा वाया जातो.

मी अनेक शेतांवर पाहिले आहे की सुरुवातीला उत्साहात लावलेली झाडे नंतर रस्त्याच्या आड येतात. ट्रॅक्टर वळत नाही. हार्वेस्टर

आत जाऊ शकत नाही. ड्रिपसाठी पुन्हा पाइपलाइन टाकावी लागते. गोठा एका टोकाला आणि चारा दुसऱ्या टोकाला असतो. पॅकहाऊस दूर असल्यामुळे माल वाहण्यातच अर्धा दिवस जातो. अशा चुका पिकांच्या नसतात, त्या नियोजनाच्या असतात.

शेती सुरू करण्यापूर्वी किमान दहा ते वीस वर्षांचा विचार करून संपूर्ण शेताचा मास्टर प्लॅन तयार करणे आवश्यक आहे. शेतातील मुख्य रस्ते कुठे असतील, भविष्यातील रस्ते कुठे असतील, विहीर कुठे असेल, फार्म पॉंड कुठे असेल, गोठा कुठे असेल, कुक्कुटपालन युनिट कुठे असेल, कंपोस्ट युनिट कुठे असेल, पॅकहाऊस कुठे असेल, सौरऊर्जा कुठे असेल, भविष्यातील ग्रीनहाऊससाठी जागा कुठे राखून ठेवायची याचा विचार सुरुवातीलाच व्हायला हवा.

मास्टर प्लॅन म्हणजे फक्त नकाशा नाही. तो भविष्यातील निर्णयांचा पाया असतो. एकदा झाडे मोठी झाली, इमारती उभ्या राहिल्या आणि पाइपलाइन जमिनीत गेली की चुका दुरुस्त करणे अत्यंत महागडे ठरते. त्यामुळे सुरुवातीला केलेले एक दिवसाचे नियोजन पुढील वीस वर्षांचे नुकसान वाचवू शकते.

शेतीमध्ये यशस्वी झालेल्या अनेक लोकांचा अभ्यास केला तर एक गोष्ट समान दिसते. त्यांनी फक्त पीक निवडले नाही, तर संपूर्ण शेताची रचना आखली. अपयशी झालेल्या अनेक शेतकऱ्यांचा अभ्यास केला तर दिसते की त्यांनी पीक निवडण्यावर जास्त वेळ घालवला आणि शेताची रचना आखण्यावर फारच कमी.

शेती सुरू करताना स्वतःला एक प्रश्न नक्की विचारा:

"आज मी जे बांधतो आहे, लावतो आहे किंवा बसवतो आहे ते दहा वर्षांनीसुद्धा योग्य ठिकाणी असेल का?"

जर या प्रश्नाचे उत्तर खात्रीने देता येत नसेल तर अजून नियोजन बाकी आहे.

शेतीमध्ये अनेक चुका नंतर सुधारता येतात. चुकीचे पीक बदलता येते. चुकीची जात बदलता येते. चुकीची खतपद्धती बदलता येते. पण चुकीची शेतरचना दुरुस्त करणे हे सर्वात कठीण आणि सर्वात खर्चिक काम असते.

म्हणून शेती सुरू करण्यापूर्वी पहिली गुंतवणूक विहिरीत, ड्रिपमध्ये किंवा झाडांमध्ये करू नका. पहिली गुंतवणूक शेताच्या मास्टर प्लॅनमध्ये करा.

४३. दिशा, सूर्यप्रकाश आणि वाऱ्याचे नियोजन न करणे

बहुतेक शेतकरी जमिनीचा सातबारा पाहतात, क्षेत्रफळ पाहतात, पाणी पाहतात. पण एक गोष्ट फार कमी लोक पाहतात, ती म्हणजे दिशा. प्रत्यक्षात सूर्य, वारा आणि सावली हे शेतीतील असे भागीदार आहेत ज्यांच्यावर तुमचे कोणतेही नियंत्रण नसते, पण त्यांचा परिणाम प्रत्येक पिकावर, प्रत्येक झाडावर आणि प्रत्येक संरचनेवर होत असतो.

मी अनेक शेतांमध्ये पाहिले आहे की लाखो रुपये खर्च करून बाग उभी केली जाते, पण झाडे कुठे लावली आहेत, त्यांची सावली कुठे पडणार आहे, पश्चिमेकडून येणारा उष्ण वारा कसा अडवायचा, उत्तर-दक्षिण दिशेचा उपयोग कसा करायचा याचा विचारच केलेला नसतो.

शेतीमध्ये दिशा समजून घेणे म्हणजे केवळ कंपास बघणे नाही. दिशा समजून घेणे म्हणजे सूर्यप्रकाश, सावली, वारा आणि तापमान यांचे व्यवस्थापन करणे होय.

आपल्या देशात उन्हाळ्यातील सर्वात त्रासदायक वारे प्रामुख्याने पश्चिम आणि नैऋत्येकडून येतात. हे वारे फक्त तापमान वाढवत नाहीत तर जमिनीतील आणि पिकांतील आर्द्रताही वेगाने कमी करतात. अनेक वेळा पाण्याची कमतरता नसतानाही पिके

तणावाखाली जातात. पाणी मुळांमधून जितक्या वेगाने वर येते त्यापेक्षा जास्त वेगाने पानांतून बाहेर जात असते.

यासाठी शेताच्या पश्चिम आणि नैऋत्य बाजूला योग्य वृक्षपट्टा असणे अत्यंत महत्त्वाचे आहे. हा वृक्षपट्टा फक्त झाडांची ओळ नसते. तो संपूर्ण शेतासाठी नैसर्गिक संरक्षण भिंत असतो. योग्य विंडब्रेकमुळे वाऱ्याचा वेग कमी होतो, आर्द्रता टिकून राहते, पाण्याची बचत होते आणि पिकावरील ताण कमी होतो.

याउलट चुकीच्या ठिकाणी लावलेली झाडे स्वतःच समस्या निर्माण करू शकतात. मी अनेक ठिकाणी पाहिले आहे की मोठमोठी झाडे दक्षिण बाजूला किंवा महत्त्वाच्या पिकांच्या अगदी जवळ लावलेली असतात. सुरुवातीला ती लहान असल्यामुळे समस्या जाणवत नाही. पण काही वर्षांनी त्यांची सावली वाढते आणि उत्पादन कमी व्हायला सुरुवात होते.

झाडे लावताना आपण फक्त त्यांची आजची उंची पाहतो. पण नियोजन करताना त्यांची वीस वर्षांनंतरची उंची आणि सावली पाहिली पाहिजे.

दक्षिणेकडील सूर्यप्रकाश हा शेतीसाठी सर्वात महत्त्वाचा असतो. त्यामुळे मोठ्या सावलीची झाडे अशा ठिकाणी लावणे टाळले पाहिजे जिथे ती भविष्यात पिकांचा सूर्यप्रकाश अडवतील. उत्तर बाजूला मोठी झाडे असतील तर त्यांचा परिणाम तुलनेने कमी होतो.

सूर्यप्रकाशाचा विचार फक्त पिकांसाठीच नाही तर इतर सुविधांसाठीसुद्धा आवश्यक असतो. उदाहरणार्थ, गोठा, पॅकहाऊस, कामगारांची विश्रांती जागा, पाण्याच्या टाक्या किंवा सौरऊर्जा प्रकल्प यांचे स्थान ठरवताना दिवसभरातील सूर्यप्रकाशाचा अभ्यास केला पाहिजे.

वाऱ्याची दिशा समजून घेणे देखील तितकेच महत्त्वाचे आहे. गोठा, कुक्कुटपालन युनिट, कंपोस्ट युनिट किंवा शेण साठवणूक क्षेत्र यांचे नियोजन करताना प्रमुख वाऱ्यांची दिशा लक्षात घेतली नाही तर दुर्गंधी, माश्या आणि स्वच्छतेच्या समस्या कायम राहतात.

शेतीमध्ये अनेकदा आपण पाणी, खत आणि बियाणे यांच्यावर चर्चा करतो. पण सूर्यप्रकाश आणि वारा हे पूर्णपणे मोफत उपलब्ध असलेले संसाधन आहेत. त्यांचा योग्य वापर केल्यास उत्पादन वाढते. चुकीचे नियोजन केल्यास नुकसान होते.

जमीन घेतल्यानंतर पहिल्या काही महिन्यांत कोणतीही मोठी लागवड करण्यापूर्वी एक साधा प्रयोग करा. वर्षभर वेगवेगळ्या ऋतूंमध्ये सूर्य कुठून उगवतो, सावली कुठे पडते, उन्हाळ्यात वारा कुठून येतो, पावसाळ्यात पाण्याचा प्रवाह कसा होतो याची नोंद ठेवा. हा अभ्यास तुम्हाला अनेक महागड्या चुका टाळण्यास मदत करेल.

शेतीमध्ये दिशा बदलता येत नाहीत. सूर्याचा मार्ग बदलता येत नाही. वाऱ्याची दिशा बदलता येत नाही. त्यामुळे शहाणा शेतकरी

निसर्गाशी भांडत नाही. तो त्याच्या नियोजनाला निसर्गाच्या नियमांशी जुळवून घेतो.

दिशांचा विचार न करता केलेली शेती वर्षानुवर्षे जास्त पाणी, जास्त मेहनत आणि जास्त खर्च मागते. दिशांचा योग्य वापर करून केलेली शेती मात्र निसर्गालाच आपला भागीदार बनवते.

४४. पाणी साठवण, निचरा आणि पुनर्भरण यांचे नियोजन न करणे

शेतीमध्ये पाण्याची कमतरता ही समस्या असतेच. पण माझ्या अनुभवात पाण्याच्या कमतरतेपेक्षा पाण्याचे चुकीचे नियोजन ही अधिक मोठी समस्या आहे.

अनेक शेतकरी विहीर खोदतात, बोअर मारतात, ड्रिप बसवतात, टाक्या उभारतात. पण जमीन घेतल्यानंतर सर्वप्रथम एक गोष्ट करत नाहीत. ती म्हणजे पाण्याचा अभ्यास.

पाऊस पडल्यावर पाणी कुठून येते? कुठे साचते? कुठून बाहेर जाते? कोणता भाग खोलगट आहे? कोणता भाग उंच आहे? पावसाळ्यात पाण्याचा नैसर्गिक प्रवाह कसा असतो? हे समजून न घेताच अनेक निर्णय घेतले जातात. आणि पुढे जाऊन त्याची मोठी किंमत मोजावी लागते.

मी अनेक शेतांवर पाहिले आहे की विहीर अशा ठिकाणी खोदलेली असते जिथे नैसर्गिकरित्या पाणी जमा होतच नाही. दुसरीकडे शेतातील खोलगट भागातून दरवर्षी लाखो लिटर पाणी वाहून जाते. विहीर खोदण्यापूर्वी जमीन समजून घेतली असती तर कदाचित कमी खर्चात अधिक पाणी मिळाले असते.

शेतीमध्ये एक गोष्ट कायम लक्षात ठेवावी लागते. पाणी निर्माण करता येत नाही. फक्त उपलब्ध पाण्याचे व्यवस्थापन करता येते.

पावसाचा प्रत्येक थेंब शेतात पडतो. पण तो थेंब किती वेळ शेतात थांबतो, जमिनीत किती मुरतो आणि किती बाहेर जातो यावरच भविष्यातील पाण्याची उपलब्धता ठरते.

अनेक शेतकरी पावसाळ्यात पाणी बाहेर काढण्यासाठी धडपड करत असतात आणि उन्हाळ्यात पाण्यासाठी धडपड करत असतात. या दोन्ही समस्या एकाच चुकीतून निर्माण होतात. पाण्याचा निचरा आणि पाणी साठवण यांचे एकत्रित नियोजन केलेले नसते.

निचरा म्हणजे पाणी बाहेर टाकणे नव्हे. निचरा म्हणजे अतिरिक्त पाण्याला नियंत्रित मार्ग देणे.

अनेक ठिकाणी पावसाळ्यात पाणी साचून मुळे कुजतात, माती वाहून जाते, पिके मरतात. मुख्य ड्रेनेज चॅनेल, चर किंवा नाले यांचे नियोजन आधी केलेले नसते. पाणी आपला मार्ग स्वतः शोधते आणि त्याच वेळी नुकसानही करते.

दुसरीकडे काही शेतकरी इतके नाले आणि चर खोदतात की पावसाचे सर्व पाणी सरळ शेताबाहेर निघून जाते. परिणाम असा की पावसाळ्यात शेत कोरडे दिसते आणि उन्हाळ्यात विहिरी कोरड्या पडतात.

योग्य नियोजन म्हणजे अतिरिक्त पाणी सुरक्षितपणे बाहेर काढणे आणि शक्य तितके पाणी जमिनीत मुरवणे.

यासाठी शेतातील नैसर्गिक उतार समजून घेणे अत्यंत महत्त्वाचे असते. उताराच्या दिशेने योग्य ठिकाणी चर, स्वेल्स, बांध, पाणी अडवणारे खड्डे, फार्म पॉंड किंवा पुनर्भरण रचना तयार करता येतात.

विहीर ही केवळ पाणी काढण्याची जागा नसते. ती पाणी साठवण्याची आणि पुनर्भरणाचीही व्यवस्था असली पाहिजे. अनेक शेतकरी विहिरीतून वर्षानुवर्षे पाणी काढतात, पण त्या विहिरीत पाणी परत कसे जाईल याचा विचार करत नाहीत.

पुनर्भरण हा पर्याय नाही. तो गरज आहे.

शेतातील रस्ते, छप्परे, गोठे, शेडनेट, पॉलीहाऊस, मोकळी जागा यावर पडणारे पाणी योग्य नियोजनाने विहीर किंवा पुनर्भरण खड्ड्यांकडे वळवता येते. काही वर्षांनी याच व्यवस्थेचा मोठा फायदा दिसू लागतो.

पाणी व्यवस्थापनाचा आणखी एक महत्त्वाचा भाग म्हणजे गुरुत्वाकर्षणाचा वापर. अनेक ठिकाणी पाणी वर उचलून पुन्हा खाली आणले जाते. योग्य नियोजन केले तर पाण्याचा मोठा भाग गुरुत्वाकर्षणाच्या मदतीने वाहू शकतो. यामुळे वीज खर्च कमी होतो आणि प्रणाली अधिक विश्वासार्ह बनते.

माझ्या मते शेतीमध्ये विहीर, बोअर किंवा फार्म पॉंड हे उपाय नाहीत. ते फक्त साधने आहेत. खरा उपाय म्हणजे संपूर्ण पाणी चक्र समजून घेणे.

जमीन घेतल्यानंतर पहिल्या वर्षात किमान एक पूर्ण पावसाळा निरीक्षणासाठी खर्च करणे फायदेशीर ठरू शकते. पाणी कुठे साचते, कुठे वाहते, कुठे मुरते आणि कुठे नुकसान करते याची नोंद ठेवा. त्या निरीक्षणातून मिळणारी माहिती अनेक तज्ज्ञांच्या सल्ल्यापेक्षा जास्त मौल्यवान असते.

शेतीतील पाण्याचा प्रश्न बहुतेक वेळा आकाशात नसतो. तो जमिनीवर असतो. पाऊस किती पडतो यापेक्षा पडलेला पाऊस किती जपला जातो हे अधिक महत्त्वाचे असते.

पाण्याची समस्या असलेली अनेक शेतं मी पाहिली आहेत. पण पाण्याचे नियोजन उत्कृष्ट असलेले शेत फार कमी पाण्यातही यशस्वी होताना पाहिले आहेत.

शेतीत पाणी मिळवण्यापेक्षा पाणी टिकवणे अधिक महत्त्वाचे असते. आणि त्याची सुरुवात पाणी साठवण, निचरा आणि पुनर्भरण यांच्या योग्य नियोजनापासून होते.

४५. सिंचन प्रणालीचे इंजिनिअरिंग न करणे

बहुतेक शेतकरी सिंचनाकडे खर्च म्हणून पाहतात. ड्रिप बसवली, मोटर बसवली, पाइप टाकले की काम संपले असे त्यांना वाटते. प्रत्यक्षात सिंचन ही शेतीतील सर्वात महत्त्वाची इंजिनिअरिंग प्रणाली आहे. आणि दुर्दैवाने याच ठिकाणी सर्वाधिक चुका होतात.

मी अनेक शेतांवर पाहिले आहे की लाखो रुपये खर्च करून ड्रिप बसवलेली असते, पण शेताचा आकार, पाण्याचा दाब, पाइपची क्षमता, भविष्यातील विस्तार किंवा फर्टिगेशन यांचा विचारच केलेला नसतो. सुरुवातीला सगळे व्यवस्थित दिसते. पण काही वर्षांनी प्रेशर कमी पडते, काही भागांना कमी पाणी मिळते, काही भागांना जास्त पाणी मिळते आणि संपूर्ण व्यवस्था सतत बदलावी लागते.

सिंचनाचे नियोजन ड्रिप कंपनीच्या प्रतिनिधीने सुरू करू नये. ते शेताच्या नकाशापासून सुरू झाले पाहिजे.

सर्वात पहिली चूक म्हणजे ड्रिपच्या क्षमतेनुसार शेताचे तुकडे न करणे. १६ मिमी, २० मिमी किंवा इतर लेटरल किती अंतरावर प्रभावीपणे काम करू शकतात याला मर्यादा असतात. अनेक शेतकरी उपलब्ध शेताच्या आकारानुसार ड्रिप बसवतात. प्रत्यक्षात शेताचे ब्लॉक ड्रिपच्या तांत्रिक मर्यादेनुसार तयार केले पाहिजेत.

दुसरी मोठी चूक म्हणजे पाइपचा व्यास कमी ठेवणे. सुरुवातीला काही हजार रुपये वाचवण्यासाठी लहान मेनलाइन किंवा सबमेन

वापरली जाते. नंतर क्षेत्र वाढते, नवीन प्लॉट जोडले जातात आणि प्रेशर कमी पडू लागतो. त्यावेळी संपूर्ण प्रणाली बदलण्याची वेळ येते.

शेतीमध्ये पाइप जमिनीखाली गाडला की तो अनेक वर्षे तिथेच राहतो. त्यामुळे सुरुवातीला थोडा जास्त खर्च करून योग्य क्षमतेची मेनलाइन बसवणे ही खर्च नसून गुंतवणूक असते.

अनेक ठिकाणी एअर रिलीज व्हॉल्व्ह, फ्लशिंग पॉइंट आणि कंट्रोल व्हॉल्व्ह यांकडे दुर्लक्ष केले जाते. परिणामी लाईनमध्ये हवा अडकते, गाळ जमा होतो आणि सिंचनाची कार्यक्षमता कमी होत जाते. समस्या दिसायला काही महिने किंवा काही वर्षे लागतात, पण नुकसान सतत सुरू असते.

माझ्या मते प्रत्येक शेतात सिंचन झोन असले पाहिजेत. सर्व पिकांना एकाच वेळी पाणी देणे हा उपाय नाही. भाजीपाला, फळबाग, चारा, रोपवाटिका आणि इतर पिकांची पाण्याची गरज वेगवेगळी असते. त्यामुळे स्वतंत्र झोन तयार केल्यास पाण्याचा वापर अधिक कार्यक्षम होतो.

भविष्यातील गरजांचा विचार न करणे ही आणखी एक सामान्य चूक आहे. आज ड्रिपची गरज आहे. उद्या स्प्रिंकलरची गरज पडू शकते. परवा रेनपाईप, फॉगर्स किंवा ऑटोमेशनची आवश्यकता निर्माण होऊ शकते. जर सुरुवातीलाच योग्य ठिकाणी अतिरिक्त

आउटलेट्स ठेवले असतील तर पुढील विस्तार सोपा होतो. अन्यथा पुन्हा खोदकाम, पुन्हा पाइपलाइन आणि पुन्हा खर्च.

फर्टिगेशनबाबतही अशीच परिस्थिती असते. अनेक शेतकरी आधी ड्रिप बसवतात आणि काही वर्षांनी फर्टिगेशनचा विचार करतात. प्रत्यक्षात दोन्ही गोष्टी एकत्र नियोजित केल्या पाहिजेत. पाणी आणि खत यांचा प्रवाह वेगळा नसतो. दोन्ही एकाच प्रणालीतून जाणार असतात.

शेतातील पाण्याच्या उपलब्धतेपेक्षा पाण्याचे वितरण अधिक महत्त्वाचे असते. विहिरीत भरपूर पाणी असूनही चुकीच्या सिंचन नियोजनामुळे उत्पादन कमी होऊ शकते. दुसरीकडे मर्यादित पाण्यातही उत्कृष्ट नियोजनामुळे चांगले उत्पादन घेता येते.

सिंचनाचे नियोजन करताना एक गोष्ट नेहमी लक्षात ठेवा. आजची व्यवस्था फक्त आजसाठी नसते. ती पुढील दहा-पंधरा वर्षांसाठी असते. त्यामुळे भविष्यातील विस्तार, अतिरिक्त पिके, नवीन तंत्रज्ञान आणि बदलणाऱ्या गरजा यांचा विचार सुरुवातीलाच केला पाहिजे.

अनेक शेतकरी पाण्याची कमतरता असल्याची तक्रार करतात. पण प्रत्यक्षात समस्या पाण्याची नसते, ती वितरण व्यवस्थेची असते. जसे एखाद्या शहरात धरण भरलेले असूनही काही भागांना पाणी मिळत नाही, तसेच अनेक शेतांमध्ये घडते.

सिंचन ही फक्त पाइपांची व्यवस्था नाही. ती शेताची रक्तवाहिनी प्रणाली आहे. जिथे रक्त योग्य प्रमाणात पोहोचत नाही तिथे शरीर कमकुवत होते. जिथे पाणी योग्य प्रमाणात पोहोचत नाही तिथे शेती कमकुवत होते.

म्हणून सिंचनाकडे खर्च म्हणून पाहू नका. त्याकडे एक दीर्घकालीन इंजिनिअरिंग प्रकल्प म्हणून पाहा. योग्य नियोजन केलेली सिंचन व्यवस्था वर्षानुवर्षे तुमचा वेळ, वीज, पाणी आणि पैसा वाचवत राहते. चुकीची व्यवस्था मात्र सतत तुमचे लक्ष, श्रम आणि खर्च मागत राहते.

४६. शेतातील रस्ते आणि वाहतुकीचे नियोजन न करणे

मी शेतीत केलेल्या सर्वात मोठ्या चुकांपैकी एक चूक सांगायची झाली तर ती म्हणजे सुरुवातीला रस्त्यांचे महत्त्व न समजणे.

बहुतेक शेतकरी जमीन घेतल्यानंतर पाणी, कुंपण, झाडे आणि पिकांवर लक्ष केंद्रित करतात. पण रस्त्यांचे नियोजन शेवटी केले जाते. प्रत्यक्षात मात्र रस्ते हे शेताचे रक्तवाहिनीसारखे असतात. ज्या शेतात रस्त्यांचे नियोजन चांगले असते, तिथे कामे जलद होतात. ज्या शेतात रस्त्यांचे नियोजन नसते, तिथे प्रत्येक काम कठीण बनते.

आपण एखाद्या शहराचा विचार करा. रस्ते नसतील तर घर, दुकान, कारखाने यांचा काही उपयोग होणार नाही. अगदी तशीच परिस्थिती शेताची असते.

शेतीमध्ये प्रत्येक गोष्ट हलवावी लागते. बियाणे येते, खत येते, शेण येते, मजूर येतात, ट्रॅक्टर फिरतो, माल बाहेर जातो, जनावरांचा चारा आणला जातो. या सगळ्या हालचालींसाठी रस्ते आवश्यक असतात.

अनेक शेतकरी सुरुवातीला जास्तीत जास्त क्षेत्र लागवडीखाली आणण्याच्या प्रयत्नात रस्त्यांसाठी जागाच ठेवत नाहीत. त्यांना वाटते की रस्ता म्हणजे उत्पादन कमी करणारी जागा. काही वर्षांनी मात्र

त्याच लोकांना लक्षात येते की रस्ता नसल्यामुळे उत्पादनापेक्षा जास्त नुकसान होत आहे.

माझ्या अनुभवात प्रत्येक प्लॉटपर्यंत वाहन पोहोचले पाहिजे. माल डोक्यावर किंवा हातगाडीतून वाहून न्यावा लागत असेल तर कुठेतरी नियोजनात चूक झाली आहे.

भाजीपाला, फळे, ऊस, धान्य किंवा कोणतेही पीक असो, काढणीच्या वेळी वाहतुकीचे महत्त्व सर्वाधिक जाणवते. पावसाळ्यात चिखलातून माल बाहेर काढताना किंवा उन्हाळ्यात लांब अंतरावरून माल वाहताना अनेक शेतकऱ्यांना रस्त्याचे महत्त्व समजते.

रस्त्यांचे नियोजन करताना फक्त ट्रॅक्टर जाईल एवढा विचार पुरेसा नसतो. ट्रॅक्टर वळणार कुठे? ट्रॉली फिरवणार कुठे? भविष्यात हार्वेस्टर आला तर तो आत जाऊ शकेल का? टेम्पो किंवा मिनी ट्रक थेट प्लॉटपर्यंत पोहोचू शकेल का? याचाही विचार करावा लागतो.

मी अनेक शेतांवर पाहिले आहे की ट्रॅक्टर प्रत्येक वेळी मागे-पुढे करून वळवावा लागतो. टर्निंग रेडियसचा विचारच केलेला नसतो. दिवसातून दहा वेळा होणारी ही छोटी गैरसोय वर्षभरात शेकडो तासांचा अपव्यय करते.

मोठ्या यंत्रसामग्रीचा विचार न करणे ही आणखी एक महागडी चूक आहे. आज तुम्ही छोट्या प्रमाणात शेती करत असाल. पण भविष्यात हार्वेस्टर, बेलर, एक्स्कॅव्हेटर किंवा इतर मोठी यंत्रे

वापरण्याची वेळ येऊ शकते. त्यांच्यासाठी आवश्यक रुंदी, उंची आणि वळणाची जागा सुरुवातीलाच ठेवली पाहिजे.

रस्त्यांचे नियोजन फक्त वाहतुकीसाठी नसते. ते वृक्षलागवडीसाठीही असते. माझ्या मते अनेक ठिकाणी रस्त्यांच्या दोन्ही बाजूंना झाडांची लागवड करणे ही अत्यंत चांगली कल्पना आहे. रस्ता आणि वृक्षलागवड एकाच वेळी नियोजित केली तर स्वतंत्र जागा वाया जात नाही. झाडे सावली देतात, वाऱ्याचा वेग कमी करतात आणि रस्त्याला कायमस्वरूपी सीमा देतात.

रस्त्यांचा विचार करताना पावसाच्या पाण्याचाही विचार केला पाहिजे. अनेक वेळा रस्तेच पाण्याच्या नैसर्गिक प्रवाहात अडथळा निर्माण करतात. योग्य निचरा नसल्यास रस्ते वाहून जातात किंवा पाणी प्लॉटमध्ये साचते. त्यामुळे रस्ते आणि ड्रेनेज यांचे नियोजन एकत्र केले पाहिजे.

एक महत्त्वाची गोष्ट म्हणजे रस्ते कायमस्वरूपी असावेत. दरवर्षी नवीन वाटा तयार करणे म्हणजे अव्यवस्था. शेताचा नकाशा पाहिला की मुख्य रस्ते आणि दुय्यम रस्ते स्पष्ट दिसले पाहिजेत.

माझ्या मते शेतातील प्रत्येक रस्ता हा भविष्यातील वेळ वाचवणारी गुंतवणूक असतो. रस्त्यांसाठी गेलेली जमीन ही नुकसान नसते. उलट ती संपूर्ण शेताची कार्यक्षमता वाढवणारी जागा असते.

अनेक शेतकरी उत्पादन वाढवण्यासाठी अधिक खत, अधिक पाणी किंवा अधिक तंत्रज्ञान शोधत असतात. पण काही वेळा उत्पादन

वाढवण्यापेक्षा खर्च आणि श्रम कमी करणे अधिक महत्त्वाचे असते. चांगले रस्ते हे त्यातील सर्वात सोपे आणि प्रभावी साधन आहे.

शेतीमध्ये एक नियम लक्षात ठेवा. जिथे माणूस, ट्रॅक्टर आणि माल सहज पोहोचू शकत नाही, तिथे शेती कधीच पूर्ण कार्यक्षम होत नाही.

म्हणून झाडे लावण्यापूर्वी, ड्रिप बसवण्यापूर्वी आणि बांधकाम करण्यापूर्वी रस्त्यांचे नियोजन करा. एकदा शेत भरले की रस्ता काढणे अत्यंत कठीण होते. पण सुरुवातीला काढलेला योग्य रस्ता पुढील अनेक वर्षे तुमची मेहनत आणि खर्च दोन्ही कमी करत राहतो.

४७. शेतातील हालचाली (Movement Efficiency) न समजणे

बहुतेक शेतकरी खर्च मोजतात, उत्पादन मोजतात, मजुरांचे दिवस मोजतात. पण एक गोष्ट जवळजवळ कोणीच मोजत नाही. ती म्हणजे शेतातील हालचाली.

मी शेतीत आल्यावर एक गोष्ट लक्षात आली. शेतात पैसा कमी आणि अंतर जास्त खर्च होते. माणूस चालतो, ट्रॅक्टर फिरतो, माल वाहून नेला जातो, शेण एका ठिकाणाहून दुसऱ्या ठिकाणी जाते, चारा आणला जातो, पाणी पोहोचवले जाते. दिवसाचा मोठा भाग प्रत्यक्ष उत्पादनात नाही तर हालचालींमध्ये खर्च होत असतो.

अनेक शेतकऱ्यांना वाटते की दहा मिनिटांचा फेरा म्हणजे काही मोठी गोष्ट नाही. पण दिवसातून दहा वेळा तोच फेरा मारावा लागला तर शंभर मिनिटे जातात. वर्षभरात ते शेकडो तास बनतात. आणि शेतीमध्ये वेळ म्हणजेच पैसा.

शेतीतील प्रत्येक हालचालीला किंमत असते.

गोठा एका टोकाला, चारा दुसऱ्या टोकाला, शेणखत युनिट तिसऱ्या टोकाला आणि भाजीपाला चौथ्या टोकाला असेल तर दररोज हजारो पावले फुकट पडतात. शेतकरी आणि मजूर यांना ते जाणवत नाही ती सवय बनलेली असते. पण जेव्हा तुम्ही एकूण वेळेचा हिशेब करता तेव्हा चित्र धक्कादायक असते.

मी अनेक शेतांवर पाहिले आहे की गोठ्यातून निघणारे शेण आधी एका जागी नेले जाते, तिथून कंपोस्ट युनिटमध्ये नेले जाते आणि नंतर पुन्हा शेतात आणले जाते. म्हणजे तेच साहित्य तीन-चार वेळा हलवले जाते. हा अतिरिक्त खर्च असतो.

शेतीतील एक महत्त्वाचा नियम असा आहे की कोणतीही वस्तू शक्यतो एकदाच हलली पाहिजे.

चारा जनावरांपर्यंत कमीत कमी अंतरात पोहोचला पाहिजे. शेण कमीत कमी अंतरात प्रक्रिया युनिटमध्ये पोहोचले पाहिजे. माल कमीत कमी अंतरात पॅकहाऊसमध्ये पोहोचला पाहिजे. या प्रत्येक निर्णयाचा परिणाम पुढील अनेक वर्षांवर होत असतो.

भाजीपाला, फुले, दुग्धव्यवसाय किंवा कुक्कुटपालन यांसारख्या व्यवसायांमध्ये हालचालींचे महत्त्व अधिक असते. या व्यवसायांमध्ये रोज अनेक वेळा लक्ष द्यावे लागते. जर प्रत्येक वेळी अर्धा किलोमीटर चालावे लागत असेल तर त्या व्यवसायाचा खरा खर्च वाढतो.

अनेक शेतकरी पीक नियोजन करताना फक्त बाजारभाव पाहतात. पण कोणत्या पिकाला किती वेळा भेट द्यावी लागते हे पाहत नाहीत.

माझ्या मते सर्वाधिक लक्ष लागणारी पिके घराजवळ असली पाहिजेत. रोपवाटिका, भाजीपाला, कुक्कुटपालन, दुग्धव्यवसाय, औषधी वनस्पती किंवा रोज निरीक्षण आवश्यक असणारे प्रकल्प

सर्वात जवळ असले पाहिजेत. कमी लक्ष लागणारी फळबाग किंवा हंगामी पिके तुलनेने दूर असू शकतात.

शेतातील हालचालींचे नियोजन करताना फक्त माणसांचा विचार पुरेसा नसतो. ट्रॅक्टर, जनावरे, पाणी, शेण, खत आणि माल यांचे स्वतंत्र प्रवाह असतात. हे प्रवाह एकमेकांना अडथळा आणणार नाहीत याची काळजी घ्यावी लागते.

उद्योग क्षेत्रात एक संकल्पना आहे, "टाइम अँड मोशन स्टडी". म्हणजे काम पूर्ण करण्यासाठी किती वेळ आणि किती हालचाल होते याचा अभ्यास. मला वाटते प्रत्येक शेतकऱ्याने हा अभ्यास किमान एकदा तरी करायला हवा.

एक दिवस फक्त निरीक्षण करा. सकाळपासून संध्याकाळपर्यंत तुम्ही किती वेळ चालण्यात, सामान आणण्यात, वस्तू हलवण्यात आणि एका कामातून दुसऱ्या कामाकडे जाण्यात खर्च करता हे लिहून ठेवा. अनेकांना त्यातून त्यांच्या शेतातील सर्वात मोठे नुकसान कुठे होत आहे हे समजते.

शेतीमध्ये उत्पादन वाढवणे महत्त्वाचे आहेच. पण त्याहून महत्त्वाचे म्हणजे अनावश्यक हालचाली कमी करणे. प्रत्येक अतिरिक्त फेरा म्हणजे अतिरिक्त वेळ, अतिरिक्त श्रम, अतिरिक्त इंधन आणि अतिरिक्त खर्च.

एक चांगले डिझाइन केलेले शेत म्हणजे जिथे प्रत्येक गोष्ट योग्य ठिकाणी असते. जिथे चारा जनावरांच्या जवळ असतो. जिथे शेण

प्रक्रिया युनिट गोठ्याच्या जवळ असते. जिथे भाजीपाला घराजवळ असतो. जिथे माल सहजपणे पॅकहाऊसपर्यंत पोहोचतो.

वाईट शेतात लोक काम करतात. चांगल्या शेतात व्यवस्था काम करते.

शेतीत यशस्वी होण्यासाठी फक्त चांगले पीक निवडणे पुरेसे नसते. त्या पिकाभोवतीची प्रत्येक हालचाल कार्यक्षम करणे तितकेच आवश्यक असते. शेवटी नफा हा उत्पादनातून जितका येतो, तितकाच तो वाचलेल्या वेळेतून आणि कमी झालेल्या श्रमातूनही येत असतो.

४८. गोठा, कुक्कुटपालन आणि पशुधनाचे चुकीचे नियोजन

शेतीमध्ये पीक चुकीचे निवडले तर एका हंगामाचे नुकसान होते. पण गोठा किंवा पशुपालन युनिट चुकीच्या ठिकाणी उभारले तर अनेक वर्षे त्याची किंमत मोजावी लागते.

मी अनेक शेतांवर पाहिले आहे की गोठा बांधताना किंवा कुक्कुटपालन सुरू करताना जागा निवडण्याचा निर्णय "सध्या मोकळी जागा कुठे आहे?" या निकषावर घेतला जातो. प्रत्यक्षात हा निर्णय "दररोजची कार्यक्षमता कशी वाढेल?" या निकषावर घेतला गेला पाहिजे.

गोठा हा फक्त जनावरे ठेवण्याची जागा नसतो. तो चारा, पाणी, शेण, दूध, मजूर, औषधे आणि दैनंदिन व्यवस्थापन यांचा केंद्रबिंदू असतो. त्यामुळे त्याचे स्थान संपूर्ण शेताच्या कार्यक्षमतेवर परिणाम करते.

माझ्या मते गोठा शक्यतो घराजवळ असला पाहिजे. जनावरे ही भाजीपाल्यासारखी किंवा फळबागेसारखी नसतात. त्यांच्याकडे दिवसातून अनेक वेळा लक्ष द्यावे लागते. सकाळ-संध्याकाळ दूध काढणे, खाद्य देणे, पाणी पाहणे, आजारपण तपासणे, प्रसूतीची काळजी घेणे, स्वच्छता राखणे अशी अनेक कामे रोजची असतात.

गोठा दूर असेल तर प्रत्येक कामासाठी अतिरिक्त वेळ खर्च होतो. सुरुवातीला हे फारसे जाणवत नाही, पण वर्षानुवर्षे हा वेळ मोठ्या खर्चात बदलतो.

दुसरी महत्त्वाची गोष्ट म्हणजे चाऱ्याचे नियोजन. अनेक ठिकाणी मी पाहिले आहे की चारा एका टोकाला पिकवला जातो आणि गोठा दुसऱ्या टोकाला असतो. दररोज चारा वाहून नेण्यात मोठा वेळ आणि इंधन खर्च होते.

शेतीमध्ये एक नियम असावा. ज्या गोष्टींचा रोज वापर होतो त्या शक्यतो एकमेकांच्या जवळ असल्या पाहिजेत.

गोठा, चारा, पाण्याची टाकी, शेण प्रक्रिया युनिट, बायोगॅस आणि कंपोस्ट यांचे एकत्रित नियोजन केले तर अनेक अनावश्यक हालचाली टाळता येतात.

गोठ्याच्या स्थानात वाऱ्याची दिशा अत्यंत महत्त्वाची असते. हा मुद्दा मी स्वतः अनुभवातून शिकलो आहे. मी सुरुवातीला गोठ्याचे नियोजन करताना पाणी, रस्ता आणि उपलब्ध जागा पाहिली; पण वाऱ्याची दिशा पुरेशी गांभीर्याने घेतली नाही. आज त्याचा त्रास मला सतत जाणवतो.

आपल्या भागात वर्षातील मोठा काळ पश्चिम आणि नैऋत्य (South-West) दिशेकडून वारे वाहत असतात. जर गोठा, कुक्कुटपालन युनिट, शेण साठवणूक किंवा कंपोस्ट युनिट घराच्या पश्चिम किंवा नैऋत्य बाजूला असेल, तर त्या ठिकाणचा वास

वाऱ्यासोबत थेट घराकडे येऊ शकतो. सुरुवातीला ही गोष्ट किरकोळ वाटते. पण नंतर लक्षात येते की दिवसातून चोवीस तास आपण त्याच वासासोबत जगत आहोत.

विशेषतः पावसाळ्यात आणि दमट हवामानात ही समस्या अधिक तीव्र होते. घराबाहेर बसताना, पाहुणे आल्यावर किंवा काही वेळा घराच्या आतसुद्धा हा वास जाणवू शकतो. एकदा गोठा, पाण्याची व्यवस्था आणि इतर बांधकामे उभी राहिली की त्याचे स्थान बदलणे अत्यंत खर्चिक आणि अवघड ठरते.

माझ्या मते नवीन गोठा उभारताना सर्वप्रथम वाऱ्यांचा नकाशा काढला पाहिजे. उन्हाळा, पावसाळा आणि हिवाळा या तिन्ही ऋतूंमध्ये प्रमुख वारे कुठून येतात याचा अभ्यास केला पाहिजे. काही वेळा फक्त शंभर-दोनशे फूट जागा बदलल्यामुळे पुढील वीस वर्षांचा त्रास टाळता येतो.

कुक्कुटपालनाबाबतही अशीच परिस्थिती असते. कोंबड्यांचे शेड, खाद्य साठवण, अंडी संकलन आणि पाण्याची व्यवस्था यांचे योग्य नियोजन नसल्यास व्यवस्थापन कठीण होते.

माझ्या अनुभवात कुक्कुटपालन युनिट घरापासून फार दूर नसावे. अंडी गोळा करणे, खाद्य तपासणे, पाणी पाहणे, आजारी पक्षी वेगळे करणे ही कामे वारंवार करावी लागतात. मात्र ते इतके जवळही नसावे की आवाज, धूळ किंवा दुर्गंधी त्रासदायक ठरेल.

जनावरांसाठी पाण्याचे नियोजन हा आणखी एक दुर्लक्षित विषय आहे. अनेक गोठ्यांमध्ये पाणी आणण्यासाठी दररोज पाइप ओढावे लागतात किंवा टाक्या भराव्या लागतात. हे सर्व काम सुरुवातीच्या चुकीच्या नियोजनामुळे निर्माण होते.

गोठा बांधताना भविष्यातील विस्ताराचाही विचार केला पाहिजे. आज पाच गायी असतील, उद्या दहा होऊ शकतात. आज शंभर कोंबड्या असतील, उद्या पाचशे होऊ शकतात. जागा निवडताना हा विचार केला नाही तर काही वर्षांनी पुन्हा संपूर्ण रचना बदलावी लागते.

पशुपालनामध्ये आणखी एक मोठी चूक म्हणजे शेणाला कचरा समजणे. प्रत्यक्षात शेण हे जनावरांइतकेच मौल्यवान उत्पादन आहे. त्यामुळे गोठा आणि शेण प्रक्रिया युनिट यांच्यातील अंतर कमीत कमी असले पाहिजे. रोज निर्माण होणारे शेण शक्य तितक्या कमी श्रमात प्रक्रिया युनिटपर्यंत पोहोचले पाहिजे.

शेतीमध्ये अनेक जण जनावरांना स्वतंत्र व्यवसाय मानतात. पण प्रत्यक्षात पशुपालन हे संपूर्ण शेताच्या परिसंस्थेचा भाग असते. चारा शेतातून येतो, शेण शेतात जाते, बायोगॅस तयार होतो, स्लरी खत बनते. हे सर्व एकाच साखळीचे भाग आहेत.

म्हणून गोठा किंवा कुक्कुटपालन युनिट उभारताना फक्त आजची सोय पाहू नका. पुढील दहा-पंधरा वर्षांचा विचार करा. जनावरे, चारा, पाणी, शेण, माणसे आणि वाऱ्याची दिशा यांचा संपूर्ण प्रवाह डोळ्यासमोर आणा.

चुकीच्या ठिकाणी उभारलेला गोठा रोज अतिरिक्त काम निर्माण करतो. योग्य ठिकाणी उभारलेला गोठा मात्र वर्षानुवर्षे काम सोपे करत राहतो.

शेतीमध्ये नफा फक्त दूध, अंडी किंवा मांसातून येत नाही. तो योग्य नियोजनातूनही येतो. आणि पशुधन व्यवस्थापनात योग्य जागेची निवड हीच त्या नफ्याची पहिली पायरी असते.

४९. पीक नियोजन आणि झोनिंग न करणे

शेतीमध्ये कोणते पीक घ्यायचे हा प्रश्न सर्वजण विचारतात. पण कोणते पीक कुठे घ्यायचे हा प्रश्न फार कमी लोक विचारतात.

मी स्वतः सुरुवातीला ही चूक केली होती. शेतात जिथे जागा दिसली तिथे पीक लावले. नंतर लक्षात आले की पीक निवडण्यापेक्षा पीक कुठे लावले आहे हे अनेकदा जास्त महत्त्वाचे असते.

प्रत्येक पिकाची व्यवस्थापनाची गरज वेगळी असते. काही पिकांना दररोज भेट द्यावी लागते. काही पिकांना आठवड्यातून एकदा लक्ष दिले तरी चालते. काही पिकांची तोडणी रोज असते. काही पिकांची वर्षातून एकदाच असते. काही पिकांना भरपूर पाणी लागते तर काही पिके कमी पाण्यात वाढतात.

या सगळ्या गोष्टींचा विचार न करता केलेली लागवड पुढे जाऊन कामाचा आणि खर्चाचा डोंगर उभा करते.

माझ्या मते शेतातील सर्वात मौल्यवान जागा म्हणजे घराजवळील जागा. ही जागा अशा पिकांसाठी वापरली पाहिजे ज्यांना सर्वाधिक लक्ष लागते.

भाजीपाला, रोपवाटिका, पालेभाज्या, औषधी वनस्पती, दुर्मिळ फळझाडांची रोपे, प्रयोगात्मक प्लॉट किंवा दररोज निरीक्षण आवश्यक असलेली पिके घराजवळ असली पाहिजेत.

याउलट आंबा, चिंच, साग, बांबू, सीताफळ किंवा कमी व्यवस्थापन लागणारी फळबाग दूरच्या भागात असू शकते.

अनेक शेतकरी नेमकी उलटी चूक करतात. भाजीपाला सर्वात दूर आणि फळबाग सर्वात जवळ ठेवतात. मग दररोज भाजीपाला पाहण्यासाठी लांब चालावे लागते आणि सर्वात मौल्यवान जागा कमी लक्ष लागणाऱ्या पिकांनी व्यापलेली असते.

पाणी हे झोनिंगमधील आणखी एक महत्त्वाचे तत्त्व आहे.

ज्या पिकांना सारखे पाणी लागते ती एकत्र असली पाहिजेत. ज्या पिकांना कमी पाणी लागते ती स्वतंत्र झोनमध्ये असली पाहिजेत. अन्यथा सिंचन व्यवस्थापन अत्यंत गुंतागुंतीचे होते.

तोडणीच्या वारंवारतेनुसारही झोनिंग करणे आवश्यक असते. दररोज तोडणी होणारा भाजीपाला, आठवड्यातून एकदा तोडणी होणारे पीक आणि वर्षातून एकदा काढणी होणारे पीक एकाच भागात असणे ही व्यवस्थापनातील चूक आहे.

शेतातील प्रत्येक भागाचा उद्देश स्पष्ट असला पाहिजे.

कुठे उत्पादन होईल?
कुठे रोपवाटिका असेल?
कुठे फळबाग असेल?
कुठे चारा असेल?

कुठे प्रयोग केले जातील?
कुठे भविष्यातील विस्तारासाठी जागा राखीव असेल?

या प्रश्नांची उत्तरे आधीच निश्चित असली पाहिजेत.

पर्माकल्चरमध्ये याला "झोनिंग" म्हणतात. पण त्यासाठी पर्माकल्चर तज्ञ असण्याची गरज नाही. साधा कॉमन सेन्स पुरेसा आहे. ज्या गोष्टीकडे जास्त वेळा जावे लागते ती जवळ असली पाहिजे. ज्या गोष्टीकडे कमी वेळा जावे लागते ती दूर असू शकते.

मी अनेक शेतांमध्ये पाहिले आहे की शेतकरी उत्पादन वाढवण्यासाठी नवीन तंत्रज्ञान शोधत असतो. पण त्याच्या शेताचा नकाशा पाहिला तर त्यातील अर्धा वेळ फक्त इकडून तिकडे चालण्यात जात असतो.

योग्य झोनिंग केल्याने उत्पादन वाढेलच असे नाही. पण वेळ, श्रम, पाणी आणि व्यवस्थापन खर्च निश्चितच कमी होतो. आणि अनेक वेळा नफा वाढवण्यासाठी तेवढेच पुरेसे असते.शेतीमध्ये प्रत्येक एकर महत्त्वाचा असतो. पण प्रत्येक एकराची किंमत सारखी नसते. घराजवळचा एक एकर आणि शेताच्या टोकाला असलेला एक एकर व्यवस्थापनाच्या दृष्टीने कधीच समान नसतो.

म्हणून पीक निवडण्यापूर्वी एकदा शेताचा नकाशा काढा. चुकीच्या ठिकाणी घेतलेले योग्य पीक देखील त्रासदायक ठरू शकते, तर योग्य ठिकाणी घेतलेले साधे पीकसुद्धा अत्यंत फायदेशीर ठरू शकते.

५०. हार्वेस्टिंग, पॅकिंग, साठवण आणि विक्रीचा प्रवाह न ठरवणे

बहुतेक शेतकरी लागवडीचे नियोजन करतात. सिंचनाचे नियोजन करतात. खताचे नियोजन करतात. पण एक गोष्ट विसरतात. आपण शेवटी उत्पादन विकण्यासाठी शेती करत आहोत.

शेतीतील सर्वात महत्त्वाचा दिवस म्हणजे लागवडीचा दिवस नसतो. तो हार्वेस्टिंगचा दिवस असतो. त्या दिवशीच तुमच्या अनेक महिन्यांच्या मेहनतीचे रुपांतर पैशात होणार असते.

माझ्या अनुभवात अनेक शेतकरी उत्पादन काढण्यापर्यंत विचार करतात. त्यानंतर काय होणार याचा विचार करत नाहीत.

पीक तयार झाले. मग ते कुठे आणायचे?

तोडलेला माल कुठे जमा करायचा?

वर्गीकरण कुठे करायचे?

पॅकिंग कुठे करायचे?

तोल कुठे करायचा?

वाहन कुठे उभे राहणार?

लोडिंग कुठे होणार?

या प्रश्नांची उत्तरे आधीच निश्चित नसतील तर काढणीच्या दिवशी गोंधळ निर्माण होतो.

मी अनेक शेतांवर पाहिले आहे की भाजीपाला एका टोकाला तोडला जातो, नंतर तो दुसऱ्या टोकाला वर्गीकरणासाठी नेला जातो, नंतर तिसऱ्या ठिकाणी पॅकिंगसाठी नेला जातो आणि शेवटी चौथ्या ठिकाणी वाहनात भरला जातो. म्हणजे तेच उत्पादन तीन-चार वेळा हाताळले जाते.

शेतीमध्ये एक महत्त्वाचा नियम आहे. माल जितक्या कमी वेळा हाताळला जाईल तितकी गुणवत्ता टिकून राहते.

विशेषतः भाजीपाला, फळे, फुले आणि दुग्धजन्य उत्पादनांमध्ये प्रत्येक अतिरिक्त हाताळणी म्हणजे नुकसान होण्याची शक्यता वाढते.

माझ्या मते प्रत्येक शेतात एक निश्चित हार्वेस्टिंग आणि पॅकिंग झोन असला पाहिजे. शेतातील सर्व रस्ते आणि हालचाली शेवटी त्या केंद्रबिंदूकडे यायला हव्यात.

तोडणी करणारा मजूर, ट्रॅक्टर, टेम्पो, पॅकिंग करणारे लोक आणि ग्राहक यांचे मार्ग शक्य तितके सोपे असले पाहिजेत.

गोदामाच्या स्थानाबाबतही अनेक चुका होतात. काही वेळा गोदाम शेताच्या अशा भागात बांधले जाते जिथे वाहन पोहोचणे कठीण असते. परिणामी प्रत्येक पोत्यासाठी अतिरिक्त श्रम करावे लागतात.

शेतात उत्पादन वाढले की साठवणूक हा विषय अधिक महत्त्वाचा बनतो. खत, बियाणे, औजारे, पॅकिंग साहित्य, तयार माल आणि प्रक्रिया केलेले उत्पादन यांच्यासाठी स्वतंत्र जागा असणे आवश्यक असते.

मी अनेक शेतांमध्ये पाहिले आहे की पॅकिंग साहित्य एका ठिकाणी, वजनकाटा दुसऱ्या ठिकाणी आणि माल तिसऱ्या ठिकाणी असतो. त्यामुळे कामाचा वेग कमी होतो आणि चुका वाढतात.

आजकाल अनेक शेतकरी थेट ग्राहकांना विक्री करतात. अशा वेळी पॅकिंग क्षेत्राची भूमिका अधिक महत्त्वाची बनते. ग्राहकाला पाठवण्यासाठी उत्पादन स्वच्छ करणे, वर्गीकरण करणे, पॅक करणे आणि लोड करणे यासाठी नियोजित जागा असणे आवश्यक असते.

जर तुम्ही प्रक्रिया उद्योग करणार असाल तर हा विषय आणखी महत्त्वाचा ठरतो. दूध, फळे, धान्य, मसाले किंवा तेलबिया यांचे मूल्यवर्धन करायचे असेल तर उत्पादनाचा प्रवाह आधीच निश्चित असला पाहिजे.

माझ्या मते शेतातील प्रत्येक उत्पादनाचा प्रवास आधी कागदावर काढला पाहिजे.

पीक कुठे उगवेल?

तोडणी कुठे होईल?

संकलन कुठे होईल?

पॅकिंग कुठे होईल?

साठवण कुठे होईल?

वाहनात कुठे भरणार?

ग्राहकापर्यंत कसे पोहोचणार?

या साखळीतील प्रत्येक टप्पा जितका लहान आणि सोपा असेल तितकी कार्यक्षमता वाढते.

अनेक शेतकरी उत्पादन वाढवण्यासाठी मेहनत घेतात. पण काढणीनंतरच्या व्यवस्थापनात होणारे नुकसान लक्षात घेत नाहीत. काही वेळा उत्पादन वाढवण्यापेक्षा उत्पादन सुरक्षितपणे आणि कार्यक्षमतेने बाजारात पोहोचवणे अधिक महत्त्वाचे असते.

शेतीमध्ये नफा फक्त शेतात तयार होत नाही. तो काढणी, पॅकिंग, साठवण आणि विक्रीच्या प्रत्येक टप्प्यावर तयार होत असतो.

म्हणून लागवड सुरू करण्यापूर्वीच शेवटचा टप्पा डोळ्यासमोर ठेवा. चांगला शेतकरी फक्त पीक कसे वाढवायचे याचा विचार करत नाही. तो पीक ग्राहकापर्यंत कसे पोहोचणार याचाही विचार करतो.

५१. वीज, ऑटोमेशन आणि भविष्यातील तंत्रज्ञानाचा विचार न करणे

बहुतेक शेतकरी शेताची रचना आजच्या गरजेनुसार करतात. पण शेती हा एक दिवसाचा किंवा एका हंगामाचा व्यवसाय नाही. एकदा विहीर, रस्ते, पाइपलाइन, गोठा आणि लागवड झाली की ती रचना अनेक वर्षे तशीच राहते. त्यामुळे शेताचे नियोजन करताना फक्त आजचा विचार न करता पुढील दहा-पंधरा वर्षांचा विचार करणे आवश्यक असते.

मी अनेक शेतांवर पाहिले आहे की सुरुवातीला वीज फक्त मोटरसाठी घेतली जाते. नंतर सीसीटीव्ही लावायचे असतात, ऑटोमेशन करायचे असते, सोलिनॉइड व्हॉल्व्ह बसवायचे असतात, सेन्सर्स लावायचे असतात, पॅकहाऊसमध्ये लाईट हवे असतात, गोठ्यात पंखे किंवा फॉगर्स लावायचे असतात. तेव्हा लक्षात येते की संपूर्ण वायरिंग पुन्हा करावी लागणार आहे.

ही चूक मी स्वतःही अनुभवली आहे. सुरुवातीला आवश्यक तेवढीच व्यवस्था केली जाते. पण शेत जसजसे विकसित होते तसतशा नवीन गरजा निर्माण होतात.

आजच्या काळात ऑटोमेशन ही चैनीची गोष्ट राहिलेली नाही. मजुरांची कमतरता, वाढते खर्च आणि वेळेची किंमत पाहता ऑटोमेशन हळूहळू गरज बनत आहे.

म्हणून शेताचा मास्टर प्लॅन तयार करताना भविष्यातील वीज वितरणाचा आराखडा तयार केला पाहिजे.

कोणत्या भागात भविष्यात मोटर लागू शकते?

कुठे सोलर सिस्टम येऊ शकते?

कुठे सीसीटीव्ही लावावे लागू शकतात?

कुठे इंटरनेट किंवा नेटवर्क पॉइंटची गरज पडू शकते?

कुठे स्वयंचलित सिंचन नियंत्रण बसू शकते?

या प्रश्नांची उत्तरे आधीच विचारात घेतली तर पुढे अनेक अडचणी टाळता येतात.

माझ्या मते प्रत्येक शेतात काही ठराविक ठिकाणी कायमस्वरूपी इलेक्ट्रिकल पॉइंट्स असले पाहिजेत. भविष्यात वापर होईल की नाही हे माहीत नसले तरी त्या ठिकाणी वीज पोहोचण्याची व्यवस्था असली पाहिजे.

आज पॅकहाऊस नाही. पण उद्या असेल.

आज गोठ्यात फक्त लाईट आहे. पण उद्या ऑटोमॅटिक वॉटर ट्रफ असू शकतात.

आज ड्रिप मॅन्युअल आहे. पण उद्या मोबाइलवरून चालणारी सिंचन व्यवस्था असू शकते.

आज शेतावर इंटरनेटची गरज वाटत नाही. पण उद्या सेन्सर, कॅमेरे आणि रिमोट मॉनिटरिंगसाठी ते आवश्यक होऊ शकते.

अनेक शेतकरी केबल्स थेट जमिनीत टाकतात. काही वर्षांनी नवीन लाईन टाकायची वेळ आली की पुन्हा खोदकाम करावे लागते. यापेक्षा सुरुवातीलाच रिकामे डक्ट किंवा पाइप टाकून ठेवले तर भविष्यात नवीन वायर सहज ओढता येतात.

सौरऊर्जेचाही विचार सुरुवातीपासून केला पाहिजे. सोलर पॅनेल कुठे बसतील, त्यांची सावली कुठे पडेल, इन्व्हर्टर आणि बॅटरी कुठे राहतील, देखभाल कशी होईल याचे नियोजन आधीच असावे.

ऑटोमेशन म्हणजे फक्त इलेक्ट्रॉनिक्स नव्हे. ते विचार करण्याची पद्धत आहे.

उदाहरणार्थ, प्रत्येक सिंचन ब्लॉकला स्वतंत्र व्हॉल्व्ह पॉइंट ठेवणे, प्रत्येक विभागात वीज पोहोचवणे, भविष्यातील सेन्सर बसवण्यासाठी जागा ठेवणे, पाण्याच्या टाक्यांवर लेव्हल सेन्सर बसवता येतील अशी रचना ठेवणे, हे सर्व ऑटोमेशनच्या दृष्टीने नियोजनच आहे.

आज अनेक शेतकरी मोबाइलवरून मोटर सुरू करतात, पाण्याची पातळी तपासतात, सीसीटीव्ही पाहतात. पुढील दहा वर्षांत हे आणखी वाढणार आहे. त्यामुळे नवीन शेत उभारताना भविष्यातील तंत्रज्ञानाचा विचार न करणे ही मोठी चूक ठरू शकते.

माझ्या मते शेताची रचना अशी असली पाहिजे की नवीन तंत्रज्ञान स्वीकारण्यासाठी ती तयार असेल. कोणते तंत्रज्ञान येईल हे आपल्याला माहीत नसते, पण ते स्वीकारण्याची क्षमता आपण आधीच तयार ठेवू शकतो.

अनेक वेळा शेतकरी म्हणतात की ऑटोमेशन खूप महाग आहे. प्रत्यक्षात ऑटोमेशनपेक्षा महाग गोष्ट म्हणजे चुकीचे नियोजन. एकदा शेत विकसित झाल्यावर नवीन केबल, नवीन पाइप, नवीन लाईन आणि नवीन संरचना बसवण्यासाठी अनेक गोष्टी पुन्हा कराव्या लागतात.

शेतीमध्ये भविष्याचा विचार करणे म्हणजे भविष्य सांगणे नव्हे. तर बदलासाठी जागा ठेवणे होय.

आज तुम्ही जे शेत उभारत आहात ते पुढील अनेक वर्षे तुमच्यासोबत राहणार आहे. त्यामुळे फक्त आजच्या गरजांसाठी नव्हे, तर उद्याच्या शक्यतांसाठीही त्याची तयारी ठेवा.

५२. कुंपण व कुंपणावर वृक्षलागवडीचे नियोजन न करणे

बहुतेक शेतकरी जमीन घेतल्यानंतर सर्वप्रथम कुंपण करतात. पण कुंपण कुठे करायचे, गेट कुठे ठेवायचे आणि सीमारेषेवर कोणती झाडे लावायची याचा सखोल विचार फार कमी लोक करतात.

मी अनेक शेतांवर पाहिले आहे की गेट फक्त रस्त्याच्या सोयीने ठेवलेले असते. पुढे जाऊन लक्षात येते की ट्रॅक्टर वळत नाही, ट्रॉली आत येत नाही, हार्वेस्टर अडकतो किंवा मोठे वाहन आत घेणे कठीण होते.

गेट हे फक्त प्रवेशद्वार नसते. ते संपूर्ण शेताच्या वाहतुकीचा केंद्रबिंदू असते.

भविष्यात ट्रॅक्टर, जेसीबी, हार्वेस्टर, टेम्पो, ट्रक किंवा बांधकाम साहित्याची वाहने आत येऊ शकतील का याचा विचार गेट ठरवताना केला पाहिजे.

अनेक शेतकरी गेट अरुंद ठेवतात आणि नंतर प्रत्येक मोठ्या वाहनाच्या वेळी त्रास सहन करतात. एकदा कंपाऊंड आणि झाडे तयार झाली की गेट मोठे करणे खर्चिक ठरते.

कुंपणाच्या बाबतीतही अशीच परिस्थिती असते. कुंपण फक्त जनावरे किंवा माणसे थांबवण्यासाठी नसते. ते भविष्यातील

वृक्षलागवड, वारा नियंत्रण, गोपनीयता आणि सुरक्षा यांचा पाया असते.

सीमारेषेवर कोणती झाडे लावायची हा अत्यंत महत्त्वाचा निर्णय असतो.

अनेक वेळा झाडे निवडताना फक्त वाढीचा वेग पाहिला जातो. पण त्यांची भविष्यातील उंची, सावली, मुळांची वाढ, पाण्याची गरज आणि शेजारच्या जमिनीवर होणारा परिणाम यांचा विचार केला जात नाही.

काही झाडे कुंपणावर लावल्यावर काही वर्षांनी संपूर्ण शेतावर सावली टाकतात. काही झाडांच्या मुळांमुळे शेजारच्या पिकांशी स्पर्धा वाढते. काही झाडे वीजवाहिन्यांसाठी समस्या निर्माण करतात.

सीमावर्ती वृक्षलागवडीचा उद्देश स्पष्ट असला पाहिजे.

वारा अडवायचा आहे?

लाकूड उत्पादन घ्यायचे आहे?

जनावरांसाठी चारा हवा आहे?

जैवविविधता वाढवायची आहे?

गोपनीयता निर्माण करायची आहे?

की सर्व गोष्टींचा समतोल साधायचा आहे?

यावर वृक्षांची निवड अवलंबून असते.

माझ्या मते सीमावर्ती झाडे, रस्ते आणि कुंपण यांचे नियोजन एकत्र केले पाहिजे. एकदा झाडे मोठी झाली की त्यांचे स्थान बदलणे शक्य नसते.

शेतातील अनेक चुका नंतर सुधारता येतात. पण चुकीच्या ठिकाणी बसवलेले गेट, चुकीच्या पद्धतीने केलेले कुंपण आणि चुकीच्या ठिकाणी लावलेली सीमावर्ती झाडे अनेक वर्षे त्रास देऊ शकतात.

म्हणून कुंपण करण्यापूर्वी आणि पहिले झाड लावण्यापूर्वी स्वतःला एक प्रश्न विचारा:

"हे गेट आणि ही झाडे वीस वर्षांनीही योग्य ठिकाणी असतील का?"

पीक निवड

५३. आपल्या जमिनीला आणि हवामानाला न झेपणारे पीक निवडणे

एखाद्या यूट्यूब व्हिडिओमध्ये डाळिंबाची भरघोस बाग दिसते, कुठेतरी अव्होकॅडोची झाडे फळांनी लगडलेली दिसतात, एखादा शेतकरी ड्रॅगन फ्रूटमधून लाखो रुपये कमवत असल्याची मुलाखत समोर येते आणि अनेकजण लगेच ठरवून टाकतात की हेच पीक आपल्या शेतात घ्यायचे. पण त्या यशामागील खरी कारणे मात्र बहुतांश वेळा दिसत नाहीत.

एखाद्या पिकाला यश मिळते ते फक्त त्या पिकामुळे नाही. त्यामागे त्या भागाचे हवामान, जमिनीची रचना, पाण्याची उपलब्धता, बाजारपेठेचा प्रवेश, व्यवस्थापनाची पद्धत आणि अनेक वर्षांचा अनुभव असतो. बाहेरून पाहणाऱ्याला अंतिम परिणाम दिसतो, पण त्या परिणामामागील प्रवास दिसत नाही.

शेतीमध्ये प्रत्येक जमीन वेगळी असते. अगदी शेजारील दोन शेतांमध्येही मातीची खोली, पाण्याचा निचरा, क्षारांचे प्रमाण, सेंद्रिय कर्ब, सूक्ष्म अन्नद्रव्ये आणि पाणी साठवून ठेवण्याची क्षमता वेगळी असू शकते. त्यामुळे एका शेतात उत्तम चालणारे पीक दुसऱ्या शेतात पूर्णपणे अपयशी ठरू शकते.

हवामान हा त्याहूनही महत्त्वाचा घटक आहे. कोकणात यशस्वी होणारे पीक मराठवाड्यात तितकेच यशस्वी होईल याची खात्री नसते. पश्चिम महाराष्ट्रातील भाजीपाला विदर्भात त्याच परिणामाने

येईलच असे नाही. जास्त आर्द्रता लागणारे पीक कोरड्या भागात संघर्ष करते, तर थंड हवामानाची गरज असलेली पिके उष्ण प्रदेशात अपेक्षित कामगिरी करू शकत नाहीत.

निसर्गाशी चर्चा करता येते, पण निसर्गाशी वाटाघाटी करता येत नाहीत. शेवटी पिकाला स्थानिक परिस्थितीशी जुळवून घ्यावेच लागते.

अनेक शेतकरी पिकाला आपल्या शेताशी जुळवण्याचा प्रयत्न करतात. प्रत्यक्षात योग्य दृष्टीकोन याच्या उलट आहे. आपल्या शेताशी, हवामानाशी आणि उपलब्ध संसाधनांशी नैसर्गिकरित्या जुळणारे पीक शोधणे अधिक महत्त्वाचे असते.

याचे उत्तम उदाहरण म्हणजे अव्होकॅडो. गेल्या काही वर्षांत या पिकाची मोठी चर्चा झाली. अनेकांनी मोठ्या प्रमाणावर रोपे लावली. मात्र त्या झाडाला आवश्यक असलेले हवामान, पाण्याची गुणवत्ता, तापमानातील स्थिरता आणि विक्रीची बाजारपेठ प्रत्यक्षात त्या भागात उपलब्ध आहे का, हा मूलभूत प्रश्न अनेकदा विचारलाच गेला नाही.

हेच विदेशी भाज्या, ब्लूबेरी, रॅम्बुटान, मँगोस्टीन आणि इतर चर्चेत असलेल्या अनेक पिकांबाबत घडताना दिसते.

काही वेळा पीक जिवंत राहते, पण अपेक्षित वाढ होत नाही. काही वेळा वाढ चांगली होते, पण उत्पादन मिळत नाही. काही वेळा उत्पादन मिळते, पण दर्जा मिळत नाही. आणि काही वेळा

सर्व काही व्यवस्थित असूनही उत्पादन खर्च इतका वाढतो की शेवटी नफा उरत नाही.

याचा अर्थ नवीन पिके घेऊ नयेत असा अजिबात नाही. प्रयोग करणे आवश्यक आहे. पण प्रयोग आणि व्यवसाय यामध्ये फरक असतो. नवीन पीक घेण्यापूर्वी ते आपल्या परिस्थितीत किती नैसर्गिकपणे वाढू शकते, याचा अभ्यास करणे आवश्यक आहे. मी स्वतः अनेक प्रकारची फळझाडे लावली आहेत, पण ती मुख्य उत्पन्नाचे साधन म्हणून नाहीत. आधी निरीक्षण, नंतर विस्तार हा दृष्टिकोन अधिक सुरक्षित असतो.

माझ्या मते कोणतेही नवीन पीक मोठ्या प्रमाणावर घेण्यापूर्वी किमान एक वर्ष त्या जमिनीचे निरीक्षण केले पाहिजे. पावसाळ्यात पाणी कुठे साचते, उन्हाळ्यात किती पाणी उपलब्ध राहते, कोणत्या भागात वारा जास्त असतो, कुठे दंव पडतो, मातीची खोली किती आहे, निचरा कसा आहे, या गोष्टी समजून घेतल्याशिवाय मोठे निर्णय घेणे धोकादायक ठरू शकते.

विशेषतः फळबागांच्या बाबतीत ही चूक अत्यंत महाग पडते. भाजीपाल्याचा प्रयोग अपयशी झाला तर पुढच्या हंगामात पीक बदलता येते. पण फळबागेतील चुकीचा निर्णय अनेक वर्षे परिणाम देत राहतो. दोन-तीन वर्षांनी झाडे उपटण्याची वेळ आली तर फक्त पैसा जात नाही, तर वेळ, श्रम आणि आत्मविश्वासही गमवावा लागतो.

शेतीतील यशाची सुरुवात बाजारपेठेपासून किंवा पिकापासून होत नाही. ती आपल्या जमिनीला समजून घेण्यापासून होते. त्यामुळे दुसऱ्यांच्या शेतात काय चालते यापेक्षा, आपल्या शेतात काय नैसर्गिकरित्या चालू शकते हे आधी समजून घ्या. कारण शेवटी पीक यशस्वी होते ते शेतकऱ्याच्या इच्छेने नाही, तर जमिनीच्या आणि निसर्गाच्या स्वीकाराने.

५४. पाण्याचा अभ्यास न करता पीक किंवा फळबाग निवडणे

शेतीत नव्याने येणाऱ्या लोकांची एक मोठी चूक म्हणजे जमिनीचा अभ्यास करण्यापूर्वी पाण्याचा दीर्घकालीन अभ्यास न करता पीक किंवा फळबाग निवडणे.

जमीन खरेदी करताना बहुतांश लोक "बोअर आहे का?", "विहीर आहे का?", "पाणी आहे का?" हे प्रश्न विचारतात, पण "हे पाणी वर्षभर टिकते का?" हा सर्वात महत्त्वाचा प्रश्न अनेकदा विचारलाच जात नाही.

बोअर असणे म्हणजे पाणी सुरक्षित असणे असे नाही, कारण पावसाळ्यानंतर जवळपास प्रत्येक शेतात पाणी दिसते, पण खरी परिस्थिती एप्रिल, मे आणि जूनमध्ये समोर येते.

उन्हाळ्याच्या शेवटी पाण्याची उपलब्धता काय राहते हे समजल्याशिवाय मोठ्या प्रमाणावर पीक किंवा फळबाग निवडणे म्हणजे अंदाजावर व्यवसाय उभा करण्यासारखे आहे.

अनेक नवीन शेतकरी जमीन घेतल्यानंतर पहिल्याच वर्षी मोठी फळबाग लावतात, ठिबक बसवतात, कुंपण करतात आणि लाखो रुपयांची गुंतवणूक करतात.

पहिली एक-दोन वर्षे सर्व काही व्यवस्थित दिसत असल्यामुळे निर्णय योग्य असल्याचा भास निर्माण होतो.

मात्र एखाद्या वर्षी पाऊस कमी पडतो, बोअरचा डिस्चार्ज घटतो किंवा परिसरातील भूजलपातळी खाली जाते आणि तेव्हा पाण्याचा खरा प्रश्न समोर उभा राहतो.

फळबाग लावण्यापूर्वी पाण्याची शाश्वत उपलब्धता तपासली नसल्यास अनेक वर्षांची गुंतवणूक धोक्यात येऊ शकते.

वार्षिक पिकांमध्ये चूक झाली तर पुढील हंगामात बदल करता येतो, पण फळबागेत घेतलेला चुकीचा निर्णय अनेक वर्षे परिणाम देत राहतो.

फळबागेला पुरेसे पाणी मिळाले नाही तर फक्त त्या वर्षाचे उत्पादन कमी होत नाही, तर झाडांची वाढ, आरोग्य आणि भविष्यातील उत्पादन क्षमता देखील प्रभावित होते.

म्हणूनच प्रश्न असा नसावा की आज पाणी आहे का, तर प्रश्न असा असावा की पुढील दहा वर्षे या शेतात पुरेसे पाणी उपलब्ध राहणार आहे का.

अनेक शेतकरी पाण्याचा सध्याचा डिस्चार्ज पाहतात, पण पाण्याचे वार्षिक बजेट तयार करत नाहीत.

प्रत्यक्षात उपलब्ध पाण्याच्या आधारावर किती क्षेत्र सुरक्षितपणे घेता येईल हे आधी ठरवले पाहिजे.

परंतु अनेक वेळा आधी पीक निवडले जाते आणि नंतर त्यासाठी पाण्याची व्यवस्था करण्याचा प्रयत्न केला जातो.

हा दृष्टिकोन धोकादायक आहे, कारण शेतीची पायाभरणी पाण्यावर असते आणि पाण्याची खात्री नसताना मोठी गुंतवणूक करणे योग्य नाही.

पाण्याचा विचार करताना केवळ प्रमाण नव्हे तर गुणवत्ता देखील महत्त्वाची असते.

EC, TDS, pH आणि क्षारांचे प्रमाण अनेक पिकांच्या यशावर थेट परिणाम करतात.

पाणी उपलब्ध असणे आणि ते निवडलेल्या पिकासाठी योग्य असणे या वेगळ्या गोष्टी आहेत.

नवख्या शेतकऱ्यांची आणखी एक चूक म्हणजे उपलब्ध पाण्यापेक्षा जास्त क्षेत्र विकसित करणे.

दोन एकर सुरक्षितपणे सांभाळता येत असताना पाच एकर फळबाग लावण्याचा मोह अनेकांना होतो.

सुरुवातीची काही वर्षे सर्व काही ठीक वाटते, पण एक कठीण उन्हाळा संपूर्ण नियोजन विस्कळीत करू शकतो.

शेतीत उत्पादन वाढवण्यापेक्षा पाण्याशी संबंधित जोखीम कमी करणे अधिक महत्त्वाचे असते.

माझ्या मते नवीन जमीन घेतल्यानंतर किमान एक-दोन वर्षे पाण्याचे निरीक्षण केले पाहिजे.

पावसाळ्यानंतर, हिवाळ्यात आणि उन्हाळ्यात विहिरीची पातळी कशी बदलते, बोअरचा डिस्चार्ज कसा बदलतो आणि परिसरातील भूजलस्थिती कशी आहे याचा अभ्यास केला पाहिजे.

या माहितीच्या आधारे घेतलेले निर्णय अधिक सुरक्षित आणि टिकाऊ ठरतात.

जमीन ही शेतीची संपत्ती असली तरी पाणी हा शेतीचा प्राण आहे.

म्हणून पीक निवडण्यापूर्वी, फळबाग उभारण्यापूर्वी आणि मोठी गुंतवणूक करण्यापूर्वी सर्वप्रथम पाण्याचा सखोल अभ्यास करा, कारण शेतीचे भविष्य बहुतेक वेळा जमिनीपेक्षा पाण्यावरच ठरत असते.

५५. भाव वाढले म्हणून पीक निवडणे

शेतीतील सर्वात जुना, सर्वात सामान्य आणि सर्वात महागडा सापळा म्हणजे मागच्या वर्षीचा भाव पाहून पुढच्या वर्षीचे पीक ठरवणे. कांद्याला ५० रुपये किलो भाव मिळाला की कांद्याची लागवड वाढते. टोमॅटोला चांगला दर मिळाला की पुढच्या हंगामात टोमॅटोचे क्षेत्र वाढते. हळद, सोयाबीन, डाळी, डाळिंब, ड्रॅगन फ्रूट किंवा अव्होकॅडो असो, नाव बदलते पण चूक तीच राहते. अनेक शेतकरी बाजारात दिसणाऱ्या भावाकडे पाहतात, पण त्या भावामागची कारणे समजून घेत नाहीत.

वास्तविक पाहता शेतीतील जास्त भाव ही अनेकदा संधीची नव्हे तर कमतरतेची खूण असते. एखाद्या वर्षी उत्पादन कमी झाले, पुरवठा घटला आणि त्यामुळे भाव वाढले. बाजाराने जास्त भाव देऊन उत्पादकांना एक संदेश दिलेला असतो की या वस्तूची उपलब्धता कमी आहे. पण अनेक शेतकरी या संकेताचा वेगळाच अर्थ काढतात. त्यांना वाटते की यावर्षी या पिकात पैसा झाला, त्यामुळे पुढच्या वर्षी आपणही तेच पीक घ्यावे. समस्या अशी की हा विचार फक्त एक शेतकरी करत नसतो. हजारो शेतकरी एकाच वेळी तोच विचार करत असतात.

परिणाम अगदी अंदाजेच असतो. पुढच्या हंगामात उत्पादन वाढते, बाजारात मालाची आवक वाढते, पुरवठा मागणीपेक्षा जास्त होतो आणि भाव कोसळतात. त्यानंतर अनेक जण निष्कर्ष काढतात की शेतीत काहीच राहिले नाही. प्रत्यक्षात शेतीत काही बिघडलेले

नसते. चूक बाजार समजण्यात आणि निर्णय घेण्यात झालेली असते.

बाजारपेठेचा एक मूलभूत नियम आहे. जिथे जास्त नफा दिसतो तिथे स्पर्धा वाढते आणि जिथे स्पर्धा वाढते तिथे नफा कमी होतो. हा नियम उद्योगधंद्याला लागू होतो तसाच शेतीलाही लागू होतो. त्यामुळे एखाद्या पिकात आज चांगला नफा होत आहे याचा अर्थ उद्याही तोच नफा मिळेल असे होत नाही.

अनेकदा एखाद्या पिकाला मिळालेल्या विक्रमी भावाची बातमी वर्तमानपत्रात, यूट्यूबवर, फेसबुकवर किंवा व्हॉट्सॲपवर मोठ्या प्रमाणावर फिरते. मात्र त्या बातमीत एक महत्त्वाची गोष्ट सांगितली जात नाही. तो भाव प्रत्यक्षात किती शेतकऱ्यांना मिळाला होता? अनेक वेळा संपूर्ण जिल्ह्यातील मोजक्याच शेतकऱ्यांना तो भाव मिळालेला असतो. पण बातमी अशी पसरते की जणू त्या पिकातून सर्वजण श्रीमंत झाले आहेत. त्यानंतर हजारो शेतकरी त्याच दिशेने धाव घेतात आणि पुढच्या वर्षी बाजारात अतिरिक्त पुरवठा निर्माण होतो.

शेतीत भाव हा निर्णय घेण्यासाठी महत्त्वाचा घटक असू शकतो, पण तो एकमेव आधार असू शकत नाही. पीक निवडताना जमिनीचा प्रकार, पाण्याची उपलब्धता, स्वतःचे कौशल्य, बाजारपेठेचे अंतर, विक्रीची क्षमता आणि जोखीम पेलण्याची ताकद या गोष्टी अधिक महत्त्वाच्या असतात. एखाद्या पिकाला सध्या उत्कृष्ट भाव मिळत असला तरी ते तुमच्या जमिनीसाठी योग्य नसेल, त्याची बाजारपेठ खूप दूर असेल किंवा त्यासाठी विशेष

तांत्रिक कौशल्य आवश्यक असेल तर ते पीक तुमच्यासाठी तोट्याचे ठरू शकते. याउलट कमी चर्चेत असलेले आणि स्थिर मागणी असलेले एखादे साधे पीक तुमच्या परिस्थितीत अधिक फायदेशीर ठरू शकते.

शेतीत मोठा नफा नेहमीच जास्त भावाच्या पिकातून मिळतो असे नाही. अनेक वेळा योग्य खर्च नियंत्रण, चांगले व्यवस्थापन, सातत्यपूर्ण उत्पादन आणि मजबूत विक्री व्यवस्था यामुळे अधिक पैसा मिळतो. म्हणूनच यशस्वी शेतकरी फक्त भावाकडे पाहत नाहीत. ते स्वतःला काही महत्त्वाचे प्रश्न विचारतात. हा भाव वाढण्यामागचे कारण काय आहे? ही परिस्थिती तात्पुरती आहे की दीर्घकालीन? पुढील हंगामात या पिकाचे क्षेत्र किती वाढू शकते? बाजारात पुरवठा किती वाढण्याची शक्यता आहे? म्हणजेच ते भाव पाहतात, पण भावामागील अर्थ समजून घेण्याचा प्रयत्न करतात.

शेतीत एक गोष्ट कायम लक्षात ठेवावी. जे पीक वर्तमानपत्राच्या पहिल्या पानावर आलेले असते किंवा ज्याची चर्चा सर्वत्र सुरू असते, त्या पिकात प्रवेश करण्यासाठी अनेकदा उशीर झालेला असतो. कारण बाजारातील सर्वात मोठा नफा गर्दी येण्यापूर्वी मिळतो. गर्दी आल्यानंतर बहुतेक वेळा उरते ती वाढलेली स्पर्धा आणि कमी झालेला नफा.

म्हणून पीक निवडताना फक्त "यावर्षी भाव किती आहे?" हा प्रश्न विचारू नका. त्याऐवजी "मी माल विकायला जाईन तेव्हा भाव काय असण्याची शक्यता आहे?" हा प्रश्न विचारा. या दोन प्रश्नांमधील फरक समजला की शेतकरी भावाच्या मागे धावणे

थांबवतो आणि बाजार समजून घेण्यास सुरुवात करतो. तेव्हाच शेतीतील निर्णय अधिक शहाणपणाने आणि अधिक नफ्याने घेता येतात.

५६. यूट्यूब, फेसबुक किंवा यशोगाथा पाहून पीक निवडणे

आजच्या काळात शेतीविषयी माहिती मिळवणे पूर्वीपेक्षा खूप सोपे झाले आहे. यूट्यूबवर हजारो व्हिडिओ उपलब्ध आहेत, फेसबुकवर दररोज नवीन यशोगाथा समोर येतात आणि सोशल मीडियावर लाखोंच्या उत्पन्नाच्या कथा सतत फिरत असतात. माहिती सहज उपलब्ध होणे ही निश्चितच चांगली गोष्ट आहे. मात्र माहिती मिळणे आणि योग्य निर्णय घेणे या दोन वेगळ्या गोष्टी आहेत.

शेतीत नव्याने येणाऱ्या अनेक लोकांची चूक अशी होते की ते अभ्यासापेक्षा प्रेरणेच्या आधारावर निर्णय घेतात. एखादा व्हिडिओ पाहिला, एखाद्या शेतकऱ्याची मुलाखत ऐकली किंवा एका एकरातून लाखो रुपये मिळाल्याची कथा वाचली की त्याच दिशेने जाण्याचा निर्णय घेतला जातो. परंतु शेतीतील सर्वात धोकादायक निर्णय बहुतेक वेळा अशाच प्रकारे घेतले जातात.

सोशल मीडियावर आपल्याला यश दिसते, अपयश दिसत नाही. फळांनी भरलेले झाड दिसते, पण त्या झाडामागील अनेक वर्षांची मेहनत दिसत नाही. लाखोंचे उत्पन्न दिसते, पण त्यासाठी झालेला खर्च दिसत नाही. यशस्वी शेतकरी दिसतो, पण त्याच पिकात नुकसान झालेले शेकडो शेतकरी दिसत नाहीत. कारण सोशल मीडियाचा स्वभावच असा आहे की तिथे अपवाद जास्त दिसतात आणि वास्तव कमी दिसते.

एखादा शेतकरी एका एकरातून दहा लाख रुपये कमावल्याचे सांगतो ते खरेही असू शकते. पण त्या उत्पन्नामागे किती वर्षांचा अनुभव होता, किती पाणी वापरले गेले, किती मजूर लागले, किती माल खराब झाला, किती उत्पादन फेकून द्यावे लागले आणि बाजारपेठ कुठे होती याची माहिती अनेकदा दिली जात नाही. त्यामुळे नवीन शेतकरी अंतिम निकालाची नक्कल करण्याचा प्रयत्न करतो, पण त्या निकालामागील परिस्थिती समजून घेत नाही.

माझ्या मते सोशल मीडियावरील यशोगाथा या शेती शिकण्यासाठी उपयुक्त असतात, पण पीक निवडण्यासाठी पुरेशा नसतात. त्या तुम्हाला नवीन कल्पना देऊ शकतात, नवीन दिशा दाखवू शकतात, पण अंतिम निर्णय देऊ शकत नाहीत. निर्णय हा नेहमी आपल्या परिस्थितीचा अभ्यास करूनच घ्यावा लागतो.

आणखी एक महत्त्वाची चूक म्हणजे फक्त यशस्वी लोकांशी बोलणे. समजा तुम्हाला ड्रॅगन फ्रूट, डाळिंब, अव्होकॅडो किंवा एखादे नवीन पीक घ्यायचे आहे. तर त्या पिकात यशस्वी झालेल्या काही शेतकऱ्यांना भेटणे आवश्यक आहेच. पण त्याचबरोबर अपयशी झालेल्या शेतकऱ्यांनाही भेटणे तितकेच आवश्यक आहे. यश तुम्हाला संधी दाखवते, तर अपयश तुम्हाला जोखीम दाखवते. या दोन्ही बाजू समजल्याशिवाय कोणताही निर्णय पूर्ण होत नाही.

अनेकदा लोक एखाद्या पिकावर दहा-पंधरा व्हिडिओ पाहतात आणि लाखो रुपयांची गुंतवणूक करण्यास तयार होतात. पण त्या पिकाची बाजारपेठ कुठे आहे, विक्री कशी करायची, पाण्याची

गरज किती आहे, रोगांचे प्रमाण काय आहे, मजूर किती लागतात आणि उत्पादनाची सातत्याने विक्री कशी होणार आहे याचा अभ्यास करत नाहीत. हीच गोष्ट नंतर महागात पडते.

यूट्यूबवर व्हिडिओ पाहून मोबाईल निवडता येईल, मोटारसायकल निवडता येईल किंवा एखादे उपकरण निवडता येईल. पण शेती व्यवसाय निवडता येत नाही. कारण शेतीतील यश हे व्हिडिओमध्ये दिसणाऱ्या शेतकऱ्याच्या परिस्थितीवर नव्हे तर तुमच्या जमिनीवर, तुमच्या पाण्यावर, तुमच्या बाजारपेठेवर आणि तुमच्या व्यवस्थापनावर अवलंबून असते.

एखादे पीक सोशल मीडियावर आकर्षक दिसते म्हणून ते तुमच्यासाठी योग्य असेलच असे नाही. शेतीत सर्वात महागडी गोष्ट म्हणजे चुकीचा निर्णय. आणि दुर्दैवाने असे अनेक निर्णय फक्त काही मिनिटांच्या व्हिडिओंवर आधारित घेतलेले असतात.

म्हणून कोणतीही यशोगाथा पाहताना स्वतःला एक प्रश्न नक्की विचारा. हा शेतकरी यशस्वी झाला आहे, पण मी त्याच परिस्थितीत आहे का? माझ्याकडे त्याच प्रकारची जमीन, तेवढे पाणी, तितकाच अनुभव, तशीच बाजारपेठ आणि तितकीच आर्थिक क्षमता आहे का?

जर या प्रश्नाचे उत्तर "नाही" असेल, तर त्या यशोगाथेकडे प्रेरणा म्हणून पाहा, निर्णय म्हणून नाही.

शेतीत यशाची नक्कल करता येत नाही. प्रत्येक शेत, प्रत्येक जमीन आणि प्रत्येक परिस्थिती वेगळी असते. मात्र यशामागील तत्त्वे, शिस्त, नियोजन, व्यवस्थापन आणि मेहनत यांच्याकडून शिकता येते. जे शेतकरी हा फरक समजून घेतात ते सोशल मीडियाच्या प्रभावाखाली निर्णय घेत नाहीत. ते माहिती गोळा करतात, अभ्यास करतात आणि त्यानंतरच गुंतवणूक करतात. हाच दृष्टिकोन दीर्घकालीन यशाचा पाया ठरतो.

५७. शेजाऱ्यांची किंवा इतर शेतकऱ्यांची आंधळी कॉपी करणे

शेतीत नव्याने येणाऱ्या लोकांकडून होणाऱ्या सर्वात सामान्य चुकांपैकी एक म्हणजे दुसऱ्या शेतकऱ्याचे यश पाहून त्याची आंधळी नक्कल करणे. शेजाऱ्याने डाळिंब लावले म्हणून आपण डाळिंब लावतो, नातेवाईकाने मोसंबी केली म्हणून आपण मोसंबी करतो, एखाद्या मित्राने पॉलीहाऊस उभारले म्हणून आपणही त्याच दिशेने जाण्याचा विचार करतो. या निर्णयामागे बहुतेक वेळा एकच विचार असतो. "त्यांनी केले आहे म्हणजे त्यात फायदा असणार."

पण शेतीमध्ये यशाची नक्कल करता येत नाही. कारण आपल्याला दुसऱ्यांचा परिणाम दिसतो, पण त्यामागची कारणे दिसत नाहीत. कदाचित त्यांच्याकडे वर्षभर पुरेसे पाणी असेल. कदाचित त्यांच्याकडे अनुभवी मजूर असतील. कदाचित त्यांनी अनेक वर्षे त्या पिकावर काम करून अनुभव मिळवला असेल. कदाचित त्यांच्याकडे मजबूत बाजारपेठ, चांगले संपर्क आणि तोटा सहन करण्याइतके भांडवल असेल. आपण जे पाहतो ते अंतिम यश असते, पण त्या यशामागील संघर्ष, चुका आणि तयारी दिसत नाही.

अनेक नवीन शेतकरी असा समज करून घेतात की एखादे पीक यशस्वी आहे म्हणून ते स्वतः यश देणारे पीक आहे. प्रत्यक्षात बहुतेक वेळा यशाचे कारण पीक नसते, तर व्यवस्थापन, शिस्त, अनुभव आणि परिस्थिती असते. एखाद्या शेतकऱ्याने डाळिंबातून

चांगला नफा कमावला याचा अर्थ डाळिंब त्याच्यासाठी योग्य ठरले. पण याचा अर्थ असा होत नाही की ते तुमच्यासाठीही तितकेच फायदेशीर ठरेल.

शेतीत एकाच गावातील, एकाच रस्त्यावरील किंवा काही वेळा एकाच बांधालगतच्या दोन शेतकऱ्यांचे परिणामही पूर्णपणे वेगळे असू शकतात. जमिनीची रचना वेगळी असते, पाण्याची उपलब्धता वेगळी असते, काम करण्याची पद्धत वेगळी असते, आर्थिक क्षमता वेगळी असते आणि उद्दिष्टेही वेगळी असतात. त्यामुळे एका शेतकऱ्याचा मार्ग दुसऱ्यासाठी योग्य असेलच असे नाही.

मला नेहमी एक गोष्ट जाणवते. लोक यशाची नक्कल करतात, पण यशामागील शिस्तीची नक्कल करत नाहीत. शेजाऱ्याने हजार झाडे लावली म्हणून आपणही हजार झाडे लावतो. पण तो दररोज शेतात किती वेळ घालवतो, किती नोंदी ठेवतो, किती वेळा बाजाराचा अभ्यास करतो, किती वेळा तज्ज्ञांचा सल्ला घेतो याचा विचार करत नाही. परिणामाची नक्कल करणे सोपे असते, पण प्रक्रियेची नक्कल करणे कठीण असते.

आंधळी कॉपी करण्याची आणखी एक समस्या म्हणजे त्यामुळे स्वतःचा विचार थांबतो. प्रत्येक निर्णय घेण्यापूर्वी शेतकऱ्याने स्वतःला काही प्रश्न विचारले पाहिजेत. माझ्याकडे किती पाणी आहे? माझ्याकडे किती वेळ आहे? माझ्याकडे किती भांडवल आहे? माझी बाजारपेठ कोणती आहे? माझे कौशल्य काय आहे? माझी जोखीम सहन करण्याची क्षमता किती आहे? पण जेव्हा

निर्णय फक्त दुसऱ्यांना पाहून घेतले जातात तेव्हा हे मूलभूत प्रश्न विचारलेच जात नाहीत.

निरीक्षण करणे आणि नक्कल करणे यात खूप मोठा फरक आहे. यशस्वी शेतकऱ्यांकडून शिकले पाहिजे. त्यांच्या शेताला भेट दिली पाहिजे. त्यांनी केलेल्या चुका समजून घेतल्या पाहिजेत. त्यांच्या व्यवस्थापन पद्धतींचा अभ्यास केला पाहिजे. पण अंतिम निर्णय नेहमी स्वतःच्या परिस्थितीवर आधारित असला पाहिजे.

शेती ही एक प्रकारची परीक्षा आहे, पण प्रत्येकाची प्रश्नपत्रिका वेगळी असते. शाळेत दुसऱ्याचे उत्तर कॉपी करून कधी कधी परीक्षा पास होता येते. शेतीत तसे होत नाही. कारण अनेक वेळा तुम्ही ज्या उत्तराची नक्कल करता, तो प्रश्नच तुमच्या शेतात वेगळा असतो.

म्हणून शेजाऱ्याच्या शेतातून प्रेरणा घ्या, माहिती घ्या, अनुभव घ्या आणि शक्य तितके शिका. पण निर्णय घेताना एक गोष्ट कायम लक्षात ठेवा. शेजाऱ्याचे यश हा तुमच्यासाठी एक संकेत असू शकतो, पण तो पुरावा नसतो. खरा पुरावा तुम्हाला तुमच्या जमिनीत, तुमच्या पाण्यात, तुमच्या बाजारपेठेत आणि तुमच्या परिस्थितीत शोधावा लागतो. यशस्वी शेतकरी दुसऱ्यांची नक्कल करत नाहीत, ते दुसऱ्यांकडून शिकतात आणि त्यानंतर स्वतःचा मार्ग तयार करतात.

५८. स्थानिक बाजारपेठेचा अभ्यास न करता पीक निवडणे

अनेक शेतकरी पीक निवडताना एकच प्रश्न विचारतात, "हे पीक येईल का?" पण फार कमी शेतकरी स्वतःला दुसरा आणि अधिक महत्त्वाचा प्रश्न विचारतात, "हे पीक विकले जाईल का?" आणि नेमकी इथेच मोठी चूक घडते.

शेतीमध्ये उत्पादन घेणे ही फक्त अर्धी लढाई असते. उरलेली अर्धी लढाई विक्रीची असते. अनेक वेळा शेतकरी उत्कृष्ट उत्पादन घेतो, दर्जेदार माल तयार करतो आणि भरघोस उत्पन्न मिळवतो, पण योग्य बाजारपेठ नसल्यामुळे अपेक्षित नफा मिळत नाही. कारण पीक निवडताना उत्पादनाचा विचार केला जातो, पण विक्रीचा विचार केलेला नसतो.

मी अनेकदा पाहिले आहे की एखादा शेतकरी नवीन पीक घेतो आणि त्याला विचारले की हा माल कुठे विकणार, तर उत्तर असते, "बघू पुढे", "व्यापारी मिळतील" किंवा "मार्केटमध्ये जाईल". हा दृष्टिकोन अत्यंत धोकादायक आहे. कारण पीक लावण्यापूर्वी बाजार शोधणे सोपे असते, पण पीक तयार झाल्यानंतर बाजार शोधणे खूप कठीण असते.

समजा तुम्ही अव्होकॅडोची बाग लावली. प्रश्न हा नाही की झाडावर फळे येतील का. प्रश्न असा आहे की तुमच्या परिसरात ते फळ खरेदी करणारे ग्राहक किती आहेत? व्यापारी किती आहेत?

हॉटेल्स, सुपरमार्केट्स किंवा वितरक किती प्रमाणात माल घेतील? जर या प्रश्नांची उत्तरे माहीत नसतील, तर तुम्ही शेतीपेक्षा जास्त बाजारपेठ निर्माण करण्याचा प्रयत्न करत आहात.

हेच अनेक विदेशी भाज्या, मायक्रोग्रीन्स, औषधी वनस्पती, विशेष धान्ये आणि एक्झॉटिक फळांच्या बाबतीत घडताना दिसते. पीक उत्कृष्ट येते, पण ग्राहक मिळत नाहीत. शेवटी उत्पादन असूनही विक्री होत नाही.

बाजारपेठ म्हणजे फक्त राज्य किंवा देश नव्हे. अनेक वेळा बाजारपेठ पूर्णपणे स्थानिक असते. एका भागात मोठ्या प्रमाणावर विकले जाणारे उत्पादन दुसऱ्या भागात अजिबात चालत नाही. लोकांच्या खाण्याच्या सवयी, सांस्कृतिक परंपरा, स्थानिक उद्योग, व्यापारी आणि ग्राहकांची मानसिकता यावर मागणी अवलंबून असते.

शेतीतील अनेक अपयश हे उत्पादनातील अपयश नसते. ते बाजारपेठेच्या चुकीच्या अंदाजाचे परिणाम असतात. अनेक जण मागणी आणि उत्सुकता यामध्ये गल्लत करतात. लोक एखादे उत्पादन पाहून त्याचे कौतुक करतात, सोशल मीडियावर लाईक करतात किंवा प्रदर्शनात रस दाखवतात. पण कौतुक करणे आणि पैसे देऊन खरेदी करणे या दोन वेगळ्या गोष्टी आहेत. शेवटी ग्राहक खिशातून पैसे काढतो का, हेच महत्त्वाचे असते.

माझ्या मते कोणतेही नवीन पीक घेण्यापूर्वी काही प्रश्नांची स्पष्ट उत्तरे असली पाहिजेत. माझा ग्राहक कोण आहे? तो किती प्रमाणात खरेदी करतो? वर्षभर मागणी राहते का? किती व्यापारी उपलब्ध आहेत? माल विकण्यासाठी किती अंतर वाहतूक करावी लागेल? स्पर्धा किती आहे? या प्रश्नांची उत्तरे नसतील तर अजून पीक निवडीची वेळ आलेली नाही.

शेतीमध्ये एक गोष्ट कायम लक्षात ठेवावी. उत्पादन घेणे म्हणजे व्यवसाय नाही. विक्री होणे म्हणजे व्यवसाय. अनेक शेतकरी आधी पीक निवडतात आणि नंतर बाजार शोधतात. यशस्वी शेतकरी आधी बाजार शोधतात आणि मग पीक निवडतात. हा छोटा वाटणारा फरक अनेक वेळा नफा आणि तोटा यांच्यातील सर्वात मोठा फरक ठरतो.

५९. प्रक्रिया, पॅकिंग किंवा ब्रँडिंगचा विचार न करणे

अनेक नवीन शेतकरी पीक निवडताना उत्पादनावर लक्ष केंद्रित करतात, पण उत्पादनानंतर काय करायचे याचा विचार करत नाहीत. ही चूक विशेषतः अशा पिकांमध्ये महागात पडते ज्यामध्ये खरी लढाई उत्पादनानंतर सुरू होते.

काही पिके अशी असतात की उत्पादन तयार झाले की व्यापारी थेट शेतातून माल उचलून नेतात. पण काही पिकांमध्ये उत्पादन हा फक्त पहिला टप्पा असतो. त्यानंतर प्रक्रिया, पॅकिंग, साठवणूक, ब्रँडिंग आणि विक्री यांची संपूर्ण साखळी उभी करावी लागते.

शेवग्याच्या पानांची पावडर, मसाले, तेलबिया, औषधी वनस्पती, विशेष धान्ये किंवा मूल्यवर्धित अन्नपदार्थ यामध्ये फक्त शेती करून चालत नाही. उत्पादन वाळवणे, स्वच्छ करणे, ग्रेडिंग करणे, प्रक्रिया करणे, योग्य पॅकिंग करणे आणि ग्राहकांपर्यंत पोहोचवणे आवश्यक असते.

प्रक्रिया करणे ही चूक नाही. उलट अनेक वेळा त्यातून अधिक नफा मिळतो. कच्चा माल विकण्यापेक्षा मूल्यवर्धित उत्पादन विकणे अधिक फायदेशीर असू शकते. चूक प्रक्रिया उद्योगात जाण्यात नाही. चूक म्हणजे आपण नेमका कोणता व्यवसाय करत आहोत हे न समजण्यात आहे.

समजा तुम्ही शेवग्याची लागवड केली. जर फक्त शेंगा विकायच्या असतील तर तो एक प्रकारचा व्यवसाय आहे. पण जर शेवग्याच्या पानांची पावडर विकायची असेल तर तो पूर्णपणे वेगळा व्यवसाय बनतो. आता तुम्हाला वाळवणी, दर्जा नियंत्रण, प्रक्रिया, पॅकिंग, ब्रँडिंग आणि विक्री यांचा विचार करावा लागतो.

अशा परिस्थितीत तुम्ही फक्त शेतकरी राहत नाही. तुम्ही उत्पादक, प्रक्रिया करणारे, ब्रँड मालक आणि विक्रेता देखील बनता. अनेक लोक शेती सुरू करतात आणि नकळत लघुउद्योग सुरू करून बसतात. मग त्यांना आश्चर्य वाटते की वेळ, खर्च आणि व्यवस्थापनाची गरज अचानक इतकी का वाढली.

प्रक्रिया उद्योगामध्ये उत्पादनापेक्षा बाजारपेठ अधिक महत्त्वाची असते. कच्चा माल विकण्यासाठी ग्राहक शोधणे तुलनेने सोपे असते. पण ब्रँडेड उत्पादन विकण्यासाठी ग्राहकांचा विश्वास जिंकावा लागतो. हा पूर्णपणे वेगळा व्यवसाय असतो आणि त्यासाठी वेगळी कौशल्ये लागतात.

मला अनेक वेळा असे प्रकल्प दिसतात ज्यामध्ये उत्पादन उत्कृष्ट असते, पण विक्री कमकुवत असते. परिणामी तयार माल गोदामात पडून राहतो. पैसे अडकतात, रोख प्रवाह बिघडतो आणि शेवटी निष्कर्ष काढला जातो की व्यवसाय चालत नाही. प्रत्यक्षात समस्या उत्पादनात नसते. समस्या व्यवसाय मॉडेलमध्ये असते.

म्हणून कोणतेही पीक निवडताना स्वतःला एक महत्त्वाचा प्रश्न विचारा. मी फक्त पीक विकणार आहे की उत्पादन तयार करून

विकणार आहे? जर उत्पादन तयार करून विकायचे असेल, तर त्यासाठी लागणारे कौशल्य, वेळ, भांडवल, बाजारपेठ, विक्री व्यवस्था आणि ब्रँड उभारण्याची क्षमता यांचा आधीच विचार केला पाहिजे.

शेतीतील अनेक चुका शेतात होत नाहीत. त्या उत्पादन हातात आल्यावर सुरू होतात. अनेक वेळा शेतकऱ्याला तोटा पीकामुळे होत नाही, तर उत्पादन ग्राहकांपर्यंत पोहोचवण्यासाठी आवश्यक असलेली साखळी उभारली नसल्यामुळे होतो. त्यामुळे पीक निवडताना फक्त उत्पादनाचा विचार करू नका. त्या उत्पादनाचा ग्राहकापर्यंतचा संपूर्ण प्रवास समजून घ्या. तेव्हाच शेती खऱ्या अर्थाने व्यवसाय बनते.

६०. स्वतःच्या व्यवस्थापन क्षमतेपेक्षा मोठा प्रकल्प सुरू करणे

शेतीत नव्याने येणाऱ्या लोकांकडून होणाऱ्या सर्वात महागड्या चुकांपैकी एक म्हणजे स्वतःच्या व्यवस्थापन क्षमतेपेक्षा खूप मोठा प्रकल्प सुरू करणे. अनेकांना वाटते की मोठा प्रकल्प म्हणजे मोठा नफा. प्रत्यक्षात मोठा प्रकल्प म्हणजे मोठ्या जबाबदाऱ्या, मोठ्या समस्या आणि मोठी जोखीम असते.

नवीन शेतकरी अनेकदा शेतीकडे एक प्रकल्प म्हणून पाहतो, तर अनुभवी शेतकरी शेतीकडे एक प्रक्रिया म्हणून पाहतो. नवख्या माणसाच्या मनात सुरुवातीलाच मोठे चित्र असते. शंभर झाडे कशाला, थेट हजार झाडे लावू. एक गुंठा कशाला, थेट एक एकर करू. छोटा गोठा कशाला, थेट मोठा डेअरी प्रकल्प उभारू. छोटा प्रयोग कशाला, थेट व्यावसायिक स्तरावर जाऊ. वरवर पाहता हा आत्मविश्वास वाटतो, पण अनेक वेळा तो अनुभवाच्या अभावातून निर्माण झालेला उत्साह असतो.

शेतीमध्ये समस्या तंत्रज्ञानाची नसते, समस्या व्यवस्थापनाची असते. दहा झाडे सांभाळणे तुलनेने सोपे असते. शंभर झाडे सांभाळण्यासाठी अधिक वेळ आणि शिस्त लागते. पण हजार झाडांसाठी पूर्णपणे वेगळी व्यवस्थापन प्रणाली लागते. त्यासाठी नियोजन, नोंदी, कामगार, पाणी, खत, रोगनियंत्रण, विक्री आणि आर्थिक व्यवस्थापन यांचे वेगळे कौशल्य आवश्यक असते.

अनेकांना वाटते की क्षेत्र दहा पट वाढवले की नफा देखील दहा पट वाढेल. प्रत्यक्षात क्षेत्र दहा पट वाढले की समस्या अनेकदा त्याहून जास्त प्रमाणात वाढतात. पाणी व्यवस्थापन अधिक गुंतागुंतीचे होते. मजूर व्यवस्थापन कठीण होते. रोगांचा प्रसार वाढतो. खरेदी आणि विक्रीचे प्रमाण वाढते. रोख प्रवाहाचे नियोजन आवश्यक होते. एका टप्प्यानंतर शेती ही केवळ उत्पादनाची नाही तर व्यवस्थापनाची परीक्षा बनते.

समजा एखाद्या व्यक्तीने पहिल्याच वर्षी दहा एकर भाजीपाला लावला. पीक आले की खरे प्रश्न सुरू होतात. काढणी कोण करणार? मालाचे वर्गीकरण कोण करणार? पॅकिंग कसे होणार? वाहतूक कोण करणार? बाजारात विक्री कशी होणार? अनेक वेळा पीक घेणे हा सर्वात सोपा भाग असतो. ते व्यवस्थित हाताळून नफ्यात विकणे हा खरा कठीण भाग असतो.

माझ्या मते शेतीतील अनेक अपयशांचे कारण चुकीचे पीक नसते. कारण असते अति वेगाने केलेली वाढ. व्यवसायात एक अत्यंत महत्त्वाचे तत्त्व सांगितले जाते. "First make it work, then make it big." म्हणजे आधी ते यशस्वीपणे चालते का हे सिद्ध करा आणि त्यानंतर विस्तार करा. पण शेतीमध्ये अनेक जण याच्या अगदी उलटे करतात. आधी विस्तार करतात आणि नंतर ते चालते का ते पाहतात. ही पद्धत बहुतेक वेळा महागात पडते.

म्हणून कोणतेही नवीन पीक, नवीन व्यवसाय किंवा नवीन कल्पना असेल तर सुरुवात लहान प्रमाणात करणे अधिक शहाणपणाचे

असते. एक हंगाम करा. दोन हंगाम करा. चुका होऊ द्या. व्यवस्थापन समजून घ्या. खर्च समजून घ्या. बाजार समजून घ्या. आणि त्यानंतर विस्तार करा. कारण चुका एका गुंठ्यात झाल्या तर त्या शिक्षण ठरतात. त्याच चुका दहा एकरात झाल्या तर त्या आर्थिक संकट ठरू शकतात.

आणखी एक महत्त्वाची गोष्ट म्हणजे व्यवस्थापन क्षमता ही पैशाने विकत घेता येत नाही. लाखो रुपये गुंतवून जमीन, ठिबक, यंत्रसामग्री किंवा पायाभूत सुविधा उभ्या करता येतात. पण अनुभव, निर्णयक्षमता, निरीक्षणशक्ती, नियोजन आणि लोक व्यवस्थापन ही कौशल्ये फक्त वेळ आणि प्रत्यक्ष कामातून विकसित होतात.

शेतीत अनेक वेळा अपयशाचे कारण भांडवलाची कमतरता नसते. कारण असते स्वतःच्या क्षमतेपेक्षा मोठा भार उचलण्याचा प्रयत्न. जे काम लहान प्रमाणात यशस्वीपणे चालवता आलेले नाही, ते मोठ्या प्रमाणात चालेल अशी अपेक्षा ठेवणे धोकादायक असते.

म्हणून कोणताही मोठा प्रकल्प सुरू करण्यापूर्वी स्वतःला एक महत्त्वाचा प्रश्न विचारा. "मी हा प्रकल्प उभा करू शकतो का?" यापेक्षा अधिक महत्त्वाचा प्रश्न आहे, "मी हा प्रकल्प रोज, वर्षानुवर्षे, सातत्याने आणि नफ्यात चालवू शकतो का?"

६१. पहिल्याच वर्षी मोठी उडी मारणे

शेतीत नव्याने येणाऱ्या अनेक लोकांना सुरुवातीपासूनच काहीतरी वेगळे आणि आधुनिक करायचे असते. साधी शेती करण्याऐवजी पॉलीहाऊस, शेडनेट, हायड्रोपोनिक्स, ॲक्वापोनिक्स किंवा व्हर्टिकल फार्मिंगसारख्या उच्च-तंत्रज्ञान प्रकल्पांकडे त्यांचा ओढा असतो. तंत्रज्ञान वापरण्यात काहीच चुकीचे नाही. चूक तेव्हा होते जेव्हा शेतीचे मूलभूत तत्त्व समजून घेण्यापूर्वी तंत्रज्ञानात मोठी गुंतवणूक केली जाते.

अनेकांना वाटते की तंत्रज्ञानामुळे शेतीतील समस्या कमी होतात. प्रत्यक्षात अनेक वेळा त्या फक्त बदलतात. खुल्या शेतातील अडचणींपेक्षा पॉलीहाऊसमधील अडचणी वेगळ्या आणि अनेकदा अधिक महाग असतात. तापमान नियंत्रण, आर्द्रता नियंत्रण, रोगांचा वेगाने प्रसार, वीजेवरील अवलंबित्व, संरचनेची देखभाल, विशेष कौशल्य असलेले मजूर आणि मोठी गुंतवणूक या सर्व गोष्टींचा विचार करावा लागतो.

लोकांना अनेकदा अंतिम उत्पादन दिसते, पण त्यामागील व्यवस्थापनाची गुंतागुंत दिसत नाही. म्हणूनच मला अनेक वेळा असे लोक भेटतात ज्यांनी अजून खुल्या शेतात एक हंगामही पूर्ण केलेला नसतो, पण ते थेट पॉलीहाऊसचा प्रकल्प आखत असतात. अशा वेळी मी त्यांना एकच प्रश्न विचारतो, "साध्या शेतीत नफा काढता आला आहे का?" कारण खुल्या शेतातील शेती समजली

नसेल तर त्याच समस्यांची अधिक महाग आवृत्ती म्हणजे पॉलीहाऊस होय.

तंत्रज्ञान हे व्यवस्थापनाची जागा घेऊ शकत नाही. ते फक्त चांगल्या व्यवस्थापनाला अधिक परिणामकारक बनवू शकते. हायड्रोपोनिक्स आणि ॲक्वापोनिक्सबाबतही हेच सत्य आहे. या पद्धतींमधून उत्कृष्ट उत्पादन मिळू शकते, पण अनेक लोक त्यांना शेतीतील जादूची काठी समजतात. जणू आधुनिक तंत्रज्ञान आले की नफा आपोआप निर्माण होईल. प्रत्यक्षात नफा उत्पादनातून नव्हे तर विक्रीतून मिळतो.

हायड्रोपोनिक्समध्ये उत्कृष्ट दर्जाचा लेट्यूस पिकवणे शक्य आहे, पण तो विकत घेणारा ग्राहक नसेल तर संपूर्ण व्यवस्था निरुपयोगी ठरते. म्हणूनच शेतीतील सर्वात मोठा भ्रम म्हणजे तंत्रज्ञानामुळे व्यवसाय यशस्वी होतो हा समज. प्रत्यक्षात आधी व्यवसाय मॉडेल यशस्वी होते आणि त्यानंतर तंत्रज्ञान त्याला अधिक कार्यक्षम बनवते.

यशस्वी शेतकरी अनेकदा उलटा मार्ग स्वीकारतात. ते आधी बाजारपेठ समजून घेतात, ग्राहक शोधतात, उत्पादन पद्धती शिकतात, लहान प्रमाणावर प्रयोग करतात आणि त्यानंतर तंत्रज्ञानात गुंतवणूक करतात. नवखे लोक मात्र आधी संरचना उभारतात आणि नंतर ग्राहक शोधायला सुरुवात करतात. हीच सर्वात महागडी चूक ठरते.

आणखी एक गोष्ट लक्षात ठेवावी लागते. पॉलीहाऊस, हायड्रोपोनिक्स किंवा ॲक्वापोनिक्स हे व्यवसाय नाहीत. ती फक्त उत्पादन घेण्याची साधने आहेत. जसा ट्रॅक्टर हा व्यवसाय नसून एक साधन असतो, तसाच पॉलीहाऊस किंवा हायड्रोपोनिक्स हा देखील फक्त एक मार्ग आहे. त्यामागे नफा देणारे व्यवसाय मॉडेल नसेल तर ती महागडी रचना बनून राहते.

म्हणून शेतीत नवीन असाल तर स्वतःला एक प्रामाणिक प्रश्न विचारा. मला पॉलीहाऊस किंवा हायड्रोपोनिक्स खरोखर आवश्यक आहे का, की ते प्रभावी दिसते म्हणून मला हवे आहे? या प्रश्नाचे प्रामाणिक उत्तर अनेक लाख रुपयांच्या चुका टाळू शकते. शेतीत सर्वात महत्त्वाचे तंत्रज्ञान कोणतीही संरचना नसते. सर्वात महत्त्वाचे तंत्रज्ञान म्हणजे योग्य निर्णय घेण्याची क्षमता.

६२. पहिल्याच वर्षी मोठ्या प्रमाणावर फळबाग उभी करणे

शेतीत येणाऱ्या अनेक नवीन लोकांना फळबागांचे विशेष आकर्षण असते. आंब्याची बाग, डाळिंबाचे मळे, मोसंबीची लागवड किंवा अव्होकॅडोसारख्या चर्चेत असलेल्या पिकांच्या बागा पाहिल्या की अनेकजण सुरुवातीलाच मोठ्या प्रमाणावर फळबाग उभारण्याचा निर्णय घेतात. चूक फळबाग लावण्यात नाही. चूक म्हणजे फळबाग उभारण्याची घाई करण्यात आहे.

फळबाग ही वार्षिक पीक नसते. ती अनेक वर्षांची बांधिलकी असते. भाजीपाल्याचा निर्णय चुकला तर पुढच्या हंगामात बदल करता येतो. धान्याचे पीक अपयशी झाले तर पुढील वर्षी दुसरा पर्याय निवडता येतो. पण फळबागेतील चुकीचा निर्णय अनेक वर्षे तुमच्या मागे लागतो.

मला नेहमी आश्चर्य वाटते की अनेक लोक लाखो रुपयांची फळबाग उभारतात, पण त्यांनी अजून एक पूर्ण उन्हाळा त्या जमिनीवर अनुभवलेला नसतो. मे महिन्यात पाणी किती उपलब्ध राहते, वाऱ्याची दिशा काय आहे, दंव पडतो का, पाणी कुठे साचते, जमीन किती खोल आहे किंवा कोणत्या भागात क्षारांचे प्रमाण जास्त आहे याची माहिती नसताना रोपे मात्र शेतात पोहोचलेली असतात.

हे म्हणजे घर बांधण्यापूर्वी पाया तपासण्याची गरज नाही असे समजण्यासारखे आहे. फळबागेतील सर्वात मोठा धोका म्हणजे

चुकीचा निर्णय मागे घेणे अत्यंत कठीण असते. समजा भाजीपाला अपयशी ठरला तर आर्थिक नुकसान होईल, पण पुढील हंगामात दिशा बदलता येईल. परंतु तीन-चार वर्षांची फळबाग चुकीच्या ठिकाणी उभी राहिली तर पैसा आणि वेळ दोन्ही वाया जातात. शेतीत पैसा पुन्हा मिळवता येतो. वेळ मात्र परत मिळत नाही.

म्हणूनच नवीन शेतकऱ्यांनी फळबागेला सुरुवातीचा प्रकल्प न मानता पुढचा टप्पा मानला पाहिजे. माझ्या मते नवीन जमीन घेतल्यानंतर किमान एक-दोन वर्षे निरीक्षणासाठी वापरली पाहिजेत. पाणी समजून घ्या, माती समजून घ्या, हवामान समजून घ्या, बाजारपेठ समजून घ्या आणि स्वतःची व्यवस्थापन क्षमता समजून घ्या. त्यानंतर घेतलेला फळबागेचा निर्णय अधिक सुरक्षित असतो.

आणखी एक सामान्य चूक म्हणजे पहिल्याच वर्षी संपूर्ण क्षेत्र फळबागेखाली आणणे. समजा तुमच्याकडे पाच एकर जमीन आहे. अनेक लोक पाचही एकरांमध्ये एकाच वेळी फळबाग लावतात. जर काही चूक झाली तर संपूर्ण प्रकल्प धोक्यात येतो. याउलट कमी क्षेत्रात सुरुवात करून अनुभव घेणे आणि नंतर टप्प्याटप्प्याने विस्तार करणे अधिक शहाणपणाचे असते.

फळबाग ही संयमाची परीक्षा असते. झाड लावल्यावर लगेच उत्पन्न मिळत नाही. काही वेळा तीन वर्षे, काही वेळा पाच वर्षे किंवा त्याहून अधिक काळ प्रतीक्षा करावी लागते. त्यामुळे फळबाग लावताना फक्त झाडांचा विचार करून चालत नाही. त्या काळात घरखर्च कसा चालेल, शेतीचा नियमित खर्च कुठून निघेल आणि

रोख प्रवाह कसा टिकवून ठेवता येईल याचाही विचार करावा लागतो.

अनेक फळबागा उत्पादनाअभावी अडचणीत येत नाहीत. त्या रोख प्रवाहाच्या कमतरतेमुळे अडचणीत येतात. म्हणून फळबाग उभारण्यापूर्वी स्वतःला एक प्रश्न विचारा. मला ही बाग लावता येईल का? यापेक्षा महत्त्वाचा प्रश्न आहे, मला ही बाग पुढील पाच ते दहा वर्षे यशस्वीपणे सांभाळता येईल का?

फळबागेतील यश रोपे खरेदी केल्याने मिळत नाही. ते योग्य नियोजन, संयम, सातत्यपूर्ण व्यवस्थापन आणि दीर्घकालीन विचारसरणीतून मिळते. अनेकांना झाडे लावणे जमतं, पण बाग उभी करणे आणि ती वर्षानुवर्षे टिकवणे हेच खरे कौशल्य असते.

६३. मजुरांच्या उपलब्धतेचा विचार न करणे

आजच्या काळात शेतीसमोर उभ्या असलेल्या सर्वात मोठ्या आव्हानांपैकी एक म्हणजे मजुरांची उपलब्धता. अनेक भागांत पाणी, खते किंवा यंत्रसामग्रीपेक्षा मजूर हा अधिक गंभीर प्रश्न बनला आहे.

तरीही अनेक नवीन शेतकरी पीक निवडताना मजुरांचा पुरेसा विचार करत नाहीत. ते उत्पादनाचा अंदाज पाहतात, भावाचा विचार करतात, पण एक मूलभूत प्रश्न विचारत नाहीत. हे पीक प्रत्यक्षात सांभाळणार कोण?

अनेक पिकांमध्ये उत्पादन घेण्यापेक्षा व्यवस्थापनासाठी जास्त मजूर लागतात. कापूस, कांदा, विविध भाजीपाला पिके, फुले, द्राक्षे, डाळिंब, स्ट्रॉबेरी आणि संरक्षित शेतीतील अनेक पिके यामध्ये योग्य वेळी योग्य काम होणे अत्यंत महत्त्वाचे असते. काही कामे दोन-तीन दिवस उशिरा झाली तरी थेट उत्पादनावर परिणाम होऊ शकतो. काही कामे तर विशिष्ट कालावधीतच पूर्ण करावी लागतात. निसर्गाच्या वेळापत्रकात बदल करता येत नाही.

अनेक नवीन शेतकरी शहरातून शेतीत येतात आणि त्यांना वाटते की गरज पडेल तेव्हा मजूर सहज मिळतील. प्रत्यक्षात परिस्थिती याच्या उलट असते. अनेक अनुभवी शेतकरीसुद्धा हंगामाच्या काळात मजुरांसाठी संघर्ष करत असतात. नवीन शेतकरी, स्थानिक ओळखी नसलेले लोक किंवा प्रत्यक्ष शेतीचा अनुभव नसलेले लोक यांच्यासाठी ही समस्या आणखी मोठी ठरू शकते.

मला अनेक वेळा असे प्रकल्प दिसतात ज्यांचे संपूर्ण अर्थकारण मजुरांवर अवलंबून असते. कागदावर सर्व गणित आकर्षक दिसते. उत्पादन चांगले दिसते. नफा चांगला दिसतो. पण प्रत्यक्षात योग्य वेळी कामगार उपलब्ध झाले नाहीत की संपूर्ण व्यवसाय मॉडेल कोसळते. कारण कागदावर मजूर नेहमी उपलब्ध असतात, प्रत्यक्षात तसे नसते.

विशेषतः कापसामध्ये ही चूक वारंवार दिसून येते. नवीन शेतकरी कापसाचा भाव पाहतो, उत्पादनाचा अंदाज पाहतो, पण वेचणीच्या काळात किती मजूर लागतील आणि ते मिळतील का याचा विचार करत नाही. नंतर वेचणीच्या हंगामात मजुरांची टंचाई निर्माण होते. उत्पादन वेळेवर काढता येत नाही. काही उत्पादन शेतातच राहते. परिणामी अपेक्षित नफा कमी होतो.

शेतीत एक महत्त्वाचा नियम लक्षात ठेवावा. जे काम योग्य वेळी झाले नाही, ते अनेकदा झालेच नाही असे समजावे. कारण निसर्ग कोणासाठी थांबत नाही. फवारणी, काढणी, छाटणी, वेचणी किंवा इतर कोणतेही काम वेळेत झाले नाही तर त्याचा परिणाम थेट उत्पादनावर आणि नफ्यावर होतो.

याच कारणामुळे काही वेळा कमी नफा देणारे पण कमी मजूर लागणारे पीक अधिक फायदेशीर ठरते. आणि कागदावर जास्त नफा दाखवणारे पण मोठ्या प्रमाणात मजूर लागणारे पीक प्रत्यक्षात कमी नफा देऊ शकते. कागदावरील नफा आणि प्रत्यक्ष नफा यातील हा महत्त्वाचा फरक असतो.

मजूर हा फक्त खर्चाचा विषय नाही. तो जोखीम व्यवस्थापनाचा विषय आहे. पीक निवडताना फक्त उत्पादन आणि बाजारपेठ यांचा विचार करून चालत नाही. त्या पिकासाठी लागणाऱ्या मनुष्यबळाचाही विचार करावा लागतो.

कोणतेही पीक निवडण्यापूर्वी काही प्रश्न स्वतःला विचारले पाहिजेत. वर्षभर किती मजूर लागतील? हंगामाच्या काळात अचानक किती मजूर लागतील? ते प्रत्यक्षात उपलब्ध होतील का? त्या कामासाठी यांत्रिकीकरणाचा पर्याय आहे का? आणि आवश्यक असल्यास स्वतः किती काम करू शकतो?

या प्रश्नांची स्पष्ट उत्तरे नसतील तर पीक निवडीचा निर्णय अजून पूर्ण झालेला नाही.

शेतीत अनेक वेळा पीक अपयशी ठरत नाही. मजूर व्यवस्थापन अपयशी ठरते. आणि जेव्हा मजूर व्यवस्थापन अपयशी ठरते तेव्हा सर्वात चांगले पीक, सर्वोत्तम बाजारपेठ आणि उत्तम उत्पादन असूनही अपेक्षित नफा मिळत नाही. म्हणून पीक निवडताना जमीन, पाणी आणि बाजारपेठ यांच्याइतकाच गंभीर विचार मजुरांचाही करणे आवश्यक आहे.

६४. पीक किती दिवसांनी उत्पन्न देईल याचा विचार न करणे

नवीन शेतकरी पीक निवडताना साधारणपणे तीन गोष्टींकडे पाहतो. उत्पादन किती येईल, भाव किती मिळेल आणि नफा किती होईल. पण एक अत्यंत महत्त्वाचा प्रश्न अनेकदा विचारलाच जात नाही. "पैसे हातात कधी येणार?"

शेतीमध्ये हा प्रश्न उत्पादन, भाव किंवा नफ्याइतकाच महत्त्वाचा आहे. कारण नफा आणि रोख प्रवाह हे एकच नसतात. कागदावर नफा दिसत असला तरी हातात पैसे नसतील तर व्यवसाय अडचणीत येतो. अनेक नवीन शेतकरी नफ्याच्या आकड्यांच्या मागे धावतात, पण रोख प्रवाहाचा विचार करत नाहीत. यामुळे चांगले दिसणारे अनेक प्रकल्प प्रत्यक्षात अडचणीत सापडतात.

समजा एखादा शेतकरी मेथी घेतो. त्याला २५ ते ३० दिवसांत उत्पन्न मिळू शकते. अनेक भाजीपाला पिकांमध्ये काही महिन्यांत पैसे फिरायला सुरुवात होते. काही पिके सहा महिन्यांनी उत्पन्न देतात. काही एक वर्षाने. काही फळबागा तीन ते पाच वर्षांनी उत्पादनात येतात. तर काही वृक्षलागवडीचे प्रकल्प पंधरा ते पंचवीस वर्षांनी मोठे उत्पन्न देतात. या सर्वांमध्ये नफा असू शकतो, पण रोख प्रवाह पूर्णपणे वेगळा असतो.

अनेक लोक अंतिम नफ्याच्या मोहात अडकतात. कोणी सांगते की अमुक फळबाग पाच वर्षांनी लाखो रुपये देईल. कोणी सांगते की

अमुक झाडे वीस वर्षांनी प्रचंड मूल्य निर्माण करतील. हे खरेही असू शकते. पण मधल्या काळात खर्च कसा भागवायचा, हा प्रश्न अनेकदा विचारला जात नाही.

शेतीतील एक कठोर वास्तव म्हणजे घरखर्च, बँकेचे हप्ते, मुलांचे शिक्षण, औषधोपचार आणि दैनंदिन गरजा या झाडांना फळे येण्याची वाट पाहत नाहीत. त्या दर महिन्याला समोर उभ्या राहतात. त्यामुळे प्रकल्प चुकीचा नसतानाही अनेक लोक आर्थिक अडचणीत सापडतात. समस्या पिकात नसते. समस्या रोख प्रवाहाच्या नियोजनात असते.

विशेषतः फळबागांमध्ये ही चूक वारंवार दिसते. अनेक लोक संपूर्ण क्षेत्र फळबागेखाली आणतात. पहिली काही वर्षे खर्च सतत चालू असतो, पण उत्पन्न अत्यल्प असते. हळूहळू देखभालीवर खर्च कमी होतो, आवश्यक गुंतवणूक थांबते आणि उत्पादन सुरू होण्यापूर्वीच बाग कमकुवत होऊ लागते.

हेच सागवान, महोगनी, चंदन किंवा इतर दीर्घकालीन वृक्षलागवड प्रकल्पांमध्येही दिसते. कागदावर गणित अत्यंत आकर्षक वाटते. पण पुढील पंधरा-वीस वर्षे नियमित खर्च कसा भागवायचा याचे उत्तर नसते. त्यामुळे अपेक्षित नफा मिळण्यापूर्वीच अनेक प्रकल्प अर्धवट राहतात.

माझ्या मते कोणतेही पीक निवडताना फक्त ROI किंवा एकूण नफा पाहू नका. स्वतःला एक महत्त्वाचा प्रश्न विचारा. "या पिकातून

पहिला रुपया मला किती दिवसांनी मिळणार आहे?" त्यानंतर दुसरा प्रश्न विचारा. "तोपर्यंत मी आर्थिकदृष्ट्या टिकू शकणार आहे का?"

यशस्वी शेतकरी साधारणपणे अल्पकालीन, मध्यमकालीन आणि दीर्घकालीन उत्पन्नाचा समतोल साधतात. काही पिके दर आठवड्याला पैसे देतात. काही हंगामानुसार उत्पन्न देतात. काही अनेक वर्षांनी मोठा परतावा देतात. पण ते संपूर्ण शेती एका दूरच्या भविष्यावर अवलंबून ठेवत नाहीत.

शेतीमध्ये फक्त नफा महत्त्वाचा नसतो. वेळेवर मिळणारा नफा अधिक महत्त्वाचा असतो. अनेक वेळा एखादे साधे पीक, जे तीस दिवसांनी पैसे देते, ते कागदावर जास्त नफा दाखवणाऱ्या पण पाच वर्षांनी पैसे देणाऱ्या प्रकल्पापेक्षा अधिक मौल्यवान ठरते. कारण ते व्यवसाय जिवंत ठेवते.

शेतीत सर्वात आधी टिकून राहणे आवश्यक असते. श्रीमंत होण्याचा विचार त्यानंतर येतो. आणि टिकून राहण्यासाठी रोख प्रवाह हा नफ्याइतकाच महत्त्वाचा असतो. म्हणून पीक निवडताना फक्त "किती पैसा मिळेल?" हा प्रश्न विचारू नका. "कधी मिळेल?" हा प्रश्नही तितक्याच गांभीर्याने विचारा. अनेक वेळा याच प्रश्नाचे योग्य उत्तर शेतीतील यश आणि अपयश यांच्यातील फरक ठरवते.

६५. एका पिकावर किंवा एका बाजारावर पूर्ण अवलंबून राहणे

शेतीतील सर्वात मोठ्या जोखमींपैकी एक म्हणजे संपूर्ण उत्पन्न एका पिकावर किंवा एका बाजारपेठेवर अवलंबून ठेवणे. सुरुवातीला एखाद्या पिकात चांगले यश मिळते. नफा मिळतो. आत्मविश्वास वाढतो. मग त्या पिकाखालील क्षेत्र वाढत जाते. एक एकराचे तीन होतात, तीनचे पाच होतात आणि काही वर्षांत संपूर्ण शेती एका पिकाभोवती फिरू लागते.

जोपर्यंत सर्व काही व्यवस्थित चालते, तोपर्यंत हा निर्णय योग्य वाटतो. पण शेतीमध्ये एक गोष्ट निश्चित असते. काही ना काही अनपेक्षित घडणारच असते. एखादा नवीन रोग येतो, हवामान बदलते, बाजारभाव कोसळतात, निर्यात थांबते, सरकारी धोरण बदलते किंवा उत्पादन अचानक वाढते. अशा वेळी संपूर्ण उत्पन्न एका पिकावर अवलंबून असेल तर अनेक वर्षांची मेहनत धोक्यात येऊ शकते.

शेतीतील जोखीम फक्त उत्पादनाची नसते. ती बाजाराचीही असते. समजा तुम्ही असे पीक घेतले ज्यासाठी एकच व्यापारी आहे, एकच कंपनी खरेदी करते किंवा एकच निर्यात बाजार उपलब्ध आहे. अशा वेळी तुम्ही प्रत्यक्षात त्या पिकावर नाही तर त्या खरेदीदारावर अवलंबून असता. त्याने दर कमी केले, खरेदी थांबवली किंवा अटी बदलल्या तर तुमच्याकडे किती पर्याय उरतात?

अनेक वेळा शेतकरी सुरुवातीला मिळणाऱ्या चांगल्या दरांनी प्रभावित होतो. पण व्यवसायात महत्त्वाचा प्रश्न "सगळे व्यवस्थित चालले तर काय होईल?" हा नसतो. महत्त्वाचा प्रश्न असतो, "जर काहीतरी चुकले तर काय होईल?" जो शेतकरी हा प्रश्न विचारतो तो दीर्घकाळ टिकतो.

निसर्ग स्वतः आपल्याला याबाबत मोठा धडा शिकवतो. जंगलात क्वचितच एकाच प्रकारची झाडे असतात. तिथे विविधता असते. काही झाडे उंच असतात, काही लहान असतात, काही सावली देतात, काही नत्र स्थिर करतात, काही फळे देतात. या विविधतेमुळे संपूर्ण परिसंस्था स्थिर राहते. एखाद्या रोगाने एक प्रकारची झाडे प्रभावित झाली तरी संपूर्ण जंगल नष्ट होत नाही.

शेतीतही हेच तत्त्व लागू होते. सर्व क्षेत्रात सर्व पिके असली पाहिजेत असे नाही. पण सर्व जोखीम एका पिकात किंवा एका बाजारात केंद्रित असू नयेत. काही पिके नियमित रोख प्रवाह देणारी असावीत. काही मध्यमकालीन असावीत. काही दीर्घकालीन असावीत. काही स्थानिक बाजारासाठी असावीत. काही वेगळ्या बाजारपेठेसाठी असावीत. काही स्वतःच्या गरजांसाठी असावीत. या विविधतेमुळे फक्त उत्पन्न वाढत नाही, तर संकट सहन करण्याची क्षमता वाढते.

याच संदर्भात मोनोक्रॉपिंग आणि मल्टीक्रॉपिंग यांच्यातील फरक समजून घेणे आवश्यक आहे.

मोनोक्रॉपिंग म्हणजे मोठ्या क्षेत्रात एकाच पिकाची लागवड करणे. व्यवस्थापन तुलनेने सोपे होते. यांत्रिकीकरण सोपे होते. काही वेळा उत्पादन खर्च कमी होतो. पण जोखीम प्रचंड वाढते. रोग आला, बाजारभाव घसरले किंवा हवामानाने साथ दिली नाही तर संपूर्ण उत्पन्न धोक्यात येते.

मल्टीक्रॉपिंग म्हणजे एकापेक्षा जास्त पिकांचा समावेश असलेली शेती. व्यवस्थापन थोडे अधिक गुंतागुंतीचे असते. पण जोखीम मोठ्या प्रमाणात कमी होते. एका पिकात नुकसान झाले तरी दुसरे पीक आधार देते. एका बाजारात दर घसरले तरी दुसऱ्या उत्पादनातून उत्पन्न मिळू शकते. एका हंगामात समस्या आली तरी संपूर्ण वर्ष उद्‌ध्वस्त होत नाही.

माझ्या स्वतःच्या अनुभवातून सांगायचे झाले तर निसर्गाला विविधता आवडते. एकाच प्रकारची शेती निसर्गाच्या विरोधात जाते. म्हणूनच अनेक वेळा मल्टीक्रॉपिंग, आंतरपीक पद्धती, फळझाडे, भाजीपाला, पशुपालन आणि इतर पूरक व्यवसाय यांचे मिश्रण अधिक टिकाऊ ठरते.

अनेक शेतकरी विचारतात, "एका पिकातून जास्त नफा मिळत असेल तर इतर पिकांची गरज काय?" हा प्रश्न वरवर योग्य वाटतो. पण शेतीत प्रश्न फक्त जास्त नफ्याचा नसतो. प्रश्न टिकाऊपणाचा असतो. समजा एका पिकातून ३० टक्के जास्त नफा मिळतो, पण त्यात संपूर्ण जोखीम आहे. दुसऱ्या मॉडेलमध्ये नफा थोडा कमी

आहे, पण जोखीम मोठ्या प्रमाणात कमी आहे. दीर्घकालीन विचार करणारा शेतकरी अनेकदा दुसरा पर्याय निवडतो.

त्याला माहीत असते की शेती ही शंभर मीटरची शर्यत नाही. ती मॅरेथॉन आहे. एका वर्षाचा विक्रमी नफा महत्त्वाचा नसतो. दहा, वीस किंवा तीस वर्षे टिकून राहणे महत्त्वाचे असते.

म्हणून कोणतेही पीक निवडताना स्वतःला एक प्रश्न नक्की विचारा. "हे पीक अपयशी ठरले तर माझ्याकडे दुसरा आधार आहे का?" जर उत्तर "नाही" असेल तर जोखीम खूप जास्त आहे.

शेतीतील सर्वात धोकादायक परिस्थिती म्हणजे एखाद्या पिकाचे अपयश नव्हे. सर्व उत्पन्नाचा स्रोत एकाच पिकासोबत किंवा एकाच बाजारासोबत संपणे ही सर्वात धोकादायक परिस्थिती असते.

यशस्वी शेतकरी अनेकदा सर्वाधिक नफा कमावणारा नसतो. तो जोखीम सर्वात चांगल्या पद्धतीने पसरवणारा असतो. आणि शेतीत दीर्घकाळ टिकून राहणारे लोक हे तत्त्व लवकर शिकतात. कारण शेतीत श्रीमंत होण्यापेक्षा आधी टिकून राहणे महत्त्वाचे असते, आणि टिकून राहण्यासाठी विविधता हीच सर्वात मोठी विमा पॉलिसी असते.

६६. पीक फेरपालट आणि जमिनीच्या आरोग्याकडे दुर्लक्ष करणे

शेतीत होणाऱ्या सर्वात शांत पण सर्वात महागड्या चुकांपैकी एक म्हणजे जमिनीच्या आरोग्याकडे दुर्लक्ष करणे. अनेक शेतकरी एखादे पीक चांगले चालले की वर्षानुवर्षे तेच पीक घेत राहतात. सुरुवातीला उत्पादन चांगले मिळते, नफा मिळतो आणि त्यामुळे तोच मार्ग योग्य वाटू लागतो. पण निसर्गाला एकसुरीपणा आवडत नाही. निसर्गात सतत बदल, विविधता आणि संतुलन असते. शेतीत मात्र आपण अनेकदा जमिनीला वर्षानुवर्षे एकाच प्रकारचे काम करायला भाग पाडतो.

पहिल्या काही वर्षांत त्याचा परिणाम फारसा दिसत नाही. पण हळूहळू उत्पादन कमी होऊ लागते, रोग वाढू लागतात, किडींचा प्रादुर्भाव वाढतो, खतांचा खर्च वाढतो आणि औषधांवरील अवलंबित्व वाढते. मग अनेक शेतकरी समस्या खतांमध्ये, बियाण्यात किंवा हवामानात शोधतात. प्रत्यक्षात समस्या जमिनीच्या व्यवस्थापनात असते.

समजा तुम्ही सतत एकाच कुटुंबातील पिके घेत राहिलात. उदाहरणार्थ वर्षानुवर्षे टोमॅटो, मिरची, वांगी किंवा सतत सोयाबीन, कापूस किंवा ऊस. तर त्या पिकांना आवश्यक असलेली विशिष्ट अन्नद्रव्ये सतत जमिनीतून बाहेर जात राहतात. त्याचबरोबर त्या पिकांवर येणारे रोग, बुरशी, निमॅटोड आणि किडी परिसरात स्थिर

होऊ लागतात. म्हणजे प्रत्येक वर्षी तुम्ही स्वतःच शत्रू अधिक मजबूत करत असता आणि नंतर त्याच्याशी लढण्यासाठी अधिक खर्च करत असता.

पीक फेरपालट म्हणजे फक्त जुन्या काळातील परंपरा नाही. ते एक वैज्ञानिक व्यवस्थापन साधन आहे. ते जमिनीला संतुलित ठेवते, रोगांचे चक्र तोडते, विविध अन्नद्रव्यांचा वापर संतुलित करते आणि उत्पादन दीर्घकाळ टिकवून ठेवते. ज्या जमिनीत एक वर्ष कडधान्य, दुसऱ्या वर्षी धान्य आणि त्यानंतर भाजीपाला किंवा तेलबिया घेतली जातात, त्या जमिनीचे आरोग्य साधारणपणे अधिक चांगले राहते.

अनेक वेळा शेतकरी पीक फेरपालटाकडे अल्पकालीन नफ्याच्या दृष्टिकोनातून पाहतात. पर्यायी पीक कमी नफा देत असल्यामुळे ते टाळले जाते. पण हा विचार अपूर्ण आहे. पीक फेरपालटामुळे जे नुकसान टळते ते कधीच हिशोबात दिसत नाही. रोग कमी होणे, खतांचा खर्च कमी होणे, जमिनीची सुपीकता टिकणे आणि उत्पादनाची स्थिरता राखली जाणे याची किंमत अनेक वर्षांनी लक्षात येते.

आजच्या शेतीतील एक मोठी समस्या म्हणजे उत्पादन वाढवण्याच्या नादात जमिनीचे आयुष्य कमी करणे. खरा प्रश्न हा नाही की यावर्षी किती उत्पादन मिळाले. खरा प्रश्न असा आहे की दहा वर्षांनी ही जमीन कोणत्या स्थितीत असेल. जर प्रत्येक निर्णय फक्त चालू वर्षाच्या नफ्यावर आधारित असेल तर जमीन हळूहळू

थकू लागते. पण जर निर्णय जमिनीच्या दीर्घकालीन आरोग्याचा विचार करून घेतले तर उत्पादनही टिकते आणि नफाही टिकतो.

याच ठिकाणी पुनरुज्जीवनात्मक शेती म्हणजेच रिजनरेटिव्ह फार्मिंगचे महत्त्व सुरू होते.

माझ्या मते शेतीचे उद्दिष्ट फक्त उत्पादन घेणे नसावे. शेतीचे उद्दिष्ट प्रत्येक वर्षी जमीन मागच्या वर्षापेक्षा अधिक सक्षम बनवणे असावे. रिजनरेटिव्ह फार्मिंगचा मूळ विचार हाच आहे. जमिनीतून फक्त घेणे नाही, तर तिला परत देणे.

आज अनेक शेतांमध्ये सेंद्रिय कर्बाचे प्रमाण एक टक्क्यापेक्षा कमी आहे. काही ठिकाणी अर्ध्या टक्क्यापेक्षाही कमी आहे. अशा जमिनीवर कितीही खते टाकली तरी तिची उत्पादन क्षमता मर्यादित राहते. कारण माती ही फक्त वाळू, गाळ आणि चिकणमाती यांचे मिश्रण नसते. ती एक जिवंत परिसंस्था असते. त्यामध्ये कोट्यवधी जीवाणू, बुरशी, गांडुळे आणि सूक्ष्मजीव काम करत असतात.

रिजनरेटिव्ह फार्मिंगमध्ये काही मूलभूत तत्त्वे महत्त्वाची मानली जातात. जमिनीला शक्य तितके कमी नांगरणे, जमिनीवर कायम सेंद्रिय आच्छादन ठेवणे, विविध प्रकारची पिके घेणे, आंतरपीक आणि बहुपीक पद्धती वापरणे, हिरवळीची खते घेणे, पशुपालनाचा समावेश करणे आणि जमिनीतील जैवविविधता वाढवणे.

जेव्हा शेतकरी पिकांचे अवशेष जाळण्याऐवजी जमिनीवरच ठेवतो, तेव्हा तो प्रत्यक्षात जमिनीसाठी अन्न तयार करत असतो. जेव्हा

शेतात विविध प्रकारची पिके असतात, तेव्हा विविध प्रकारचे सूक्ष्मजीव वाढतात. जेव्हा झाडे, पशुपालन आणि शेती एकत्र येतात, तेव्हा संपूर्ण परिसंस्था अधिक मजबूत बनते.

अनेक शेतकरी उत्पादनावर लक्ष केंद्रित करतात. पण रिजनरेटिव्ह शेतकरी जमिनीवर लक्ष केंद्रित करतो. कारण त्याला माहीत असते की निरोगी जमीन आपोआप निरोगी उत्पादन देईल. आजचे उत्पादन वाढवण्यासाठी जमिनीची शक्ती खर्च करणे सोपे आहे. पण पुढील पिढीसाठी अधिक सुपीक जमीन तयार करणे हे खरे कौशल्य आहे.

मी अनेकदा असे म्हणतो की शेतीतील सर्वात मोठी संपत्ती ट्रॅक्टर नाही, बोअरवेल नाही, शेडनेट नाही किंवा यंत्रसामग्री नाही. शेतीतील सर्वात मोठी संपत्ती म्हणजे निरोगी माती. कारण बाकी सर्व गोष्टी पैसे देऊन विकत घेता येतात. पण जमिनीचे आरोग्य बिघडले तर ते पुन्हा तयार करायला अनेक वर्षे लागतात.

म्हणून प्रत्येक शेतकऱ्याने स्वतःला एक प्रश्न विचारला पाहिजे. मी या जमिनीतून फक्त उत्पादन घेत आहे का, की तिची क्षमता देखील वाढवत आहे? जमीन ही कारखाना नाही. ती एक जिवंत व्यवस्था आहे. आणि जिवंत व्यवस्थेचे आरोग्य जपले, तर ती पिढ्यान्पिढ्या आपल्याला साथ देते. दुर्लक्ष केले, तर त्याची किंमत पुढील अनेक वर्षे मोजावी लागते.

६७. विसंगत पीक निवडणे

शेतीत नव्याने येणारे अनेक लोक पीक निवडताना जमीन, पाणी, हवामान, बाजारपेठ आणि भाव यांचा विचार करतात. पण एक अत्यंत महत्त्वाचा घटक अनेकदा दुर्लक्षित राहतो. तो म्हणजे स्वतः शेतकरी.

प्रत्येक पीक प्रत्येक जमिनीसाठी योग्य नसते, हे जसे खरे आहे, तसेच प्रत्येक पीक प्रत्येक माणसासाठीही योग्य नसते. शेती फक्त जमिनीवर होत नाही. ती माणसाच्या वेळेवर, कौशल्यावर, स्वभावावर, आवडीवर आणि जीवनशैलीवरही अवलंबून असते.

समजा एखाद्या पिकासाठी दररोज शेतात उपस्थित राहावे लागते. सतत निरीक्षण करावे लागते. लहानसहान बदलांवर निर्णय घ्यावे लागतात. आणि त्याच वेळी तुम्ही दुसरा व्यवसाय, नोकरी किंवा इतर जबाबदाऱ्या सांभाळत असाल, तर ते पीक कितीही फायदेशीर असले तरी तुमच्यासाठी योग्य असेलच असे नाही.

काही पिके अत्यंत व्यवस्थापन-केंद्रित असतात. काही पिके तुलनेने कमी लक्षात चालू शकतात. काही पिकांमध्ये दररोज शेतात फिरावे लागते, तर काही पिकांमध्ये आठवड्यातून एकदा पाहणी करूनही काम भागते. काही पिकांमध्ये स्वतः विक्री करावी लागते, ग्राहकांशी संपर्क ठेवावा लागतो, तर काही पिकांमध्ये व्यापारी थेट शेतातून माल उचलून नेतात. हा फरक समजून घेणे अत्यंत महत्त्वाचे आहे.

अनेक वेळा शहरातून शेतीत आलेले लोक अत्यंत गुंतागुंतीची आणि वेळखाऊ पिके निवडतात. सुरुवातीला उत्साह असतो. नवीनपणा असतो. पण काही महिन्यांनी लक्षात येते की त्या पिकासाठी लागणारा वेळ, मानसिक ऊर्जा आणि सातत्य त्यांच्या अपेक्षेपेक्षा खूप जास्त आहे. त्यानंतर शेती हळूहळू आवड नसून ओझे बनू लागते.

शेतीतील एक कठोर सत्य असे आहे की ज्या पिकावर प्रेम नाही, ते पीक दीर्घकाळ यशस्वीपणे सांभाळता येत नाही. फक्त नफ्याच्या आशेवर निवडलेले पीक अडचणी आल्या की त्रासदायक वाटू लागते. पण ज्या क्षेत्रात खरोखर रस असतो, शिकण्याची तयारी असते आणि काम करण्याची आवड असते, तिथे माणूस अधिक काळ टिकतो आणि शेवटी यशाची शक्यता वाढते.

माझे स्वतःचे उदाहरण सांगायचे झाले तर मला भाजीपाला शेती आवडते. दररोज शेतात जाऊन नवीन भाजी पाहणे, लागवड करणे, काढणी करणे, नवीन प्रयोग करणे यात मला आनंद मिळतो. दुसरीकडे धान्य शेतीबद्दल मला विशेष आकर्षण नाही. त्यामुळे जरी काही लोक धान्य पिकांमध्ये मोठ्या प्रमाणावर काम करत असले तरी मी माझ्या आवडीच्या क्षेत्राकडे वळलो. कारण मला माहिती आहे की ज्यामध्ये रस आहे त्यात मी अधिक वेळ, अधिक ऊर्जा आणि अधिक लक्ष देऊ शकतो.

याचा अर्थ सर्वांनी भाजीपाला करावा असा नाही. याचा अर्थ प्रत्येकाने स्वतःला काय आवडते हे ओळखले पाहिजे. कोणाला

फळबाग आवडते, कोणाला पशुपालन, कोणाला धान्य शेती, कोणाला फुले, तर कोणाला बीजोत्पादन. योग्य उत्तर सर्वांसाठी सारखे नसते.

म्हणून पीक निवडताना फक्त हा प्रश्न विचारू नका की या पिकात किती नफा आहे. स्वतःला हे प्रश्नही विचारा.

मला हे पीक खरोखर समजून घ्यायचे आहे का?

मी पुढील पाच-दहा वर्षे हेच काम आनंदाने करू शकेन का?

या पिकासाठी लागणारी जीवनशैली मला मान्य आहे का?

या पिकासाठी लागणारा वेळ आणि उपस्थिती मी देऊ शकेन का?

अनेक वेळा शेतीतील अपयश बाजारपेठेमुळे किंवा हवामानामुळे होत नाही. ते शेतकरी आणि निवडलेले पीक यांच्यातील विसंगतीमुळे होते. जमीन योग्य असते, पाणी योग्य असते, बाजारही असतो, पण शेतकऱ्याचा स्वभाव आणि त्या पिकाच्या गरजा जुळत नाहीत.

योग्य पीक म्हणजे फक्त जमिनीला योग्य असलेले पीक नव्हे. योग्य पीक म्हणजे जमीन, पाणी, बाजारपेठ आणि शेतकरी या चारही गोष्टींशी सुसंगत असलेले पीक.

जेव्हा हे चार घटक एकत्र जुळतात, तेव्हा शेती केवळ उत्पादन देत नाही तर टिकाऊ आणि समाधान देणारा व्यवसाय बनते.

शेवटी एक गोष्ट लक्षात ठेवा. दुसऱ्याला आवडते म्हणून एखादे पीक तुमच्यासाठी योग्य ठरत नाही. शेतीत सर्वात जास्त काळ टिकणारे लोक ते असतात जे स्वतःच्या आवडीच्या क्षेत्रात काम करतात. कारण नफा काही वर्षे प्रेरणा देऊ शकतो, पण आवड आयुष्यभर प्रेरणा देऊ शकते.

विक्री

६८. मंडीच हा एकमेव बाजार आहे असे समजणे

शेतीमध्ये नवीन असताना मीही इतर अनेक शेतकऱ्यांप्रमाणे एक मोठी चूक केली. मला वाटत होते की शेतीमाल विकायचा म्हणजे तो मंडीतच न्यायचा. शेतीमाल विकण्याचा दुसरा कोणताही मार्ग असू शकत नाही, अशीच माझी समजूत होती. पण लगेच लक्षात आल्याने आम्ही ठरवले की आयुष्यात कधीही मंडी मध्ये माल न्यायचा नाही. आम्ही स्वतःचे ग्राहक शोधले आणि आमचा माल थेट विकला.

भारतातील बहुसंख्य शेतकरी हीच चूक करतात. वर्षभर कष्ट करून पीक काढायचे, ट्रॅक्टर किंवा पिकअपमध्ये भरून मंडीत न्यायचे आणि त्या दिवशी जो भाव मिळेल तो स्वीकारायचा. भाव कमी असला तरी विकायचे, भाव जास्त असला तर आनंद मानायचा. पण या संपूर्ण प्रक्रियेमध्ये शेतकरी स्वतःच्या व्यवसायावरचे नियंत्रण दुसऱ्याच्या हातात देऊन बसतो.

वास्तविक पाहता मंडी ही बाजारपेठेतील फक्त एक विक्रीची पद्धत आहे. ती संपूर्ण बाजारपेठ नाही.

एखादा उद्योगपती आपल्या उत्पादनासाठी फक्त एकच ग्राहक ठेवत नाही. एखादे दुकान फक्त एकाच खरेदीदारावर अवलंबून राहत नाही. मग शेतकरी मात्र आपल्या संपूर्ण व्यवसायासाठी एका मंडीवर आणि त्या मंडीतील भावावर का अवलंबून राहतो?

मंडीमध्ये शेतकरी किंमत ठरवत नाही. किंमत बाजार ठरवतो. अनेकदा दलाल, व्यापारी, आवक आणि मागणी यांच्या आधारे भाव ठरतो. त्यामुळे शेतकऱ्याचे उत्पन्न त्याच्या मेहनतीवर नाही तर त्या दिवसाच्या परिस्थितीवर अवलंबून राहते.

याचा अर्थ मंडी वाईट आहे असे नाही. मंडीची गरज आहे. मोठ्या प्रमाणात माल विकण्यासाठी मंडी उपयुक्त आहे. पण मंडी हा एकमेव पर्याय असू नये.

शेतकऱ्याने स्वतःला एक प्रश्न विचारला पाहिजे. जर उद्या माझ्या पिकाचा भाव मंडीत निम्मा झाला, तर माझ्याकडे दुसरा ग्राहक आहे का?

बहुतेक वेळा उत्तर "नाही" असेच असते. हीच खरी समस्या आहे.

आज अनेक शेतकरी थेट ग्राहकांना विक्री करतात, काही जण सोसायट्यांमध्ये विकतात, काही होम डिलिव्हरी करतात, काही WhatsApp द्वारे ऑर्डर घेतात, काही हॉटेल्स आणि रेस्टॉरंटना माल पुरवतात, तर काही स्वतःचा ब्रँड तयार करून विक्री करतात. त्यांना मंडीच्या भावाचा फटका तुलनेने कमी बसतो.

शेतीमध्ये सर्वात मोठा धोका म्हणजे उत्पादनाचा नाही, तर बाजारपेठेचा असतो. पीक घेणे ही फक्त अर्धी लढाई आहे. ते योग्य ग्राहकापर्यंत योग्य किमतीत पोहोचवणे ही उरलेली अर्धी लढाई आहे.

६९. पेरणीपूर्वी ग्राहक न शोधणे

बहुतेक शेतकरी आधी पीक ठरवतात आणि नंतर बाजार शोधायला सुरुवात करतात. आम्ही आधी ग्राहकांच्या गरजा जाणून घेतल्या. त्यासाठी सुरुवात आधी घरापासून केली आपल्याला खायला काय काय लागते? आपल्याला कुठल्या भाज्या लागतात? कुठली फळे लागतात? कुठले अन्नधान्य लागते? ते पिकवायला सुरुवात केली. आम्हीच आमचे पहिले ग्राहक होतो. तेव्हापासून आजपर्यंत आम्ही पूर्णपणे मार्केट ड्रिवन पिकवतो.

शेतकरी कोणते पीक घ्यायचे, किती क्षेत्रावर घ्यायचे, कोणते वाण वापरायचे, किती उत्पादन येईल याचा विचार करतो. पण एक महत्त्वाचा प्रश्न विचारत नाही.

हा माल विकत कोण घेणार?

व्यवसायातील मूलभूत नियम असा आहे की आधी ग्राहक शोधायचा आणि नंतर उत्पादन करायचे. पण शेतीमध्ये अनेकदा याच्या अगदी उलटे घडते. आधी उत्पादन केले जाते आणि मग ग्राहक शोधला जातो.

याचा परिणाम असा होतो की पीक उत्कृष्ट येते, उत्पादन भरपूर होते, पण विक्रीच्या वेळी अडचण निर्माण होते. माल विकण्यासाठी व्यापाऱ्यांच्या मागे फिरावे लागते, भाव कमी मिळतो किंवा काही वेळा माल वाया जातो.

मी अनेक शेतकऱ्यांना पाहिले आहे की त्यांनी एखाद्या वर्षी एखाद्या पिकाला चांगला भाव मिळालेला पाहिला. दुसऱ्या वर्षी त्यांनी तेच पीक मोठ्या प्रमाणावर घेतले. पण त्याच वेळी हजारो इतर शेतकऱ्यांनीही तेच केलेले असते. परिणामी बाजारात मालाची आवक वाढते आणि भाव कोसळतात.

शेतकरी उत्पादनाचा विचार करतो, पण ग्राहकाचा विचार करत नाही.

समजा तुम्ही एक एकरावर भाजीपाला घेत आहात. तर पेरणीपूर्वीच तुम्हाला साधारण कल्पना असली पाहिजे की हा माल कुठे जाणार आहे.

- मंडीत?
- थेट ग्राहकांकडे?
- हॉटेलमध्ये?
- रेस्टॉरंटमध्ये?
- सोसायट्यांमध्ये?
- WhatsApp ग्रुपमधील ग्राहकांकडे?
- प्रक्रिया उद्योगाकडे?

जर ग्राहक आधीच निश्चित असेल तर उत्पादनाची योजना वेगळी बनते. कोणत्या दर्जाचा माल हवा, किती प्रमाणात हवा, कोणत्या दिवशी हवा, कोणत्या पॅकिंगमध्ये हवा हे आधीच समजू शकते.

व्यवसायात याला "मार्केट पुल" म्हणतात. म्हणजे बाजारातून मागणी निर्माण होते आणि त्यानुसार उत्पादन केले जाते. शेतीमध्ये मात्र अनेक जण "प्रॉडक्शन पुश" करतात. म्हणजे आधी उत्पादन करतात आणि नंतर ते बाजारात ढकलण्याचा प्रयत्न करतात.

ही पद्धत सर्वात धोकादायक आहे.

शेतीमध्ये जोखीम आधीच खूप असते. हवामान, रोग, कीड, मजूर, पाणी अशा अनेक अनिश्चितता असतात. त्यात विक्रीची अनिश्चितता आणखी वाढवण्याची गरज नाही.

म्हणून पेरणीपूर्वी स्वतःला एक प्रश्न विचारा.

"माझे पीक तयार झाल्यावर पहिला ग्राहक कोण असेल?"

जर या प्रश्नाचे स्पष्ट उत्तर नसेल, तर कदाचित पेरणी करण्यापूर्वी अजून थोडी तयारी करणे आवश्यक आहे.

शेतीमध्ये यशस्वी होणारे अनेक लोक उत्तम उत्पादक नसतात, तर उत्तम विक्रेते असतात. त्यांनी पेरणीपूर्वीच ग्राहक शोधलेला असतो. त्यामुळे पीक तयार झाल्यावर त्यांना बाजार शोधावा लागत नाही, तर बाजार त्यांची वाट पाहत असतो.

७०. ग्राहकाला काय हवे आहे हे न समजून घेणे

शेतीमध्ये अनेकदा आपण एक मूलभूत चूक करतो. आपण काय पिकवू शकतो याचा विचार करतो, पण ग्राहकाला काय हवे आहे याचा विचार करत नाही.

शेतकरी म्हणून आपल्याला एखादे पीक आवडते, ते आपल्या भागात चांगले येते, त्याचा अनुभव असतो किंवा मागच्या वर्षी त्याला चांगला भाव मिळालेला असतो. त्यामुळे आपण ते पीक घेतो. पण बाजारात गेल्यावर लक्षात येते की ग्राहक काहीतरी वेगळेच शोधत आहे.

ही समस्या फक्त पिकांच्या निवडीपुरती मर्यादित नाही.

ग्राहकाला काय हवे आहे हे समजून घेण्यासाठी त्याच्या नजरेतून बाजार पाहावा लागतो.

उदाहरणार्थ, ग्राहकाला टोमॅटो हवा आहे. पण त्याला फक्त टोमॅटो नको असतो. त्याला स्वच्छ, ताजा, आकर्षक दिसणारा आणि शक्यतो विश्वासार्ह स्रोताकडून आलेला टोमॅटो हवा असतो.

दूधाच्या बाबतीतही हेच आहे. ग्राहक फक्त दूध विकत घेत नाही. तो सुरक्षितता, शुद्धता आणि विश्वास विकत घेत असतो.

अनेक शेतकरी असे मानतात की त्यांनी चांगले उत्पादन घेतले म्हणजे ग्राहक आपोआप मिळेल. पण वास्तवात ग्राहकाला उत्पादनापेक्षा त्याच्या गरजा महत्त्वाच्या असतात.

एक उदाहरण पाहूया.

समजा एखादा शेतकरी ऑरगॅनिक भाजीपाला पिकवतो. त्याला वाटते की त्याचा माल खूप चांगला आहे. पण ग्राहकाला आठवड्यातून एकदा घरपोच भाजी मिळणे अधिक महत्त्वाचे वाटू शकते. अशा परिस्थितीत उत्पादनाचा दर्जा चांगला असूनही ग्राहक दुसऱ्या पुरवठादाराकडे जाऊ शकतो.

काही ग्राहकांना मोठ्या आकाराची फळे हवी असतात. काहींना लहान पण चविष्ट फळे हवी असतात. काहींना नियमित पुरवठा महत्त्वाचा वाटतो. काहींना किंमत महत्त्वाची वाटते. काहींना ऑरगॅनिक उत्पादन हवे असते. काहींना फक्त ताजेपणा महत्त्वाचा असतो.

प्रश्न असा आहे की तुम्ही तुमच्या ग्राहकाला ओळखता का?

बहुतेक वेळा उत्तर "नाही" असे असते.

अनेक शेतकरी वर्षानुवर्षे शेती करतात, पण त्यांनी आपल्या ग्राहकांशी थेट संवाद साधलेला नसतो. त्यामुळे ग्राहकाच्या अपेक्षा, अडचणी, पसंती आणि सवयी त्यांना माहीत नसतात.

यशस्वी उद्योजक बाजाराला विचारतो, "तुला काय हवे आहे?" आणि त्यानुसार उत्पादन तयार करतो.

अयशस्वी उद्योजक उत्पादन तयार करतो आणि नंतर बाजाराला विचारतो, "हे घेशील का?"

शेतीमध्येही हा नियम तितकाच लागू होतो.

ग्राहकाला काय हवे आहे हे समजून घेतल्याशिवाय बाजारपेठेत टिकणे कठीण आहे. शेवटी ग्राहक तुमचे पीक विकत घेत नाही. तो त्याची गरज पूर्ण करणारे समाधान विकत घेत असतो.

म्हणूनच शेतीतील एक मोठी चूक म्हणजे आपल्या पिकाचा विचार करणे, पण ग्राहकाचा विचार न करणे.

७१. थेट ग्राहकांपर्यंत पोहोचण्याचा प्रयत्न न करणे

शेतीमध्ये बऱ्याच जणांना उशिरा समजते ती एक गोष्ट म्हणजे ग्राहक आणि शेतकरी यांच्यामध्ये जितके जास्त मध्यस्थ असतात, तितका शेतकऱ्याचा नफा कमी होत जातो.

अनेक शेतकरी आयुष्यभर उत्पादन करतात, पण ग्राहकाला कधी भेटत नाहीत. त्यांचा माल व्यापाऱ्याकडे जातो, व्यापाऱ्याकडून घाऊक विक्रेत्याकडे, तिथून किरकोळ विक्रेत्याकडे आणि शेवटी ग्राहकाकडे पोहोचतो.

या संपूर्ण साखळीत सर्वजण पैसे कमावतात, फक्त उत्पादन करणारा शेतकरी मात्र सर्वात कमी हिस्सा घेऊन घरी जातो.

मी असे म्हणत नाही की प्रत्येक शेतकऱ्याने थेट विक्रीच करावी. अनेक वेळा ते शक्यही नसते. पण किमान काही टक्के माल तरी थेट ग्राहकांपर्यंत पोहोचवण्याचा प्रयत्न केला पाहिजे.

थेट विक्रीमध्ये फक्त जास्त किंमत मिळत नाही, तर ग्राहकही मिळतो.

हे दोन वेगळे फायदे आहेत.

मंडीमध्ये तुम्ही माल विकता. थेट विक्रीमध्ये तुम्ही ग्राहक तयार करता.

यातील फरक खूप मोठा आहे.

मंडीमध्ये दररोज नवीन खरेदीदार असतो. पण थेट विक्रीमध्ये तोच ग्राहक पुन्हा पुन्हा तुमच्याकडून खरेदी करू शकतो.

अनेक शेतकरी थेट विक्री म्हणजे दुकान उघडणे किंवा मोठी गुंतवणूक करणे असे समजतात. प्रत्यक्षात सुरुवात खूप साधी असू शकते.

- आपल्या परिसरातील सोसायट्या
- मित्र आणि नातेवाईक
- कार्यालयीन कर्मचारी
- डॉक्टर, शिक्षक, व्यावसायिक
- आठवडी ग्राहक गट
- सदस्यता आधारित भाजीपाला टोपल्या
- घरपोच सेवा

अशा अनेक मार्गांनी थेट ग्राहक मिळवता येतात.

विशेषतः आजच्या काळात मोबाईल आणि इंटरनेटमुळे हे पूर्वीपेक्षा खूप सोपे झाले आहे.

शेतकरी अनेकदा उत्पादन वाढवण्यावर लक्ष केंद्रित करतो. पण काही वेळा उत्पादन वाढवण्यापेक्षा ग्राहक वाढवणे जास्त फायदेशीर असते.

समजा तुम्ही दर आठवड्याला ५० कुटुंबांना भाजीपाला पुरवत आहात. तर तुम्हाला रोज भाव तपासण्याची गरज राहत नाही. तुमचा बाजार आधीच तयार झालेला असतो.

थेट विक्रीचा आणखी एक मोठा फायदा म्हणजे ग्राहकाचा अभिप्राय थेट मिळतो. त्याला काय आवडले, काय आवडले नाही, कोणती उत्पादने हवी आहेत, कोणत्या गोष्टी सुधारता येतील हे समजते. त्यामुळे उत्पादनही अधिक चांगले होत जाते.

अनेक शेतकरी असा विचार करतात की त्यांचे काम फक्त उत्पादन करणे आहे. पण वास्तवात उत्पादन आणि विक्री या दोन्ही गोष्टी व्यवसायाच्या दोन चाकांसारख्या आहेत. एक चाक मजबूत आणि दुसरे कमकुवत असेल तर गाडी पुढे जाऊ शकत नाही.

एकदा ग्राहक तयार झाला की माल विकणे सोपे होते. पण ग्राहकच नसेल तर कितीही चांगले उत्पादन घेतले तरी विक्रीची चिंता कायम राहते.

७२. WhatsApp आणि ग्राहक डेटाबेस न तयार करणे

आजच्या काळात अनेक शेतकरी लाखो रुपयांची शेती करतात, पण त्यांच्याकडे स्वतःच्या ग्राहकांची यादी नसते. ही एक गंभीर चूक आहे.

व्यवसायातील एक साधा नियम आहे. तुमच्याकडे ग्राहकांची यादी नसेल, तर तुमचा व्यवसाय खऱ्या अर्थाने तुमचा नाही. ग्राहकांशी थेट संपर्क साधण्याची क्षमता तुमच्याकडे नसते.

पूर्वी शेतकऱ्याला ग्राहकांपर्यंत पोहोचण्यासाठी दुकान, एजंट किंवा बाजारपेठेवर अवलंबून राहावे लागायचे. आज प्रत्येकाच्या खिशात मोबाईल आहे. WhatsApp आहे. तरीही अनेक शेतकरी या साधनाचा योग्य वापर करत नाहीत.

बहुतेक वेळा विक्री अशी चालते. माल तयार झाला की ग्राहक शोधायचा. फोन करायचा. मेसेज करायचा. विनंती करायची. पुढच्या आठवड्यात पुन्हा तेच.

ही पद्धत टिकाऊ नाही.

त्याऐवजी प्रत्येक ग्राहकाची माहिती व्यवस्थित जमा केली पाहिजे.

- नाव
- मोबाईल नंबर

- परिसर
- तो कोणती उत्पादने घेतो
- किती वेळा घेतो
- त्याची आवड काय आहे

ही माहिती म्हणजेच तुमची खरी संपत्ती आहे.

अनेक शेतकरी ट्रॅक्टर, पाइपलाइन, शेडनेट, ठिबक यामध्ये गुंतवणूक करतात. पण ग्राहक डेटाबेस तयार करण्यात वेळ घालत नाहीत. प्रत्यक्षात ग्राहकांची यादी अनेक वेळा शेतीतील कोणत्याही यंत्रापेक्षा अधिक मौल्यवान असते.

समजा तुमच्याकडे ५०० ग्राहकांचे WhatsApp संपर्क आहेत. उद्या तुमच्याकडे नवीन उत्पादन आले, तूप तयार झाले, आंबे आले, ताजी भाजी उपलब्ध झाली किंवा एखादी ऑफर द्यायची असेल तर काही मिनिटांत तुम्ही सर्व ग्राहकांपर्यंत पोहोचू शकता.

याउलट ज्याच्याकडे ग्राहक डेटाबेस नाही, त्याला प्रत्येक वेळी विक्रीची सुरुवात शून्यातून करावी लागते.

WhatsApp हे फक्त मेसेज पाठवण्याचे साधन नाही. ते विश्वास निर्माण करण्याचे साधन आहे.

तुमच्या शेतातील फोटो, व्हिडिओ, पीकाची माहिती, काढणीची माहिती, ग्राहकांचे अनुभव, नवीन उत्पादनांची माहिती नियमितपणे शेअर केली तर ग्राहकांना तुमच्याशी जोडलेपण वाटते.

पण इथे एक चूक अनेक जण करतात. ते WhatsApp ला जाहिरातींचा भडिमार करण्याचे साधन बनवतात. प्रत्येक मेसेज विक्रीसाठीच असतो. अशा वेळी ग्राहक कंटाळतो.

WhatsApp वर विक्रीपेक्षा नातेसंबंध महत्त्वाचे असतात. ग्राहकाला तुमच्या शेताचा प्रवास दिसला पाहिजे. त्याला तुमच्यावर विश्वास वाटला पाहिजे. विक्री आपोआप होते.

मी स्वतः अनुभवलेली गोष्ट म्हणजे एक समाधानी ग्राहक नवीन ग्राहक घेऊन येतो. पण त्यासाठी त्या ग्राहकाशी संपर्क कायम ठेवावा लागतो.

शेतकऱ्याच्या दृष्टीने ग्राहक डेटाबेस म्हणजे भविष्यातील विक्रीची हमी आहे. आजचा ग्राहक उद्याही तुमच्याकडून खरेदी करेल की नाही, हे त्याच्याशी तुम्ही किती चांगले नाते जपता यावर अवलंबून असते. म्हणूनच विक्री आणि मार्केटिंगमधील मोठ्या चुकांपैकी एक चूक म्हणजे WhatsApp आणि ग्राहक डेटाबेस तयार न करणे. अनेक शेतकरी पिके वाढवतात, पण ग्राहकांची यादी वाढवत नाहीत. दीर्घकालीन यशासाठी या दोन्ही गोष्टी तितक्याच महत्त्वाच्या आहेत. आमचा स्वतःचा 700हून जास्त ग्राहकांचा व्हाट्सअप ग्रुप आहे त्यामुळे आमचा माल संपायला फक्त काही तासच पुरतात.

७३. सोशल मीडियावर विश्वास निर्माण न करणे

आजचा ग्राहक फक्त उत्पादन विकत घेत नाही. तो उत्पादनामागचा माणूसही पाहतो.

पूर्वी ग्राहक आणि शेतकरी यांच्यात थेट संपर्क नव्हता. ग्राहक दुकानात जायचा, माल घ्यायचा आणि घरी यायचा. त्याला तो माल कुठे पिकला, कोणी पिकवला, कसा पिकवला याची फारशी माहिती नसायची.

आज परिस्थिती बदलली आहे.

आज ग्राहक तुमचे फेसबुक पेज पाहू शकतो, यूट्यूबवरील व्हिडिओ पाहू शकतो, इंस्टाग्रामवरील फोटो पाहू शकतो. तो तुमच्या शेतात न येताही तुमच्या शेताची सफर करू शकतो.

पण अनेक शेतकरी सोशल मीडियाकडे अजूनही केवळ मनोरंजनाचे साधन म्हणून पाहतात. काहींना ते वेळेचा अपव्यय वाटते. काहींना वाटते की "आपल्याला शेती करायची आहे, व्हिडिओ नाही बनवायचे."

ही विचारसरणी आता कालबाह्य होत चालली आहे.

सोशल मीडिया म्हणजे फक्त फॉलोअर्स वाढवणे नाही. सोशल मीडिया म्हणजे विश्वास निर्माण करणे.

जेव्हा ग्राहक तुमच्या शेतातील दैनंदिन काम पाहतो, पीक कसे वाढते ते पाहतो, जनावरांची काळजी कशी घेतली जाते ते पाहतो, तेव्हा त्याचा तुमच्यावर विश्वास वाढतो.

हा विश्वास जाहिरातींनी निर्माण होत नाही. तो पारदर्शकतेने निर्माण होतो.

अनेक शेतकरी सतत "आमचा माल सर्वोत्तम आहे" असे सांगत राहतात. पण ग्राहकाला दावे नको असतात. त्याला पुरावे हवे असतात.

शेतातील प्रत्यक्ष काम दाखवा.

- पेरणी दाखवा.
- काढणी दाखवा.
- पॅकिंग दाखवा.
- अडचणी दाखवा.
- यश दाखवा.
- अपयशही दाखवा.

जे खरे आहे ते दाखवा.

सोशल मीडियावरील सर्वात मोठे चलन म्हणजे विश्वास.

लोक अनेकदा विचारतात की ग्राहक महाग माल का विकत घेतो?

उत्तर सोपे आहे. तो मालासाठी पैसे देत नाही. तो विश्वासासाठी पैसे देतो.

समजा दोन शेतकरी तूप विकत आहेत. एक शेतकरी फक्त "शुद्ध तूप" असे लिहून विकतो. दुसरा शेतकरी गायी, दूध, लोणी, तूप बनवण्याची प्रक्रिया, चाचण्या आणि संपूर्ण प्रवास नियमितपणे दाखवतो.

दोघांचे उत्पादन समान असले तरी ग्राहकाचा विश्वास कोणावर अधिक बसेल?

अर्थात दुसऱ्यावर.

सोशल मीडिया हे विश्वासाचे यंत्र आहे.

पण इथेही एक मोठी चूक होते. अनेक जण फक्त विक्रीच्या पोस्ट टाकतात.

"माल उपलब्ध आहे."

"ऑर्डर करा."

"स्टॉक संपत आहे."

अशा पोस्ट विक्री करतात, पण विश्वास निर्माण करत नाहीत.

लोकांना जाहिरातींपेक्षा कथा आवडतात.

तुमचा प्रवास, तुमचे प्रयोग, तुमचे अनुभव, तुमचे यश, तुमच्या चुका आणि तुमची तत्त्वे यामुळे लोक तुमच्याशी जोडले जातात.

एकदा माणूस तुमच्याशी जोडला गेला की उत्पादन विकणे खूप सोपे होते.

म्हणूनच आजच्या काळात सोशल मीडिया वापरणे पुरेसे नाही. सोशल मीडियावर विश्वास निर्माण करणे आवश्यक आहे.

अनेक शेतकरी उत्कृष्ट उत्पादन घेतात, पण त्यांची कथा कुणालाच माहीत नसते. दुसरीकडे काही शेतकरी ग्राहकांचा विश्वास जिंकतात आणि त्यांचा बाजार आपोआप तयार होतो.

७४. ग्राहक जिथे स्वतः येतो अशा ठिकाणी विक्रीची संधी न शोधणे

शेतीमध्ये अनेकदा आपण ग्राहक शोधत फिरतो. पण एक गोष्ट लक्षात घेत नाही. काही ठिकाणी ग्राहक आधीच उपस्थित असतो.

ही चूक मी अनेक शेतकऱ्यांमध्ये पाहिली आहे.

ते बाजार शोधत असतात, विक्रेते शोधत असतात, दुकानदार शोधत असतात, पण जिथे हजारो संभाव्य ग्राहक दररोज स्वतःहून येतात अशा ठिकाणांकडे त्यांचे लक्षच नसते.

उदाहरणार्थ:

- मंदिरे
- आश्रम
- धार्मिक स्थळे
- यात्रा आणि जत्रा
- पर्यटनस्थळे
- तीर्थक्षेत्रे
- मोठे सांस्कृतिक कार्यक्रम

या ठिकाणी लोक स्वतः चालत येतात. त्यांना जाहिरात करून आणावे लागत नाही. ग्राहक मिळवण्यासाठी अतिरिक्त खर्च करावा लागत नाही.

मी अनेक वेळा पाहिले आहे की मंदिराच्या बाहेर फुले, फळे, प्रसाद, गूळ, मध, ताक, ऊसाचा रस, नारळपाणी किंवा स्थानिक उत्पादने विकणारे लोक चांगला व्यवसाय करत असतात.

ते योग्य ठिकाणी बसलेले असतात.

व्यवसायामध्ये एक महत्त्वाचा नियम आहे. ग्राहक जिथे आहे तिथे जा. ग्राहकाला नेहमी तुमच्याकडे यायला भाग पाडू नका.

अनेक शेतकरी उत्तम उत्पादने तयार करतात, पण ती विकण्यासाठी चुकीच्या ठिकाणी प्रयत्न करतात. दुसरीकडे काही जण योग्य जागा निवडतात आणि त्याच उत्पादनातून अधिक विक्री करतात.

समजा तुमच्या परिसरात एखादे प्रसिद्ध मंदिर आहे. रोज हजारो लोक दर्शनासाठी येतात. त्यापैकी काहींना ताजी फळे, नैसर्गिक उत्पादने, मध, तूप, गूळ, मसाले किंवा भेटवस्तू म्हणून नेण्यासारख्या वस्तू हव्या असू शकतात.

त्याचप्रमाणे अनेक आश्रमांमध्ये, यात्रांमध्ये किंवा धार्मिक कार्यक्रमांमध्ये लोकांचा मोठा ओघ असतो. अशा ठिकाणी थेट विक्रीची संधी निर्माण होऊ शकते.

अर्थात प्रत्येक ठिकाणी विक्री करता येईलच असे नाही. स्थानिक नियम, परवानग्या आणि स्पर्धा यांचाही विचार करावा लागतो. पण या संधींचा विचार तरी केला पाहिजे.

अनेक वेळा समस्या उत्पादनाची नसते, तर स्थानाची असते.

चांगल्या ठिकाणी सरासरी उत्पादनही चांगले विकले जाते. पण चुकीच्या ठिकाणी उत्कृष्ट उत्पादनही विक्रीसाठी झगडत राहते.

यशस्वी व्यापारी फक्त उत्पादन निवडत नाही. तो जागाही निवडतो.

शेतकऱ्यानेही हीच सवय लावून घेतली पाहिजे.

आपल्या परिसरात अशी कोणती ठिकाणे आहेत जिथे लोक आधीच मोठ्या संख्येने येतात?

तिथे आपल्या उत्पादनाला संधी आहे का?

हा विचार अनेक शेतकरी करत नाहीत.

म्हणूनच विक्री आणि मार्केटिंगमधील एक मोठी चूक म्हणजे ग्राहक जिथे स्वतः येतो अशा ठिकाणी विक्रीची संधी न शोधणे. काही वेळा नवीन ग्राहक शोधण्यापेक्षा योग्य ठिकाणी उपस्थित राहणे अधिक फायदेशीर ठरते.

७५. मोठे संस्थात्मक ग्राहक न शोधणे

अनेक शेतकरी रोज नवीन ग्राहक शोधण्यात आयुष्य घालवतात. पण एक मोठी चूक करतात. ते मोठ्या ग्राहकांचा विचारच करत नाहीत.

समजा तुम्ही दररोज ५० किलो भाजीपाला विकत आहात. तर तुम्हाला कदाचित ३० ते ५० ग्राहक लागतील. प्रत्येकाला फोन करावा लागेल, ऑर्डर घ्यावी लागेल, पॅकिंग करावे लागेल, डिलिव्हरी करावी लागेल.

आता दुसरी परिस्थिती पाहू.

एखादे हॉटेल, रेस्टॉरंट, हॉस्टेल, कॅन्टीन किंवा हॉस्पिटल रोज ५० किलो भाजीपाला वापरत असेल, तर कदाचित एकाच ग्राहकाकडून तुमची संपूर्ण विक्री होऊ शकते.

हीच गोष्ट अनेक शेतकरी लक्षात घेत नाहीत.

आपण ग्राहकांच्या संख्येवर लक्ष केंद्रित करतो, पण ग्राहकाच्या आकाराकडे लक्ष देत नाही.

मोठे संस्थात्मक ग्राहक म्हणजे:

- हॉटेल
- रेस्टॉरंट

- रिसॉर्ट
- कॅन्टीन
- हॉस्टेल
- हॉस्पिटल
- मेस
- केटरिंग व्यवसाय
- धार्मिक संस्थांचे भोजनालय
- शाळा आणि महाविद्यालयांचे वसतिगृह

या सर्व ठिकाणी दररोज अन्न तयार होते. त्यामुळे त्यांना नियमितपणे कच्चा माल लागतो.

अनेक शेतकरी फक्त बाजारभावाचा विचार करतात. पण संस्थात्मक ग्राहकांना अनेक वेळा भावापेक्षा इतर गोष्टी अधिक महत्त्वाच्या असतात.

- वेळेवर पुरवठा
- सातत्यपूर्ण गुणवत्ता
- नियमित उपलब्धता
- विश्वासार्हता
- बिलिंग आणि व्यवहारातील शिस्त

जर तुम्ही या गोष्टी देऊ शकत असाल, तर अनेकदा बाजारपेठेपेक्षा अधिक स्थिर व्यवसाय मिळू शकतो.

पण इथे एक धोका देखील आहे.

अनेक शेतकरी एखाद्या मोठ्या ग्राहकावर पूर्णपणे अवलंबून होतात. सुरुवातीला सर्व काही छान चालते. नंतर तो ग्राहक बदलला, बंद पडला किंवा दुसरा पुरवठादार निवडला तर संपूर्ण व्यवसाय अडचणीत येतो.

म्हणून मोठे ग्राहक मिळवणे महत्त्वाचे आहे, पण त्यांच्यावर पूर्णपणे अवलंबून राहणे धोकादायक आहे.

या ग्राहकांसोबत काम करताना आणखी एक गोष्ट समजून घेतली पाहिजे.

हे ग्राहक तुमची दया करून माल विकत घेत नाहीत. त्यांना तुमची शेती, तुमचे कष्ट किंवा तुमची कथा यापेक्षा त्यांचा व्यवसाय महत्त्वाचा असतो.

त्यांना वेळेवर आणि ठरलेल्या दर्जाचा माल हवा असतो.

एकदा वचन दिले की ते पाळावे लागते.

दहा दिवस चांगला माल देऊन अकराव्या दिवशी निकृष्ट माल दिला तर संबंध तुटू शकतात.

अनेक शेतकरी उत्पादन वाढवण्याचा विचार करतात, पण ग्राहकाचा आकार वाढवण्याचा विचार करत नाहीत.

काही वेळा १०० नवीन ग्राहक मिळवण्यापेक्षा २ मोठे संस्थात्मक ग्राहक मिळवणे अधिक फायदेशीर ठरते.

म्हणूनच विक्री आणि मार्केटिंगमधील एक मोठी चूक म्हणजे मोठे संस्थात्मक ग्राहक न शोधणे. बाजारात फक्त किरकोळ ग्राहक नसतात. अनेक वेळा मोठे आणि नियमित ग्राहक हेच व्यवसायाला स्थिरता देणारे आधारस्तंभ ठरतात.

७६. उत्पादन विकण्यात अडकून ब्रँड न उभा करणे

शेतीमध्ये बहुतेक लोक उत्पादन तयार करण्यावर लक्ष केंद्रित करतात. पण दीर्घकालीन यश मिळवणारे लोक उत्पादनाबरोबरच ब्रँडही तयार करतात. या दोन्ही गोष्टींमधील फरक समजला की शेतीकडे पाहण्याचा दृष्टिकोनच बदलतो.

समजा बाजारात दहा जण मध विकत आहेत, दहा जण तूप विकत आहेत किंवा दहा जण आंबे विकत आहेत. ग्राहकाने नेमके तुमच्याकडूनच का खरेदी करावे? जर उत्तर असे असेल की "माझा माल चांगला आहे", तर ते पुरेसे नाही. कारण बाजारात जवळपास प्रत्येक विक्रेता स्वतःच्या उत्पादनाबद्दल हेच सांगत असतो.

वास्तविक ग्राहकाला तुमचा माल किती चांगला आहे हे सुरुवातीला माहीत नसते. त्याला तुमचे नाव माहीत असते. तुमच्याबद्दल त्याने ऐकलेल्या गोष्टी माहीत असतात. त्याच्या मनात तुमच्याविषयी तयार झालेली प्रतिमा माहीत असते. ही प्रतिमाच म्हणजे ब्रँड.

अनेक शेतकरी ब्रँडिंग म्हणजे मोठी कंपनी, आकर्षक लोगो, महागडे पॅकेजिंग किंवा कोट्यवधी रुपयांच्या जाहिराती असे समजतात. पण ब्रँड यापेक्षा खूप मोठी गोष्ट आहे. ग्राहकाच्या मनात तुम्ही कोणत्या कारणासाठी ओळखले जाता, हा तुमचा खरा ब्रँड असतो.

काही लोक शुद्धतेसाठी ओळखले जातात. काही सातत्यपूर्ण गुणवत्तेसाठी. काही प्रामाणिकपणासाठी. काही पारदर्शकतेसाठी. काही वेळेवर पुरवठ्यासाठी. काही नैसर्गिक किंवा रसायनमुक्त उत्पादनांसाठी. ग्राहक उत्पादन विसरू शकतो, पण त्याचा विश्वास विसरत नाही.

उद्या एखाद्या ग्राहकाला तूप खरेदी करायचे असेल तर तो अनेकदा "तूप कुठून घ्यायचे?" असा विचार करत नाही. तो "फलाण्याकडूनच घ्यायचे" असा विचार करतो. जेव्हा ग्राहक उत्पादनापेक्षा व्यक्ती किंवा संस्थेचे नाव लक्षात ठेवू लागतो, तेव्हा समजावे की ब्रँड तयार होऊ लागला आहे.

शेतीमध्ये अनेक लोक वर्षानुवर्षे उत्कृष्ट उत्पादन घेतात, पण त्यांचे नाव बाजाराला माहीत नसते. दुसरीकडे काही लोकांचे उत्पादन कदाचित फार वेगळे नसते, पण मजबूत ब्रँडमुळे त्यांना जास्त किंमत, अधिक ग्राहक आणि स्थिर विक्री मिळते. याचा अर्थ ब्रँड उत्पादनापेक्षा मोठा आहे असे नाही. उत्पादन हा पाया आहे. पण फक्त पाया बांधून घर तयार होत नाही. त्यावर विश्वास, ओळख आणि नाते यांची इमारत उभी करावी लागते.

आणखी एक महत्त्वाची गोष्ट म्हणजे उत्पादनाची नक्कल करता येते. तुम्ही पिकवलेला आंबा, तुम्ही तयार केलेले तूप, तुम्ही विकलेला मध किंवा भाजीपाला इतरही तयार करू शकतात. पण तुमची कथा, तुमचा प्रवास, तुमची विश्वासार्हता, तुमची पारदर्शकता

आणि ग्राहकांशी असलेले नाते यांची नक्कल करणे खूप कठीण असते.

म्हणूनच दीर्घकालीन यशासाठी फक्त उत्पादनावर काम करून पुरेसे होत नाही. ब्रँडवरही काम करावे लागते. आजचा ग्राहक फक्त माल विकत घेत नाही. तो कोणाकडून माल विकत घेतो यालाही महत्त्व देतो. विशेषतः अन्नपदार्थांच्या बाबतीत विश्वास हा उत्पादनाइतकाच महत्त्वाचा झाला आहे.

ग्राहक एकदा उत्पादनामुळे येतो. पण तो पुन्हा पुन्हा परत येतो तो विश्वासामुळे. आणि हा विश्वास निर्माण करण्याचे काम ब्रँड करतो.

उत्पादन तुम्हाला पहिली विक्री मिळवून देते. पण ब्रँड तुम्हाला आयुष्यभराचा ग्राहक मिळवून देतो. उत्पादन आज विकले जाते. ब्रँड उद्याची विक्री सुरक्षित करतो. आणि शेतीमध्ये टिकाऊ व्यवसाय उभा करायचा असेल, तर उत्पादनाइतकेच ब्रँड उभारण्यावरही लक्ष दिले पाहिजे.

७७. आयुष्यभराचा ग्राहक न तयार करणे

शेतीमध्ये उत्पादन घेणे महत्त्वाचे असते, पण त्याहून महत्त्वाचे असते ग्राहक टिकवणे. दुर्दैवाने अनेक शेतकरी प्रत्येक विक्रीकडे स्वतंत्र व्यवहार म्हणून पाहतात. आज माल विकला, पैसे मिळाले आणि व्यवहार संपला. उद्या पुन्हा नवीन ग्राहक शोधायचा. ही मानसिकता दीर्घकालीन व्यवसाय उभा करू शकत नाही.

यशस्वी व्यवसाय एकदाच्या विक्रीवर चालत नाही. तो पुन्हा पुन्हा खरेदी करणाऱ्या ग्राहकांवर चालतो. कारण नवीन ग्राहक मिळवणे नेहमीच महाग आणि कठीण असते, तर समाधानी ग्राहक टिकवणे तुलनेने सोपे आणि फायदेशीर असते.

समजा एखादा ग्राहक तुमच्याकडून दर महिन्याला दोन हजार रुपयांची खरेदी करतो. वर्षभरात तो चोवीस हजार रुपयांची खरेदी करेल. दहा वर्षांत ती रक्कम लाखोंमध्ये जाऊ शकते. म्हणजे आज जो ग्राहक तुम्हाला एका छोट्या ऑर्डरचा वाटतो, त्याची खरी किंमत खूप मोठी असू शकते.

पण अनेक शेतकरी आजचा व्यवहार पाहतात, ग्राहकाचे आयुष्यभराचे मूल्य पाहत नाहीत. त्यामुळे काही वेळा तात्पुरत्या फायद्यासाठी चुकीचे निर्णय घेतले जातात. खराब माल चांगल्या मालात मिसळणे, वजनात तडजोड करणे, उत्पादनाबद्दल अतिशयोक्ती करणे किंवा दिलेले वचन न पाळणे अशा गोष्टी

घडतात. त्या क्षणी काही रुपये वाचल्यासारखे वाटते, पण प्रत्यक्षात एक ग्राहक कायमचा गमावला जातो.

एक नाराज ग्राहक फक्त स्वतः खरेदी थांबवत नाही. तो आपल्या मित्रांना, नातेवाईकांना आणि ओळखीच्या लोकांनाही त्याचा अनुभव सांगतो. दुसरीकडे समाधानी ग्राहक हा तुमच्या व्यवसायाचा सर्वात प्रभावी विक्रेता असतो. तो तुमच्या उत्पादनाची शिफारस करतो, नवीन ग्राहक आणतो आणि बाजारातील स्पर्धेत तुमची ताकद वाढवतो.

ग्राहक निष्ठा एका दिवसात निर्माण होत नाही. त्यासाठी सातत्य लागते. वेळेवर उत्तर देणे, तक्रारी ऐकून घेणे, प्रामाणिक माहिती देणे, दिलेले वचन पाळणे आणि प्रत्येक वेळी शक्य तितका चांगला अनुभव देणे आवश्यक असते. ग्राहक फक्त उत्पादन खरेदी करत नाही. तो विश्वास खरेदी करत असतो.

अनेक शेतकरी उत्पादनाच्या गुणवत्तेवर खूप मेहनत घेतात, पण ग्राहक संबंधांवर फार कमी मेहनत घेतात. प्रत्यक्षात व्यवसायात उत्पादन तयार करणे हा फक्त एक भाग असतो. ग्राहक टिकवणे हा त्याहून मोठा भाग असतो.

मी अनेक वेळा पाहिले आहे की काही लोक नवीन ग्राहक मिळवण्यासाठी हजारो रुपये जाहिरातीत खर्च करतात, पण जुने ग्राहक टिकवण्यासाठी काहीच करत नाहीत. हे म्हणजे घराच्या पुढच्या दरवाजातून लोकांना आत बोलावणे आणि मागच्या दरवाजातून त्यांना बाहेर जाऊ देण्यासारखे आहे.

शेतीमध्ये दीर्घकालीन यश हवे असेल तर प्रत्येक ग्राहकाकडे एका व्यवहाराप्रमाणे नव्हे, तर एका दीर्घकालीन नात्याच्या सुरुवातीप्रमाणे पाहिले पाहिजे. कारण ग्राहक एकदा माल विकत घेतो म्हणून व्यवसाय वाढत नाही. ग्राहक पुन्हा पुन्हा परत येतो तेव्हा व्यवसाय वाढतो.

माझ्या मते विक्री आणि मार्केटिंगमधील सर्वात महागडी चूक म्हणजे आजचा थोडासा नफा मिळवण्यासाठी उद्याचा ग्राहक गमावणे. एक चांगला ग्राहक फक्त एक ऑर्डर देत नाही. तो अनेक वर्षे तुमच्या व्यवसायाला आधार देतो, नवीन ग्राहक आणतो आणि तुमच्या ब्रँडची सर्वात मजबूत जाहिरात बनतो.

उत्पादन विकणे ही विक्री असते. ग्राहक टिकवणे हा व्यवसाय असतो. आणि शेतीमध्ये दीर्घकालीन यश त्यांनाच मिळते जे व्यवहारांपेक्षा नात्यांना अधिक महत्त्व देतात.

७८. दर्जा, सातत्य आणि प्रामाणिकपणा न राखणे

शेतीमध्ये ग्राहक मिळवणे कठीण असते. पण ग्राहक टिकवणे त्याहून कठीण असते. आणि ग्राहक टिकवण्याचा सर्वात खात्रीशीर मार्ग म्हणजे प्रत्येक वेळी प्रामाणिकपणे चांगला माल देणे.

हे ऐकायला अतिशय साधे वाटते. पण प्रत्यक्षात अनेक शेतकरी आणि कृषी उद्योजक याच ठिकाणी चूक करतात. सुरुवातीला उत्कृष्ट दर्जाचा माल दिला जातो, ग्राहकांचा विश्वास जिंकला जातो, पण नंतर हळूहळू दर्जामध्ये तडजोड सुरू होते. काही जण चांगल्या मालात खराब माल मिसळतात. काही जण उत्पादनाबद्दल अतिशयोक्ती करतात. काही जण "ऑरगॅनिक", "नैसर्गिक", "रसायनमुक्त" किंवा "देशी" अशा शब्दांचा वापर करतात, पण प्रत्यक्षात त्यामागे तितकी पारदर्शकता नसते.

काही ठिकाणी दूधामध्ये पाणी मिसळले जाते. काही ठिकाणी फळे आणि भाज्या निवडताना खराब माल लपवला जातो. काही ठिकाणी वजनात कपात केली जाते. प्रत्येक वेळी असे वाटते की थोडासा अतिरिक्त फायदा झाला. पण प्रत्यक्षात अशा प्रत्येक कृतीमुळे व्यवसायाचा पाया कमकुवत होत असतो.

थेट ग्राहकाकडे विक्री करताना ग्राहक फक्त उत्पादन विकत घेत नाही. तो विश्वास विकत घेत असतो. आणि विश्वास हा शेती व्यवसायातील सर्वात मौल्यवान घटक असतो. तो एका दिवसात

निर्माण होत नाही. अनेक महिने किंवा वर्षे सातत्याने योग्य वर्तन केल्यानंतर तो तयार होतो. पण तो गमावण्यासाठी एकच चुकीची ऑर्डर पुरेशी ठरू शकते.

अनेकांना वाटते की ग्राहकाला फारसे समजत नाही. पण आजची परिस्थिती पूर्णपणे वेगळी आहे. आजचा ग्राहक अधिक जागरूक आहे. तो तुलना करतो, प्रश्न विचारतो, अनुभव शेअर करतो आणि इतर ग्राहकांशी चर्चा करतो. सोशल मीडियामुळे एक वाईट अनुभव काही तासांत शेकडो लोकांपर्यंत पोहोचू शकतो. त्याचप्रमाणे एक चांगला अनुभवही वेगाने पसरू शकतो.

दर्जा महत्त्वाचा आहेच, पण सातत्य त्याहून अधिक महत्त्वाचे आहे. एकदा उत्कृष्ट माल देणे सोपे असते. दर आठवड्याला, दर महिन्याला आणि दर वर्षी समान दर्जा टिकवणे कठीण असते. पण ग्राहकाला नेमके तेच अपेक्षित असते. त्याला प्रत्येक वेळी नवीन अनुभव नको असतो. त्याला खात्री हवी असते की पुढच्या ऑर्डरमध्येही त्याला तितकाच चांगला माल मिळेल.

प्रामाणिकपणा हा देखील गुणवत्तेचाच एक भाग आहे. प्रत्येक वेळी परिस्थिती आपल्या नियंत्रणात असेलच असे नाही. काही वेळा उत्पादन कमी येते. काही वेळा अपेक्षित दर्जा मिळत नाही. काही वेळा पुरवठ्यात उशीर होतो. अशा वेळी सत्य लपवणे सोपे असते. पण दीर्घकालीन व्यवसायासाठी ते घातक असते.

अल्पकालीन विचार करणारा विक्रेता समस्या लपवण्याचा प्रयत्न करतो. दीर्घकालीन विचार करणारा उद्योजक ती स्पष्टपणे सांगतो. कारण त्याला माहीत असते की विश्वास हा कोणत्याही उत्पादनापेक्षा अधिक मौल्यवान आहे.

माझ्या अनुभवात ग्राहक अनेक गोष्टी समजून घेतो. तो काही वेळा जास्त किंमत स्वीकारतो. काही वेळा उशिरा मिळालेला माल स्वीकारतो. काही वेळा मानवी चुका देखील माफ करतो. पण बेईमानी फार क्वचित माफ करतो. कारण एकदा विश्वास तुटला की तो पुन्हा निर्माण करणे अत्यंत कठीण असते.

शेतीमध्ये दीर्घकालीन यश मिळवायचे असेल तर उत्पादनाच्या प्रमाणापेक्षा दर्जाला महत्त्व द्यावे लागते. दर्जापेक्षा सातत्याला महत्त्व द्यावे लागते. आणि या दोघांपेक्षाही प्रामाणिकपणाला महत्त्व द्यावे लागते.

म्हणूनच विक्री आणि मार्केटिंगमधील सर्वात मोठ्या चुकांपैकी एक म्हणजे दर्जा, सातत्य आणि प्रामाणिकपणा यांच्यात तडजोड करणे. उत्तम उत्पादन ग्राहक मिळवून देते. पण सातत्यपूर्ण गुणवत्ता आणि प्रामाणिकपणा ग्राहकाला आयुष्यभर तुमच्यासोबत जोडून ठेवतात.

व्यवसायात उत्पादन विकले जाते. पण विश्वास कमावला जातो. आणि शेतीमध्ये दीर्घकालीन यशाचा खरा पाया विश्वासच असतो.

७९. पॅकिंग आणि सादरीकरणाकडे दुर्लक्ष करणे

अनेक शेतकरी उत्कृष्ट उत्पादन घेतात, पण ते ग्राहकापर्यंत कसे पोहोचते याकडे पुरेसे लक्ष देत नाहीत. त्यांना वाटते की माल चांगला असेल तर तो आपोआप विकला जाईल. प्रत्यक्षात ग्राहक आधी उत्पादन पाहतो आणि नंतर त्याची गुणवत्ता अनुभवतो. त्यामुळे पहिली छाप अनेक वेळा उत्पादनामुळे नव्हे, तर त्याच्या सादरीकरणामुळे तयार होते.

हे ऐकून काही शेतकरी नाराज होतात. त्यांना वाटते की आपण शेती करतो, पॅकिंग कंपनी नाही. पण ग्राहकाच्या दृष्टीने विचार केला तर चित्र वेगळे दिसते. समजा दोन शेतकरी तूप विकत आहेत. दोघांचेही तूप उत्कृष्ट दर्जाचे आहे. पण एकाने स्वच्छ, आकर्षक आणि माहितीपूर्ण लेबल असलेल्या बाटलीत भरले आहे, तर दुसऱ्याने कोणतीही माहिती नसलेल्या साध्या डब्यात. ग्राहकाचा विश्वास कोणावर अधिक बसेल? बहुतेक वेळा पहिल्यावर.

याचा अर्थ ग्राहकाला तूपाची गुणवत्ता समजत नाही असे नाही. पण उत्पादन वापरण्यापूर्वी तो त्याचा अंदाज बाह्य संकेतांवरून घेत असतो. स्वच्छता, नीटनेटकेपणा, पॅकिंग आणि सादरीकरण हे विश्वास निर्माण करणारे संकेत असतात.

पॅकिंग हे फक्त उत्पादन गुंडाळण्यासाठी नसते. ते ग्राहकाशी संवाद साधण्याचे साधन असते. भाजीपाला असो, फळे असोत,

मध, तूप, तेल, मसाले, लोणची, अंडी किंवा इतर कोणतेही उत्पादन असो, ग्राहकाला त्यामध्ये व्यावसायिकता दिसली पाहिजे. उत्पादन उत्कृष्ट असले तरी त्याचे सादरीकरण कमकुवत असेल तर ग्राहक त्याची किंमत कमी समजू शकतो.

मी अनेक शेतकऱ्यांना पाहिले आहे की ते उत्पादनावर लाखो रुपये खर्च करतात, पण पॅकिंगवर काही रुपये खर्च करण्यास तयार नसतात. प्रत्यक्षात हा खर्च नसून गुंतवणूक असते. कारण ग्राहकाला तुमच्या उत्पादनाबद्दलचा पहिला अनुभव बहुतेक वेळा पॅकिंगमधूनच मिळत असतो.

सादरीकरण म्हणजे फक्त आकर्षक पिशवी किंवा डबा नव्हे. उत्पादन स्वच्छ आहे का, व्यवस्थित निवडलेले आहे का, वजन अचूक आहे का, लेबल स्पष्ट आहे का, संपर्क माहिती दिली आहे का, उत्पादनाची तारीख नमूद केली आहे का आणि ग्राहकाला आवश्यक माहिती मिळते का, या सर्व गोष्टी सादरीकरणाचाच भाग आहेत.

ग्राहकाला प्रत्येक वेळी उत्पादनाची खरी गुणवत्ता तपासता येत नाही. त्यामुळे तो बाह्य संकेतांच्या आधारावर निर्णय घेतो. स्वच्छता, नीटनेटकेपणा आणि व्यावसायिकता हे त्यासाठी महत्त्वाचे संकेत असतात.

याचा अर्थ महागडे पॅकिंगच करावे असे नाही. अनेक वेळा साधे, स्वच्छ आणि व्यवस्थित पॅकिंग पुरेसे असते. उद्देश ग्राहकाला

प्रभावित करणे नसतो. उद्देश त्याचा विश्वास वाढवणे असतो. चांगले पॅकिंग उत्पादनाला अधिक विश्वासार्ह बनवते.

आजच्या स्पर्धात्मक बाजारात चांगले उत्पादन हा फक्त प्रवेशाचा पासपोर्ट आहे. पण चांगले सादरीकरण तुम्हाला इतरांपेक्षा वेगळे उभे करते. ग्राहकाला फक्त उत्पादन आठवत नाही. त्याला त्याचा संपूर्ण अनुभव आठवतो.

अनेक शेतकरी उत्पादनावर लक्ष देतात. काही विक्रीवर लक्ष देतात. पण फार कमी जण ग्राहकाच्या संपूर्ण अनुभवाचा विचार करतात. उत्पादन कसे दिसते, कसे पोहोचते, कसे उघडले जाते आणि त्यातून ग्राहकाला काय भावना मिळतात, याचाही व्यवसायावर परिणाम होत असतो.

म्हणूनच विक्री आणि मार्केटिंगमधील एक मोठी चूक म्हणजे पॅकिंग, सादरीकरण आणि ग्राहक अनुभवाकडे दुर्लक्ष करणे. ग्राहक अनेक वेळा तुमचे उत्पादन वापरण्यापूर्वी तुमचे पॅकिंग पाहतो. त्यामुळे पहिली छाप चांगली असणे आवश्यक आहे.

उत्पादन ग्राहकाला एकदा विकले जाऊ शकते. पण चांगला अनुभव ग्राहकाला पुन्हा परत आणतो. आणि अनेक वेळा विक्री उत्पादनापूर्वी पॅकिंग जिंकून देते.

८०. किंमत ठरवताना पूर्ण हिशोब न करणे

शेतीमध्ये उत्पादन घेणे कठीण आहे. उत्पादन विकणे त्याहून कठीण आहे. पण अनेक वेळा सर्वात कठीण गोष्ट असते ती म्हणजे स्वतःच्या उत्पादनाची योग्य किंमत ठरवणे.

अनेक शेतकरी वर्षानुवर्षे शेती करतात, पण त्यांना त्यांच्या उत्पादनाचा खरा खर्च किती आहे हे माहीत नसते. त्यांना वाटते की त्यांना खर्च माहीत आहे. पण प्रत्यक्षात ते फक्त काही खर्च मोजत असतात आणि अनेक महत्त्वाचे खर्च हिशोबाबाहेर राहतात.

बियाणे, खते, औषधे, मजुरी आणि वीज यांचा हिशोब साधारणपणे ठेवला जातो. पण स्वतःची मजुरी, जमिनीचा संधी खर्च, पाण्याची व्यवस्था, वाहतूक, पॅकिंग, विक्री खर्च, खराब होणारा माल, व्याज, यंत्रसामग्रीची झीज आणि इतर अप्रत्यक्ष खर्च यांची गणना अनेकदा केली जात नाही. प्रत्यक्षात हे सर्व खर्च उत्पादनावरच विभागले जातात आणि त्यांचाही नफ्यावर तितकाच परिणाम होत असतो.

अनेक वेळा एखादा शेतकरी अभिमानाने सांगतो की त्याला उत्पादनाला किलोमागे पन्नास रुपये भाव मिळाला. पण खरा प्रश्न हा नसतो की भाव किती मिळाला. खरा प्रश्न असतो की त्या उत्पादनाचा खर्च किती आला. जर उत्पादनाचा खर्च पंचावन्न रुपये असेल, तर पन्नास रुपयांचा भाव हा नफा नसून तोटा आहे.

शेतीमध्ये एक मोठी समस्या म्हणजे अनेक जण भाव आणि किंमत यामधील फरक समजून घेत नाहीत. बाजारात आज काय भाव

आहे ते पाहून विक्री केली जाते. पण व्यवसायामध्ये किंमत खर्च, जोखीम आणि अपेक्षित नफा यांचा विचार करून ठरवली जाते. जर तुम्हाला स्वतःच्या उत्पादनाचा खरा खर्चच माहीत नसेल, तर तुम्ही नफा कमावत आहात की तोटा, हे कधीच समजू शकत नाही.

याहूनही मोठी चूक म्हणजे स्वस्त विकण्यात अभिमान वाटणे. काही शेतकरी अभिमानाने सांगतात की ते बाजारापेक्षा कमी दरात माल देतात. ग्राहकाच्या दृष्टीने हे आकर्षक वाटू शकते. पण व्यवसायाच्या दृष्टीने प्रश्न वेगळा आहे. त्या दरात विक्री करून तुम्हाला नफा मिळतो का?

जर उत्तर नाही असेल, तर तुम्ही व्यवसाय करत नाही. तुम्ही हळूहळू स्वतःचे भांडवल संपवत आहात. काही काळासाठी हा खेळ चालू शकतो. पण दीर्घकालीन टिकाऊपणा अशा पद्धतीने निर्माण होत नाही.

ग्राहकाला कमी किंमत नक्कीच आवडते. पण ग्राहकाला सातत्यपूर्ण पुरवठा करणारा, विश्वासार्ह आणि दीर्घकाळ टिकणारा उत्पादकही हवा असतो. जर चुकीच्या किंमत निर्धारणामुळे तुम्ही दोन-तीन वर्षांत व्यवसाय बंद केला, तर स्वस्त मालाचा फायदा कोणालाच होत नाही.

मी अनेक वेळा असे शेतकरी पाहिले आहेत की ज्यांनी उत्कृष्ट उत्पादन घेतले, चांगले ग्राहक तयार केले, विक्री वाढवली आणि

ब्रँड उभा केला. पण किंमत चुकीची ठेवल्यामुळे शेवटी आर्थिक अडचणीत आले. त्यांना वाटत होते की विक्री वाढत आहे म्हणजे व्यवसाय चांगला चालला आहे. पण प्रत्यक्षात प्रत्येक विक्रीसोबत त्यांचा तोटाही वाढत होता.

व्यवसायात एक महत्त्वाचा नियम आहे. विक्री वाढली म्हणजे नफा वाढेलच असे नाही. काही वेळा विक्री जितकी वाढते तितका तोटाही वाढत असतो. कारण प्रत्येक उत्पादन चुकीच्या किमतीत विकले जात असते.

शेती ही फक्त उत्पादनाची प्रक्रिया नाही. ती एक व्यवसाय आहे. आणि प्रत्येक व्यवसायाचा पाया आकडेवारीवर उभा असतो. ज्याला स्वतःच्या उत्पादनाचा अचूक खर्च माहीत नाही, त्याला स्वतःचा खरा नफा कधीच समजणार नाही.

म्हणून प्रत्येक शेतकऱ्याने स्वतःला एक साधा प्रश्न विचारला पाहिजे. मी उत्पादन विकतो आहे की नफा विकतो आहे? कारण विक्रीचा उद्देश फक्त माल बाहेर पाठवणे नसतो. विक्रीचा उद्देश टिकाऊ नफा निर्माण करणे असतो.

म्हणूनच विक्री आणि मार्केटिंगमधील सर्वात मोठ्या चुकांपैकी एक म्हणजे किंमत ठरवताना पूर्ण हिशोब न करणे. उत्पादन किती घेतले, किती विकले किंवा किती ग्राहक मिळाले यापेक्षा शेवटी किती नफा उरला हे अधिक महत्त्वाचे असते.

८१. उधारीवर विक्री करून भांडवल अडकवणे

शेतीमध्ये नफा कमावणे महत्त्वाचे असते, पण त्याहून महत्त्वाचे असते पैसे वेळेवर हातात येणे. अनेक शेतकरी उत्पादन, विक्री आणि नफ्यावर लक्ष केंद्रित करतात, पण रोख प्रवाहाकडे पुरेसे लक्ष देत नाहीत. आणि अनेक वेळा हीच चूक आर्थिक अडचणींचे मूळ ठरते.

मी अनेक शेतकरी आणि कृषी उद्योजक पाहिले आहेत ज्यांची विक्री चांगली असते, ग्राहक चांगले असतात, बाजारपेठ तयार असते, पण तरीही त्यांच्याकडे रोख पैसा नसतो. कारण त्यांचा मोठा हिस्सा उधारीमध्ये अडकलेला असतो.

उधारीची सुरुवात साधारणपणे निरुपद्रवी वाटते. "पुढच्या आठवड्यात देतो", "महिनाअखेर पैसे देतो", "बिल पास झाले की पैसे देतो" किंवा "तुमचे पैसे कुठे जाणार आहेत?" अशा वाक्यांमधून उधारी सुरू होते. सुरुवातीला रक्कम लहान असते. त्यामुळे फारसा धोका वाटत नाही. पण हळूहळू उधारी वाढत जाते आणि काही महिन्यांनी लक्षात येते की माल विकला आहे, पण पैसे आलेले नाहीत.

व्यवसायात एक महत्त्वाचा फरक समजून घेतला पाहिजे. विक्री आणि वसुली या दोन वेगळ्या गोष्टी आहेत. अनेक शेतकरी माल दिला म्हणजे व्यवहार पूर्ण झाला असे समजतात. प्रत्यक्षात व्यवहार तेव्हाच पूर्ण होतो जेव्हा पैसे तुमच्या खात्यात जमा होतात.

विशेषतः थेट ग्राहक, हॉटेल्स, रेस्टॉरंट्स, केटरिंग व्यवसाय, किराणा दुकाने किंवा इतर व्यापारी ग्राहकांसोबत काम करताना ही जोखीम अधिक असते. काही ग्राहक अत्यंत प्रामाणिक असतात आणि वेळेवर पैसे देतात. पण सर्व ग्राहक तसेच असतील असे गृहीत धरणे ही मोठी चूक असते.

शेती हा आधीच भांडवल-केंद्रित व्यवसाय आहे. बियाणे, खते, मजुरी, जनावरांचे खाद्य, वाहतूक, पॅकिंग, वीज, पाणी आणि इतर अनेक खर्चांसाठी सतत रोख पैसा लागतो. जर विक्रीचे पैसे वेळेवर परत आले नाहीत, तर चालू व्यवसाय टिकवण्यासाठी शेतकऱ्याला स्वतःचे भांडवल वापरावे लागते किंवा कर्ज घ्यावे लागते.

अनेक वेळा शेतकऱ्याला भीती वाटते की उधारी दिली नाही तर ग्राहक निघून जाईल. पण वास्तवात चुकीचा ग्राहक टिकवण्यापेक्षा योग्य ग्राहक शोधणे अधिक फायदेशीर असते. जो ग्राहक सतत पैसे अडकवतो, तो ग्राहक नसून तुमच्या व्यवसायावरचा आर्थिक भार बनतो.

याचा अर्थ उधारी कधीच देऊ नये असा नाही. काही परिस्थितींमध्ये ती आवश्यक असू शकते. पण उधारी भावना पाहून नव्हे, तर नियम पाहून दिली पाहिजे. उधारीची कमाल मर्यादा किती? किती दिवसांसाठी? कोणत्या ग्राहकांना? कोणत्या अटींवर? वसुलीची प्रक्रिया काय? हे सर्व आधीच स्पष्ट असले पाहिजे.

अनेक व्यवसाय नफा नसल्यामुळे बंद पडत नाहीत. ते रोख पैसा संपल्यामुळे बंद पडतात. हा नियम शेतीलाही तितकाच लागू होतो. कारण व्यवसाय चालवण्यासाठी कागदावरील नफा उपयोगी पडत नाही. त्यासाठी हातात पैसा लागतो.

तुमचा नफा महत्त्वाचा आहे, पण तुमचा रोख प्रवाह त्याहून महत्त्वाचा आहे. नफा आर्थिक अहवालात दिसतो. पण रोख पैसा मजुरांचा पगार देतो, पुरवठादारांची बिले भरतो, नवीन उत्पादनासाठी गुंतवणूक करतो आणि व्यवसाय जिवंत ठेवतो.

माझ्या मते विक्री आणि मार्केटिंगमधील सर्वात मोठ्या चुकांपैकी एक म्हणजे विक्री वाढली की व्यवसाय वाढला असे समजणे. जर त्या विक्रीचे पैसे वेळेवर येत नसतील, तर वाढणारी विक्रीसुद्धा व्यवसायाला अडचणीत आणू शकते.

म्हणूनच उधारीवर विक्री करण्यापूर्वी स्वतःला एक प्रश्न विचारा. मला ग्राहक हवा आहे की मला माझे पैसेही हवे आहेत? कारण शेवटी व्यवसाय विक्रीवर चालत नाही. व्यवसाय वसुलीवर चालतो.

उत्पादन विकणे महत्त्वाचे आहे. पण विकलेल्या उत्पादनाचे पैसे वेळेवर मिळणे त्याहून महत्त्वाचे आहे. कारण बँक, मजूर, पुरवठादार आणि दैनंदिन खर्च हे सर्व रोख पैशात भागवावे लागतात. आश्वासनांमध्ये नाही.

८२. एका ग्राहकावर किंवा एका बाजारावर अवलंबून राहणे

शेतीमध्ये हवामान, रोग, कीड, बाजारभाव, सरकारी धोरणे आणि मागणी यासारख्या अनेक गोष्टी आपल्या नियंत्रणाबाहेर असतात. त्यामुळे यशस्वी शेतकरी फक्त उत्पादन वाढवण्यावर लक्ष देत नाही. तो जोखीम कमी करण्यावरही लक्ष देतो.

मात्र अनेक शेतकरी एक गंभीर चूक करतात. ते एका ग्राहकावर, एका व्यापाऱ्यावर किंवा एका बाजारपेठेवर पूर्णपणे अवलंबून राहतात.

सुरुवातीला सर्व काही व्यवस्थित चालू असते. एखादे हॉटेल नियमित माल घेत असते. एखादा व्यापारी संपूर्ण उत्पादन उचलत असतो. एखादी कंपनी करार करून खरेदी करत असते. एखादा मोठा ग्राहक दर महिन्याला मोठ्या प्रमाणात ऑर्डर देत असतो. त्यामुळे विक्रीची चिंता कमी होते आणि व्यवसाय स्थिर वाटू लागतो.

पण शेतीमध्ये आणि व्यवसायामध्ये कायमस्वरूपी काहीच नसते.

एक दिवस हॉटेल बंद होते. व्यापारी बदलतो. कंपनी करार रद्द करते. ग्राहक दुसरा पुरवठादार निवडतो. बाजारातील परिस्थिती बदलते. आणि अचानक संपूर्ण व्यवसाय अडचणीत सापडतो. कारण पर्याय तयार केलेले नसतात.

व्यवसायातील एक जुना नियम आहे. सर्व अंडी एका टोपलीत ठेवू नका. हा नियम शेतीत तितकाच महत्त्वाचा आहे.

समजा तुमच्या विक्रीपैकी काही हिस्सा थेट ग्राहकांना जातो, काही हॉटेल्स किंवा संस्थात्मक ग्राहकांकडे जातो, काही मंडीत विकला जातो आणि काही प्रक्रिया करून विकला जातो. अशा परिस्थितीत एखादा विक्री मार्ग बंद झाला तरी संपूर्ण व्यवसाय कोसळत नाही.

यालाच बाजारपेठेचे विविधीकरण म्हणतात.

अनेक शेतकरी पीक विविधीकरणाबद्दल बोलतात, पण बाजारपेठेच्या विविधीकरणाकडे दुर्लक्ष करतात. प्रत्यक्षात दोन्ही तितकेच महत्त्वाचे आहेत. एकाच पिकावर अवलंबून राहणे धोकादायक आहेच, पण एकाच ग्राहकावर किंवा एकाच बाजारावर अवलंबून राहणेही तितकेच धोकादायक आहे.

व्यवसायातील स्थिरता उत्पादनातून येत नाही. ती पर्यायांमधून येते. तुमच्याकडे जितके जास्त विक्री मार्ग आणि ग्राहक असतील, तितकी तुमची जोखीम कमी होते.

याशिवाय विविध ग्राहक असल्यास तुमची वाटाघाटी करण्याची ताकदही वाढते. जर तुमच्याकडे एकच ग्राहक असेल तर किंमत आणि अटी तो ठरवतो. पण तुमच्याकडे अनेक ग्राहक असतील तर परिस्थिती बदलते. कारण तुमच्याकडे पर्याय असतात.

म्हणून प्रत्येक शेतकऱ्याने स्वतःला एक प्रश्न विचारला पाहिजे. "उद्या माझा सर्वात मोठा ग्राहक गेला तर माझा व्यवसाय चालू राहील का?"

जर उत्तर "नाही" असेल तर जोखीम खूप मोठी आहे.

म्हणूनच विक्री आणि मार्केटिंगमधील एक मोठी चूक म्हणजे एका ग्राहकावर किंवा एका बाजारावर पूर्ण अवलंबून राहणे. शेतीमध्ये सुरक्षितता एका मोठ्या ग्राहकातून मिळत नाही. ती अनेक ग्राहक, अनेक बाजारपेठा आणि अनेक विक्री मार्गांमधून मिळते.

८३. ग्राहकांच्या तक्रारी आणि अभिप्रायाकडे दुर्लक्ष करणे

अनेक शेतकऱ्यांना वाटते की ग्राहकाचे काम माल विकत घेणे आणि आपले काम माल विकणे. व्यवहार झाला की संबंध संपला. पण प्रत्यक्षात व्यवसायाची खरी शिकवण विक्रीनंतर सुरू होते.

ग्राहक हा तुमचा सर्वात प्रामाणिक शिक्षक असतो.

तुमच्या उत्पादनाबद्दल, पॅकिंगबद्दल, पुरवठ्याबद्दल, संवादाबद्दल, किंमतीबद्दल आणि एकूण ग्राहक अनुभवाबद्दल सर्वात मौल्यवान माहिती ग्राहकाकडेच असते. दुर्दैवाने अनेक शेतकरी ही माहिती ऐकण्याऐवजी दुर्लक्ष करतात.

ग्राहकाने तक्रार केली की आपण लगेच बचावात्मक होतो.

"आमच्याकडे असे कधी झाले नाही."

"इतर ग्राहकांना काहीच तक्रार नाही."

"तुमच्याकडूनच पहिल्यांदा ऐकत आहे."

"इतक्या कमी किमतीत आणखी काय अपेक्षा आहे?"

अशी उत्तरे ग्राहकाची समस्या सोडवत नाहीत. उलट त्याला कायमचे दूर करतात.

तक्रार म्हणजे हल्ला नसतो. तक्रार म्हणजे सुधारण्याची संधी असते.

खरं तर तक्रार करणारा ग्राहक अजूनही तुमच्याबद्दल आशा ठेवून असतो. त्याला तुमच्याकडून चांगली सेवा अपेक्षित असते म्हणून तो बोलतो. ज्याने आशा सोडली आहे तो तक्रार करत नाही. तो शांतपणे दुसऱ्या विक्रेत्याकडे जातो.

व्यवसायासाठी सर्वात धोकादायक ग्राहक रागावलेला ग्राहक नसतो. सर्वात धोकादायक ग्राहक म्हणजे काहीही न बोलता कायमचा निघून गेलेला ग्राहक.

अनेक शेतकरी उत्पादनातील दोष शोधण्यासाठी हजारो रुपये खर्च करतात. पण ग्राहक मोफत सांगत असलेले दोष ऐकत नाहीत.

ग्राहक म्हणतो की भाजी खूप मोठी आहे. पॅकिंग कमकुवत आहे. डिलिव्हरी उशिरा होते. अंडी फुटून येतात. तेलाची बाटली गळते. वजन अचूक नाही. पुरवठा नियमित नाही.

या प्रत्येक तक्रारीमध्ये व्यवसाय सुधारण्याची संधी दडलेली असते.

यशस्वी व्यवसाय प्रत्येक सूचना स्वीकारतात असे नाही. पण ते प्रत्येक सूचना ऐकतात. कारण ग्राहक नेहमी बरोबर असेलच असे नाही, पण ग्राहक काय अनुभवतो हे नेहमी महत्त्वाचे असते.

अनेक वेळा शेतकरी आपल्या उत्पादनाच्या प्रेमात पडतो. त्याला वाटते की त्याचे उत्पादन उत्तम आहे. पण बाजार उत्पादनाचे

मूल्यांकन करत नाही. बाजार ग्राहकाच्या अनुभवाचे मूल्यांकन करतो.

एक समाधानी ग्राहक पुन्हा खरेदी करतो.

एक आनंदी ग्राहक नवीन ग्राहक घेऊन येतो.

आणि एक दुर्लक्षित ग्राहक कायमचा निघून जातो.

म्हणून ग्राहकांच्या तक्रारींकडे भीतीने किंवा रागाने पाहू नका. त्यांच्याकडे व्यवसाय सुधारण्याच्या मोफत सल्लागाराप्रमाणे पाहा.

विक्री आणि मार्केटिंगमधील एक मोठी चूक म्हणजे ग्राहकांच्या तक्रारी आणि अभिप्रायाकडे दुर्लक्ष करणे. अनेक वेळा ग्राहक तुम्हाला तुमच्या व्यवसायातील सर्वात कमकुवत दुवे दाखवत असतो. प्रश्न एवढाच असतो की तुम्ही ते ऐकण्यासाठी तयार आहात का.

गोपालन

८४. मूलभूत कौशल्ये शिकण्यापूर्वी गोपालन सुरू करणे

अनेक लोक गोपालनाकडे गुंतवणूक म्हणून पाहतात. त्यांना वाटते की चांगला गोठा बांधला, महागड्या गायी विकत घेतल्या, काही कामगार ठेवले आणि दूध विकायला सुरुवात केली की व्यवसाय आपोआप चालेल. पण वास्तव याच्या अगदी उलट आहे. गोपालन हा पैशाचा नव्हे, तर ज्ञानाचा व्यवसाय आहे.

मी अनेक डेअरी प्रकल्प पाहिले आहेत ज्यामध्ये लाखो रुपयांची गुंतवणूक झाली, पण काही वर्षांत ते बंद पडले. कारण एकच होते. मालकाला स्वतःला गोपालनातील मूलभूत कौशल्ये अवगत नव्हती.

तुम्हाला स्वतःला दूध काढता येते का? गायीची माज ओळखता येते का? एखाद्या जनावराने नेहमीपेक्षा कमी खाद्य खाल्ले तर ते तुमच्या लक्षात येते का? पातळ शेण, कमी रवंथ, पाणी कमी पिणे किंवा कान खाली पडणे यामागील संकेत तुम्ही समजू शकता का?

जर या प्रश्नांची उत्तरे "नाही" असतील, तर प्रत्यक्षात डेअरी तुमच्या नियंत्रणात नाही. ती कामगारांच्या नियंत्रणात आहे.

गोपालनात कामगार आवश्यक असतात, पण त्यांच्यावर पूर्ण अवलंबून राहणे धोकादायक असते. कारण कामगार बदलू शकतात, पण व्यवसायाचे नुकसान तुमचेच होते. दूध कमी निघाले,

खाद्य वाया गेले, गाय माजेत आली आणि निघून गेली किंवा आजाराची सुरुवातीची लक्षणे दुर्लक्षित झाली, तर त्याची किंमत शेवटी मालकालाच मोजावी लागते.

माझ्या मते प्रत्येक गोपालकाला किमान दूध काढणे, खाद्य व्यवस्थापन, माज ओळखणे, प्राथमिक आरोग्य लक्षणे समजणे, वासरांची काळजी घेणे आणि नोंदी ठेवणे ही कामे स्वतः करता आली पाहिजेत. याचा अर्थ सर्व कामे स्वतःच करावीत असा नाही. पण प्रत्येक काम कसे केले जाते हे समजले पाहिजे.

जे काम तुम्हाला स्वतःला येत नाही, ते काम योग्य पद्धतीने होत आहे की नाही हे तुम्ही कधीच तपासू शकत नाही.

गोपालनातील बहुतेक समस्या अचानक निर्माण होत नाहीत. त्या अनेक दिवस संकेत देत असतात. पण हे संकेत फक्त त्यांनाच दिसतात ज्यांना जनावरे समजतात.

म्हणून गोपालन सुरू करण्यापूर्वी गायी विकत घेण्याची घाई करू नका. आधी ज्ञान मिळवा. शक्य असल्यास काही महिने एखाद्या चांगल्या डेअरीमध्ये वेळ घाला. स्वतः दूध काढा, स्वतः खाद्य द्या आणि स्वतः निरीक्षण करा.

गोपालनात पैसा गमावण्याचा सर्वात जलद मार्ग म्हणजे ज्ञानाशिवाय गुंतवणूक करणे. आणि यशस्वी होण्याचा सर्वात खात्रीशीर मार्ग म्हणजे जनावरांना समजून घेणे.

सर्व कामे तुम्हाला करता येत असतील, तर उद्या कामगार निघून गेले तरी तुमची डेअरी चालू राहील. पण सर्व काही कामगारांवर अवलंबून असेल, तर गोठा तुमचा असला तरी व्यवसाय तुमच्या हातात राहणार नाही.

८५. लहान प्रमाणावर अनुभव न घेता मोठी डेअरी सुरू करणे

गोपालनातील सर्वात महागड्या चुकांपैकी एक म्हणजे सुरुवातीलाच मोठी डेअरी उभारण्याचा प्रयत्न करणे.

अनेक लोक विचारतात, "शंभर गायींची डेअरी सुरू करायची आहे, किती खर्च येईल?" पण खरा प्रश्न असा असायला हवा, "एक गाय व्यवस्थित सांभाळता येते का?"

शंभर गायींची डेअरी म्हणजे शंभर पट मोठा व्यवसाय नाही. ती शंभर पट जास्त गुंतागुंत असते.

एक गाय तुम्हाला खाद्य व्यवस्थापन शिकवते. आरोग्य व्यवस्थापन शिकवते. प्रजनन व्यवस्थापन शिकवते. दूध विक्री शिकवते. नोंदी ठेवायला शिकवते. आणि सर्वात महत्त्वाचे म्हणजे, ती तुम्हाला चुका स्वस्तात शिकवते.

पण अनेक लोक थेट २०, ५० किंवा १०० गायी घेऊन सुरुवात करतात. त्यांना वाटते की मोठी डेअरी म्हणजे मोठा नफा. प्रत्यक्षात मोठी डेअरी म्हणजे मोठ्या चुका.

एका गायीमध्ये केलेली चूक काही हजार रुपयांचे नुकसान करते. तीच चूक शंभर गायींमध्ये केली तर लाखो रुपयांचे नुकसान होऊ शकते.

माझ्या मते डेअरी व्यवसायात पहिला उद्देश "स्केल" नसावा. पहिला उद्देश "समज" असावा.

जर तुम्ही एका किंवा दोन गायींमध्ये नफा कमवू शकत नसाल, तर शंभर गायींमध्येही नफा कमवू शकणार नाही. उलट नुकसान अधिक वेगाने वाढेल.

योग्य मार्ग साधा आहे. प्रथम एक-दोन गायींनी सुरुवात करा. त्यांचे व्यवस्थापन पूर्णपणे समजून घ्या. खाद्य, आरोग्य, प्रजनन, दूध विक्री आणि रोख प्रवाह यांचे गणित समजून घ्या. त्यानंतरच हळूहळू कळप वाढवा.

मोठी डेअरी उभी करणे कठीण नाही. टिकणारी डेअरी उभी करणे कठीण आहे.

गोपालनातील बहुतेक अपयश चुकीच्या व्यवस्थापनामुळे नसते. ते चुकीच्या वेगामुळे असते. चालायला शिकण्यापूर्वी धावण्याचा प्रयत्न अनेकांना खूप महाग पडलेला आहे.

८६. बाजारपेठ आणि ग्राहक तयार होण्यापूर्वी उत्पादन वाढवणे

अनेक लोकांना वाटते की डेअरी व्यवसायाची सुरुवात गायींपासून होते. प्रत्यक्षात यशस्वी डेअरी व्यवसायाची सुरुवात ग्राहकांपासून होते.

दूध उत्पादन करणे तुलनेने सोपे आहे. पण ते दूध दररोज योग्य किंमतीत विकणे ही खरी परीक्षा असते.

दूध हे दररोज तयार होणारे उत्पादन आहे. आजचे दूध उद्यासाठी ठेवता येत नाही. त्यामुळे उत्पादन सुरू झाल्यानंतर प्रत्येक दिवस विक्रीचा दिवस असतो.

अनेक लोक आधी गोठा बांधतात, गायी विकत घेतात आणि दूध यायला लागल्यावर ग्राहक शोधायला सुरुवात करतात. हा क्रम बहुतेक वेळा नुकसानाकडे नेतो.

माझ्या मते नवीन गोपालकाची पहिली गाय गोठ्यात नसावी, ती ग्राहकांच्या मनात असावी.

सुरुवातीला तुम्ही किती दूध उत्पादन करू शकता यापेक्षा तुम्ही किती दूध विकू शकता हा प्रश्न अधिक महत्त्वाचा आहे.

अनेक गोपालक २०-२५ गायी घेऊन सुरुवात करतात. काही महिन्यांनी त्यांना लक्षात येते की दूध भरपूर आहे, पण ग्राहक

नाहीत. मग ते घाऊक बाजारात दूध विकतात. घाऊक दरात विक्री केल्यावर नफा कमी होतो किंवा पूर्णपणे नाहीसा होतो.

याउलट काही लोक आधी ग्राहक तयार करतात. शेजारी, मित्र, स्थानिक ग्राहक, व्हॉट्सॲप गट आणि ओळखींच्या माध्यमातून मागणी निर्माण करतात. ग्राहक वाढतात तसा कळप वाढवतात.

हा मार्ग संथ असतो, पण अधिक सुरक्षित असतो.

गोपालनातील सर्वात धोकादायक परिस्थिती म्हणजे उत्पादन विक्रीपेक्षा वेगाने वाढणे. कारण गाय रोज खाते, रोज खर्च करते आणि रोज देखभाल मागते. पण ग्राहक नसतील तर त्या खर्चाला उत्पन्नाची साथ मिळत नाही.

यशस्वी डेअरी व्यवसायात गायींपेक्षा ग्राहक अधिक महत्त्वाचे असतात. गाय विकत घेणे सोपे आहे. पण विश्वासू ग्राहक तयार करणे कठीण आहे. म्हणून कळप वाढवण्यापूर्वी स्वतःला एक साधा प्रश्न विचारा.

"उद्या माझ्याकडे आणखी ५० लिटर दूध आले, तर ते कोण विकत घेणार आहे?"

जर या प्रश्नाचे स्पष्ट उत्तर नसेल, तर विस्ताराची वेळ अजून आलेली नाही.

यशस्वी डेअरी व्यवसायाची सुरुवात गोठ्यात होत नाही. ती ग्राहकांच्या दारात होते.

८७. गोठा, शेड आणि इमारतींवर अवाजवी खर्च करणे

गोपालनात नव्याने येणाऱ्या लोकांची एक अतिशय सामान्य चूक म्हणजे गायींपेक्षा गोठ्यावर जास्त प्रेम करणे.

गोपालन सुरू करण्याचा निर्णय घेतला की अनेक जण सर्वप्रथम गोठ्याचे नकाशे तयार करतात. सिमेंट, लोखंड, टाइल्स, सजावटीचे गेट, पक्के रस्ते, ऑफिस, स्टोअररूम, महागडी संरचना यावर चर्चा सुरू होते. काही महिन्यांनी लाखो रुपये खर्च करून एक आकर्षक गोठा उभा राहतो.

पण गोपालनात पैसा कमावून देणारी गोष्ट गोठा नसतो. गाय असते.

गोठा हा खर्च करणारा घटक आहे. गाय ही उत्पन्न निर्माण करणारी मालमत्ता आहे. तरीही अनेक जण उत्पन्न निर्माण करणाऱ्या जनावरांपेक्षा खर्च निर्माण करणाऱ्या इमारतींवर जास्त गुंतवणूक करतात.

मी अशा अनेक डेअऱ्या पाहिल्या आहेत जिथे गोठ्याची किंमत गायींपेक्षा जास्त होती. गोठा पाहून लोक प्रभावित होत होते, पण डेअरीचा नफा मात्र वाढत नव्हता.

अनेक वेळा लोक मोठे कर्ज काढून भव्य गोठा उभारतात. त्यानंतर चांगल्या गायी खरेदी करण्यासाठी, खाद्य व्यवस्थापनासाठी

किंवा कामकाजासाठी पुरेसे भांडवल उरत नाही. व्यवसाय सुरू होण्यापूर्वीच तो कर्जाच्या ओझ्याखाली दबतो.

गोठा महागडा असणे आणि गोठा चांगला असणे या दोन वेगळ्या गोष्टी आहेत.

गायींना महागड्या टाइल्स लागत नाहीत. त्यांना आकर्षक रंगकाम लागत नाही. त्यांना एसी ऑफिस लागत नाही.

त्यांना लागते स्वच्छता, कोरडी जागा, चांगले वायुवीजन, पुरेशी सावली, स्वच्छ पाणी, पावसापासून संरक्षण आणि योग्य निचरा.

या गोष्टी कमी खर्चातही साध्य करता येतात.

गोठा बांधताना एक साधा प्रश्न विचारला पाहिजे.

"या खर्चामुळे गायींचे आरोग्य, उत्पादन किंवा व्यवस्थापन सुधारते का?"

जर उत्तर "नाही" असेल, तर तो खर्च बहुधा गुंतवणूक नसून दिखावा असतो.

आणखी एक मोठी चूक म्हणजे सुरुवातीलाच अंतिम क्षमतेचा गोठा बांधणे. दहा गायी असताना शंभर गायींची व्यवस्था उभी केली जाते. भविष्यात उपयोग होईल या अपेक्षेने लाखो रुपये अडकवले जातात. पण अनेक वेळा तो विस्तार कधीच होत नाही.

माझ्या मते गोठा व्यवसायाच्या वाढीसोबत वाढला पाहिजे. व्यवसाय गोठ्याच्या कर्जाखाली दबला जाऊ नये.

शेवटी एक गोष्ट लक्षात ठेवावी.

गाय कधीही सुंदर गोठा पाहून जास्त दूध देत नाही.

पण चांगले खाद्य, स्वच्छ पाणी, आरामदायी वातावरण आणि योग्य व्यवस्थापन मिळाले तर ती रोज त्याचे उत्तर दुधातून देते.

गोपालनात भव्यतेपेक्षा कार्यक्षमता महत्त्वाची आहे. सुंदर गोठा नफा देत नाही. निरोगी आणि उत्पादक गाय नफा देते.

८८. चुकीची जनावरे खरेदी करणे

गोपालनातील सर्वात महागडे निर्णय गोठा बांधताना घेतले जात नाहीत. ते जनावरे खरेदी करताना घेतले जातात.

अनेक लोक गोठा बांधण्यापूर्वी महिनोन्‌महिने अभ्यास करतात. पण गाय खरेदी करताना काही तासांत निर्णय घेतात. विक्रेत्याने सांगितले, दलालाने खात्री दिली, दोन दिवस जास्त दूध दाखवले आणि व्यवहार झाला.

यानंतर खरी कथा सुरू होते.

माझ्या गोपालनाच्या प्रवासात जवळजवळ प्रत्येक प्रकारची चुकीची गाय माझ्याकडे आली आहे. स्वतःचे दूध पिणारी गाय, दूध काढताना लाथा मारणारी गाय, वारंवार आजारी पडणारी गाय, प्रजननाच्या समस्या देणारी गाय, फार कमी उत्पादन देणारी गाय आणि अत्यंत आक्रमक स्वभावाची गाय.

अशा प्रत्येक गायीने मला एक गोष्ट शिकवली.

वाईट गाय कधीच स्वस्त नसते.

ती कितीही कमी किमतीत घेतली असली तरी शेवटी महागच पडते.

कारण गाय फक्त दूध देत नाही. ती रोज खर्चही करते. खाद्य खाते, पाणी पिते, जागा व्यापते, कामगारांचा वेळ घेते, औषधे मागते आणि व्यवस्थापनाची ऊर्जा वापरते.

जर त्या बदल्यात योग्य उत्पादन मिळत नसेल तर ती गाय मालमत्ता नसून जबाबदारी बनते.

अनेक नवीन गोपालकांची चूक म्हणजे ते फक्त दुधाचा आकडा पाहतात.

२० लिटर, २५ लिटर किंवा ३० लिटर या आकड्यांवर ते प्रभावित होतात.

पण खरे प्रश्न वेगळे असतात.

ती किती काळ दूध देते?

किती खाद्य खाऊन देते?

वारंवार आजारी पडते का?

वेळेवर गाभण राहते का?

तिचा स्वभाव कसा आहे?

तिचे आयुष्यभरातील उत्पादन किती आहे?

अनेक वेळा शांत, निरोगी आणि नियमित गाभण राहणारी मध्यम उत्पादनाची गाय, सतत समस्या निर्माण करणाऱ्या जास्त उत्पादनाच्या गायीपेक्षा अधिक फायदेशीर ठरते.

गोपालनात महागडी गाय म्हणजे चांगली गाय हा एक मोठा गैरसमज आहे.

नफा गायीच्या किमतीत नसतो. नफा तिच्या व्यवस्थापनात आणि आयुष्यभरातील कामगिरीत असतो.

गाय खरेदी करताना फक्त आजचे दूध पाहू नका. पुढील अनेक वर्षांचा खर्च, उत्पन्न आणि डोकेदुखी पाहा.

कारण तुम्ही फक्त गाय खरेदी करत नसता. तुम्ही भविष्यातील व्यवसाय खरेदी करत असता.

८९. एकसंध आणि नियोजित कळप तयार न करणे

गोपालनातील अनेक समस्या एका दिवसात निर्माण होत नाहीत. त्या वर्षानुवर्षे घेतलेल्या छोट्या चुकीच्या निर्णयांचे परिणाम असतात. कळपाची रचना हा त्यापैकीच एक महत्त्वाचा विषय आहे.

अनेक गोपालक सुरुवातीला जी गाय मिळेल ती घेतात. मग दुसरी, तिसरी, चौथी. काही वर्षांनी गोठ्यात जर्सी, एचएफ, क्रॉसब्रेड, स्थानिक आणि वेगवेगळ्या रक्तरेषांच्या गायींचे मिश्रण तयार होते.

दिसायला हा मोठा प्रश्न वाटत नाही. पण व्यवस्थापनाच्या दृष्टीने ही गंभीर चूक असते.

प्रत्येक जातीची खाद्य गरज वेगळी असते. उत्पादन वेगळे असते. उष्णता सहनशक्ती वेगळी असते. प्रजननाची वैशिष्ट्ये वेगळी असतात. आरोग्याच्या समस्या वेगळ्या असतात.

परिणामी एकाच गोठ्यात अनेक वेगवेगळ्या प्रकारचे व्यवस्थापन करावे लागते.

हळूहळू गोठा डेअरीपेक्षा प्राणीसंग्रहालयासारखा दिसायला लागतो.

याहून मोठी समस्या पुढच्या पिढीत निर्माण होते.

आज कोणतेही उद्दिष्ट न ठेवता प्रजनन केले तर उद्या कोणत्या प्रकारचा कळप तयार होईल हे सांगणे कठीण होते.

दूध वाढवायचे आहे का?

उष्णता सहनशक्ती वाढवायची आहे का?

खाद्य कार्यक्षमता वाढवायची आहे का?

आरोग्य सुधारायचे आहे का?

जर उद्दिष्ट स्पष्ट नसेल तर प्रजननही दिशाहीन होते.

मी स्वतः एक गोष्ट उशिरा शिकलो. डेअरीतील प्रत्येक गाय ही फक्त आजचे दूध देणारी यंत्रणा नसते. ती भविष्यातील कळपाची पायाभरणी असते.

म्हणून प्रत्येक नवीन गाय खरेदी करताना आणि प्रत्येक प्रजननाचा निर्णय घेताना पाच-दहा वर्षांनंतरचा कळप डोळ्यासमोर असला पाहिजे.

यशस्वी डेअऱ्यांमध्ये एक गोष्ट समान दिसते. त्यांचा कळप एकसंध असतो. जनावरांचा आकार, उत्पादन पातळी, व्यवस्थापन आणि प्रजनन उद्दिष्टे साधारण एकसारखी असतात.

यामुळे खाद्य नियोजन सोपे होते, उत्पादनाचा अंदाज बांधणे सोपे होते आणि व्यवस्थापन अधिक कार्यक्षम होते.

याउलट अनियोजित कळपात प्रत्येक गाय वेगळी समस्या घेऊन येते.

गोपालनात चांगली गाय खरेदी करणे महत्त्वाचे आहे. पण त्याहून महत्त्वाचे म्हणजे चांगला कळप घडवणे.

एक उत्कृष्ट गाय काही वर्षे फायदा देईल. पण एक उत्कृष्ट, नियोजित आणि सातत्याने सुधारत जाणारा कळप अनेक पिढ्यांपर्यंत संपत्ती निर्माण करू शकतो.

म्हणून गोपालनात फक्त गायी खरेदी करू नका. कळप घडवा. तेच खरे दीर्घकालीन भांडवल आहे.

९०. सतत बाहेरून नवीन गायी विकत घेणे

गोपालनातील एक अतिशय सामान्य चूक म्हणजे स्वतःचा कळप विकसित करण्याऐवजी सतत बाजारातून नवीन गायी विकत घेत राहणे. अनेक गोपालकांचा व्यवसाय एका चक्रात अडकलेला असतो. गाय विकत घ्यायची, काही वर्षे दूध काढायचे, उत्पादन कमी झाले की ती विकायची आणि पुन्हा नवीन गाय आणायची. सुरुवातीला ही पद्धत सोपी आणि व्यवहार्य वाटते. पण दीर्घकालीन दृष्टीने पाहिले तर ही गोपालनातील सर्वात महागड्या चुकांपैकी एक आहे.

प्रत्येक वेळी नवीन गाय खरेदी करताना तुम्ही पुन्हा एकदा अनिश्चितता आणि जोखीम विकत घेत असता. गाय खरोखर किती दूध देईल, तिचा स्वभाव कसा असेल, ती निरोगी असेल का, वेळेवर गाभण राहील का, तिला काही लपलेल्या समस्या आहेत का, हे सर्व व्यवहार झाल्यानंतरच समजते. अनेक वेळा विक्रेत्याने दाखवलेले चित्र आणि प्रत्यक्ष वास्तव यात मोठा फरक असतो. त्यामुळे प्रत्येक नवीन खरेदी हा काही प्रमाणात जुगारच असतो.

याउलट स्वतःच्या गोठ्यात जन्मलेल्या कालवडींबद्दल तुम्हाला जवळजवळ सर्व माहिती असते. तिचा जन्म, वाढ, खाद्य, आरोग्य, स्वभाव, आईचे उत्पादन, आजारपणाचा इतिहास, सर्व काही तुमच्या माहितीत असते. त्यामुळे त्या जनावराबद्दलची अनिश्चितता खूपच कमी असते. तुम्ही प्रत्यक्ष पाहून वाढवलेले जनावर आणि

बाजारातून विकत आणलेले जनावर यांच्यात हाच सर्वात मोठा फरक असतो.

दुर्दैवाने अनेक गोपालक वासरे आणि कालवडी यांना खर्च समजतात. त्यांना वाटते की या जनावरांवर पैसा खर्च होतो पण उत्पन्न मिळत नाही. प्रत्यक्षात त्या खर्च नसून भविष्यातील गुंतवणूक असतात. आज गोठ्यात वाढणारी कालवड म्हणजे उद्याची दुभती गाय असते. आज तिच्यावर केलेली गुंतवणूक काही वर्षांनी दूध, वासरे आणि उत्पन्नाच्या स्वरूपात परत मिळते.

अनेक डेअऱ्यांमध्ये दूध देणाऱ्या गायींना सर्वोत्तम खाद्य दिले जाते, पण कालवडींच्या संगोपनाकडे पुरेसे लक्ष दिले जात नाही. याचा परिणाम काही वर्षांनी दिसू लागतो. जुन्या गायींचे वय वाढते, उत्पादन कमी होते आणि त्यांची जागा घेण्यासाठी योग्य जनावरे उपलब्ध नसतात. मग पुन्हा बाजारातून नवीन गायी विकत घेण्याची वेळ येते. अशा प्रकारे गोपालक कायम खरेदीच्या चक्रात अडकून राहतो.

यशस्वी गोपालक मात्र वेगळा विचार करतो. तो फक्त आजच्या दूध उत्पादनाकडे पाहत नाही. तो पुढील पाच-दहा वर्षांचा कळप डोळ्यासमोर ठेवून निर्णय घेतो. प्रत्येक चांगल्या गायीमागे त्याला भविष्यातील पिढी दिसते. प्रत्येक कालवडीमध्ये त्याला भविष्यातील उत्पादन क्षमता दिसते. त्यामुळे त्याचा भर बाहेरून जनावरे आणण्यापेक्षा स्वतःच्या कळपाची गुणवत्ता सुधारण्यावर असतो.

हळूहळू अशा गोपालकाचा कळप स्वतःच्या गोठ्यात जन्मलेल्या जनावरांवर उभा राहू लागतो. त्याचे बाजारावरील अवलंबित्व कमी होते. खरेदीवरील खर्च कमी होतो. जनावरांची गुणवत्ता अधिक सुसंगत होते. व्यवस्थापन सोपे होते आणि नफाही अधिक स्थिर होतो.

गोपालनातील खरी प्रगती म्हणजे दरवर्षी नवीन गायी विकत घेणे नव्हे. खरी प्रगती म्हणजे अशी वेळ आणणे की तुमच्या डेअरीतील सर्वोत्तम गायींच्या मुलीच पुढील पिढीतील सर्वोत्तम गायी बनतील. त्या दिवशी तुमचा व्यवसाय खऱ्या अर्थाने मजबूत पाया मिळवू लागतो.

चांगला गोपालक फक्त दूध उत्पादन करत नाही. तो पिढ्या घडवत असतो. दीर्घकालीन संपत्ती बाजारातून विकत घेतलेल्या गायींमधून निर्माण होत नाही. ती स्वतः विकसित केलेल्या दर्जेदार कळपातून निर्माण होते.

९१. गोठ्याची दिशा, वायुवीजन आणि स्वच्छतेकडे दुर्लक्ष

गोपालनातील अनेक समस्या जनावरांपासून सुरू होत नाहीत. त्या गोठ्यापासून सुरू होतात.

अनेक गोपालक लाखो रुपये खर्च करून गोठा बांधतात. पण गोठा कुठल्या दिशेला असावा, वारा कुठून वाहतो, सूर्यप्रकाश कसा येतो, पावसाचे पाणी कुठे जाईल, लघवीचा निचरा कसा होईल आणि गोठ्यातील हवा कशी खेळती राहील याचा पुरेसा विचार करत नाहीत. परिणाम असा होतो की गोठा भक्कम उभा राहतो, पण त्यामध्ये राहणाऱ्या गायींचे आरोग्य हळूहळू बिघडू लागते.

गोठ्यातील वायुवीजन हा अनेकदा दुर्लक्षित राहणारा विषय आहे. गाय दिवसभर उष्णता निर्माण करते, श्वास घेते, शेण आणि लघवी करते. त्यामुळे गोठ्यातील हवा सतत बदलत राहणे आवश्यक असते. पण अनेक गोठे इतके बंदिस्त बांधलेले असतात की उन्हाळ्यात ते गायींसाठी ओव्हनसारखे बनतात. उष्णता आणि आर्द्रता वाढली की त्याचा सर्वात मोठा परिणाम दूध उत्पादन आणि प्रजननावर होतो. गाय बोलून सांगत नाही की तिला त्रास होतो आहे, पण ती दूध कमी करून आणि गाभण राहण्याचे प्रमाण घटवून त्याचे उत्तर देते.

निचरा हा दुसरा अत्यंत महत्त्वाचा विषय आहे. लघवी, धुण्याचे पाणी आणि पावसाचे पाणी जर गोठ्यात साचत असेल तर समस्या निर्माण होण्यास सुरुवात होते. ओलसर जमीन म्हणजे माशा, जंतू, दुर्गंधी आणि रोगांचे आमंत्रण. खुरांचे आजार, त्वचेचे विकार आणि मस्टायटिससारख्या समस्या अशाच वातावरणात वाढतात. अनेक गोपालक गोठा नियमित धुतात, पण पाणी बाहेर जाण्याची व्यवस्था योग्य नसते. त्यामुळे स्वच्छतेच्या नावाखाली अधिक ओलावा निर्माण होतो.

माझ्या अनुभवात, गोठ्यातील कोरडेपणा हा स्वच्छतेइतकाच महत्त्वाचा असतो. स्वच्छ गोठा आणि कोरडा गोठा या दोन वेगळ्या गोष्टी आहेत. दोन्ही आवश्यक आहेत.

स्वच्छतेकडे दुर्लक्ष करणे ही आणखी एक सामान्य चूक आहे. साचलेले शेण, लघवी, कुजलेले खाद्य, घाणेरड्या गव्हाणी आणि पाण्याच्या टाक्या या फक्त दिसणाऱ्या समस्या नसतात. त्या रोगांच्या सुरुवातीच्या पायऱ्या असतात. अनेक रोगांचा उगम औषधांच्या अभावामुळे होत नाही, तर स्वच्छतेच्या अभावामुळे होतो.

मला वाटते गोठ्याची गुणवत्ता मोजण्याचा एक सोपा मार्ग आहे. गोठ्यात शिरल्याबरोबर तुम्हाला काय जाणवते? जर दुर्गंधी, उकाडा आणि घाण जाणवत असेल तर कुठेतरी व्यवस्थापनात चूक आहे. निरोगी गोठ्यात जनावरे, खाद्य आणि शेण असतेच, पण तरीही तो अस्वच्छ वाटत नाही.

जमिनीचा प्रकारही तितकाच महत्त्वाचा असतो. अनेक ठिकाणी पूर्ण सिमेंटचा गोठा हा आधुनिकतेचे प्रतीक मानला जातो. पण सतत कठीण सिमेंटवर उभे राहिल्यामुळे खुरांवर, सांध्यांवर आणि पायांवर ताण येतो. घसरण्याचा धोका वाढतो. त्यामुळे गायींसाठी आरामदायी, कोरडी आणि नैसर्गिक वातावरणाशी सुसंगत व्यवस्था अधिक उपयुक्त ठरते.

गोपालनात औषधे, लसीकरण आणि पशुवैद्यक महत्त्वाचे आहेतच. पण त्याहून महत्त्वाचे म्हणजे असे वातावरण तयार करणे की ज्यामध्ये रोग निर्माण होण्याची शक्यता कमी असेल. कारण चांगला गोठा रोग बरा करत नाही, पण अनेक रोग होण्यापासून रोखतो.

पशुपालनात सर्वात स्वस्त उपचार म्हणजे रोग होण्यापूर्वीच त्याला थांबवणे. आणि त्याची सुरुवात गोठ्याच्या योग्य रचनेपासून, चांगल्या वायुवीजनापासून, प्रभावी निचऱ्यापासून आणि सातत्यपूर्ण स्वच्छतेपासून होते.

९२. जनावरांना अपुरी जागा देणे आणि कायम बांधून ठेवणे

गोपालनात खाद्य, दूध उत्पादन, औषधे आणि जाती यावर खूप चर्चा होते. पण एक विषय अनेकदा दुर्लक्षित राहतो. तो म्हणजे जनावरांना मिळणारी जागा.

अनेक गोपालकांचा प्रयत्न असतो की उपलब्ध जागेत शक्य तितकी जास्त जनावरे ठेवावीत. कागदावर हे फायदेशीर वाटते. कमी जागेत जास्त गायी म्हणजे जास्त दूध आणि जास्त उत्पन्न असे गणित मांडले जाते. पण प्रत्यक्षात त्याची किंमत जनावरांच्या आरोग्याला, उत्पादनाला आणि प्रजननाला मोजावी लागते.

गाय ही फक्त दूध उत्पादन करणारी यंत्रणा नाही. ती एक जिवंत प्राणी आहे. तिच्या काही नैसर्गिक गरजा असतात. तिला चालायचे असते, बसायचे असते, उठायचे असते, इतर गायींसोबत राहायचे असते, ऊन आणि सावली यामध्ये फिरायचे असते. जेव्हा या मूलभूत गरजांवर मर्यादा येतात, तेव्हा त्याचे परिणाम हळूहळू दिसू लागतात.

गोठ्यात अतिगर्दी झाली की अनेक समस्या निर्माण होतात. खाद्य आणि पाण्याजवळ स्पर्धा वाढते. कमकुवत जनावरांना पुरेसे खाद्य मिळत नाही. भांडणे वाढतात. ओलावा आणि दुर्गंधी वाढते. रोगांचा प्रसार वेगाने होतो. आणि सर्वात महत्त्वाचे म्हणजे जनावरांवर सतत ताण निर्माण होतो.

हा ताण डोळ्यांना दिसत नाही. पण दूध उत्पादनात, प्रजननात आणि आरोग्यात तो स्पष्टपणे दिसून येतो. अनेक वेळा गायी अपेक्षित उत्पादन देत नाहीत, वेळेवर गाभण राहत नाहीत किंवा वारंवार आजारी पडतात. त्यामागील कारण खाद्य किंवा औषधांमध्ये नसते. ते त्यांच्या राहणीमानात असते.

कायम बांधून ठेवणे ही त्याहून मोठी समस्या आहे. अनेक गोठ्यांमध्ये गायी वर्षानुवर्षे एका जागी बांधलेल्या असतात. सकाळ, दुपार, संध्याकाळ आणि रात्र, त्यांचे संपूर्ण आयुष्य काही फूट जागेतच जाते. अशा परिस्थितीत त्यांच्या हालचालींवर पूर्ण मर्यादा येतात.

याचा परिणाम खुरांवर, सांध्यांवर, स्नायूंवर आणि प्रजननावर होतो. माजाची लक्षणे स्पष्ट दिसत नाहीत. चालण्याची सवय कमी झाल्यामुळे शारीरिक क्षमता घटते. अनेक जनावरे निष्क्रिय होतात. काही वेळा त्यांच्या वर्तनातही बदल दिसू लागतो.

माझ्या अनुभवात गोपालनातील अनेक समस्या महागड्या औषधांनी किंवा विशेष खाद्यांनी सुटलेल्या नाहीत. त्या जनावरांना अधिक मोकळीक दिल्याने सुटलेल्या आहेत.

आमच्या गोठ्यात गायी पूर्णपणे मुक्त पद्धतीने राहतात. प्रत्येक गाईला साधारण २५० चौरस फूट जागा उपलब्ध आहे. त्यामुळे त्यांना चालणे, बसणे, आराम करणे, ऊन घेणे, सावलीत जाणे आणि नैसर्गिक वर्तन करणे सहज शक्य होते. त्याचा परिणाम

फक्त जनावरांच्या आरामावर होत नाही. त्याचा परिणाम दूध उत्पादन, प्रजनन, आरोग्य आणि औषधांच्या खर्चावरही दिसतो.

गोपालनात जागा ही खर्च नसते. ती गुंतवणूक असते. अनेक वेळा अतिरिक्त खाद्यापेक्षा अतिरिक्त जागा अधिक फायदेशीर ठरते. कारण निरोगी आणि ताणमुक्त गाय स्वतःच चांगले उत्पादन देते.

यशस्वी गोपालक फक्त गायींची संख्या मोजत नाही. तो प्रत्येक गाईला मिळणारी जागा मोजतो. कारण गोठ्याचा खरा दर्जा त्यामध्ये किती गायी आहेत यावर ठरत नाही. तो त्या गायी कशा राहतात यावर ठरतो.

गर्दी वाढवून गोठा मोठा होत नाही. जनावरांचे जीवनमान सुधारून गोठा मोठा होतो.

९३. पिण्याचे पाणी आणि खाद्य व्यवस्थेकडे दुर्लक्ष करणे

गोपालनात खाद्याबद्दल खूप चर्चा होते. कोणता चारा द्यावा, किती प्रोटीन द्यावे, कोणते खाद्य वापरावे यावर तासन्तास चर्चा केली जाते. पण अनेक वेळा सर्वात महत्त्वाची गोष्ट दुर्लक्षित राहते. ती म्हणजे पाणी.

वास्तविक पाहता गाय काही काळ खाद्याशिवाय राहू शकते, पण पाण्याशिवाय नाही. दूध उत्पादन, पचनक्रिया, शरीराचे तापमान, रक्ताभिसरण, प्रजनन आणि एकूण आरोग्य या सर्व गोष्टींचा पाया पाणी आहे. तरीही अनेक गोठ्यांमध्ये पाण्याची व्यवस्था ही प्राथमिकतेच्या यादीत शेवटी असते.

पाण्याच्या टाक्यांमध्ये शेवाळ साचलेले असते. पाण्याच्या टबमध्ये शेण, खाद्य आणि घाण पडलेली असते. अनेक वेळा पाणी वेळेवर बदलले जात नाही. काही ठिकाणी तर जनावरांना दिवसभर पुरेसे पाणीही उपलब्ध नसते. मग आश्चर्य व्यक्त केले जाते की दूध उत्पादन कमी का झाले किंवा जनावरांची तब्येत का खालावली.

दूधामध्ये मोठ्या प्रमाणावर पाणी असते. त्यामुळे पुरेसे आणि स्वच्छ पाणी उपलब्ध नसेल तर उत्पादनावर परिणाम होणारच. पण पाण्याचा प्रश्न फक्त प्रमाणाचा नसतो. तो गुणवत्तेचाही असतो. माणूस जसे घाणेरडे पाणी पिणार नाही, तसेच जनावरेलाही स्वच्छ

पाणीच हवे असते. अनेक वेळा जनावरे तहानलेली असतात, पण पाणी अस्वच्छ असल्यामुळे कमी पितात. त्याचा परिणाम लगेच दिसत नाही, पण काही दिवसांनी उत्पादन, आरोग्य आणि प्रजननावर त्याचे परिणाम दिसू लागतात.

पाण्यानंतर सर्वाधिक दुर्लक्षित होणारी गोष्ट म्हणजे गव्हाण. अनेक गोपालक उत्तम दर्जाचे खाद्य विकत घेतात, पण ते ज्या ठिकाणी ठेवले जाते ती गव्हाण स्वच्छ ठेवत नाहीत. जुन्या खाद्याचे थर साचलेले असतात. ओलाव्यामुळे बुरशी निर्माण होते. आंबट वास येऊ लागतो. आणि त्याच ठिकाणी नवीन खाद्य टाकले जाते.

आपण स्वतः रोज घाणेरड्या ताटात जेवायला तयार होणार नाही. मग जनावरांकडून ती अपेक्षा का ठेवावी?

खाद्याचा दर्जा जितका महत्त्वाचा आहे, तितकीच त्याची स्वच्छता महत्त्वाची आहे. चांगले खाद्य देऊनही जर ते अस्वच्छ गव्हाणीत दिले जात असेल, तर त्याचा पूर्ण फायदा जनावराला मिळत नाही.

आणखी एक सामान्य चूक म्हणजे दूध उत्पादनावर भर देणे, पण पोषणाकडे दुर्लक्ष करणे. अनेकांना दुधाचा प्रत्येक अतिरिक्त लिटर हवा असतो. पण त्या बदल्यात गायीच्या शरीराला आवश्यक पोषण मिळते आहे का, याचा विचार केला जात नाही.

दूध म्हणजे गायीच्या शरीरातून बाहेर जाणारे पोषण आहे. गाय दूध हवेतून तयार करत नाही. ते ती खाद्यातून तयार करते. जर शरीरातून सतत पोषण बाहेर जात असेल आणि त्याची भरपाई

योग्य खाद्याद्वारे होत नसेल, तर काही काळानंतर शरीराची झीज सुरू होते.

सुरुवातीला उत्पादन कमी होते. नंतर शरीर कृश होऊ लागते. त्यानंतर प्रजननावर परिणाम होतो. आणि शेवटी विविध आरोग्य समस्या दिसू लागतात. अनेक वेळा लोक खाद्याचा खर्च कमी करण्याचा प्रयत्न करतात. प्रत्यक्षात ते उत्पादनाची क्षमता कमी करत असतात.

माझ्या अनुभवात स्वच्छ पाणी, स्वच्छ गव्हाण आणि संतुलित खाद्य या तीन गोष्टी अनेक औषधांपेक्षा अधिक प्रभावी असतात. कारण त्या समस्येवर उपचार करत नाहीत, तर समस्या निर्माण होण्याची शक्यता कमी करतात.

आजारी गाय बरी करणे महाग असते. पण निरोगी गाय आजारी पडू न देणे खूप स्वस्त असते.

गोपालनात पाणी आणि खाद्य या खर्चाच्या गोष्टी नाहीत. त्या दूध उत्पादन, आरोग्य आणि दीर्घकालीन नफ्याच्या सर्वात महत्त्वाच्या गुंतवणुका आहेत. जो गोपालक या दोन गोष्टींमध्ये तडजोड करतो, तो प्रत्यक्षात स्वतःच्या व्यवसायाच्या पायामध्येच तडजोड करत असतो.

९४. खाद्याचे नियोजन न करता गोपालन सुरू करणे

गोपालनातील सर्वात मोठा खर्च कोणता असेल, तर तो खाद्याचा असतो. अनेक डेअरींमध्ये एकूण खर्चाच्या ६० ते ७० टक्के खर्च हा खाद्यावर जातो. तरीही सर्वात कमी नियोजन याच बाबतीत केले जाते. अनेक लोक आधी गायी विकत घेतात, गोठा बांधतात आणि व्यवसाय सुरू करतात. त्यानंतर विचार करतात, "आता यांना खाऊ काय घालायचे?" प्रत्यक्षात हा विचार पूर्णपणे उलटा आहे.

गोपालन सुरू करण्यापूर्वी सर्वात पहिला प्रश्न असा असायला हवा, "माझ्याकडे वर्षभर या गायींसाठी खाद्य कुठून येणार आहे?" कारण गाय खरेदी करणे हा एकदाचा खर्च असतो, पण खाद्य हा रोजचा खर्च असतो. गोठा एकदाच बांधावा लागतो, पण चारा दररोज लागतो. जनावरे एकदाच आणावी लागतात, पण त्यांना दिवसातून दोन-तीन वेळा खाऊ घालावा लागतो.

अनेक नवीन गोपालक पावसाळ्यात डेअरी सुरू करतात. शेतात सर्वत्र हिरवा चारा असतो. मक्याची, ज्वारीची किंवा नेपियरची शेते हिरवीगार दिसत असतात. खाद्य सहज उपलब्ध असल्यामुळे व्यवसाय खूप सोपा आणि फायदेशीर वाटतो. पण खरी परीक्षा एप्रिल, मे आणि जूनमध्ये सुरू होते. चारा कमी होतो, बाजारातील दर वाढतात, वाहतूक खर्च वाढतो आणि उपलब्धता कमी होते.

तेव्हा लक्षात येते की डेअरी सुरू करणे सोपे होते, पण टिकवणे कठीण आहे.

खाद्य नियोजन म्हणजे फक्त आजचा किंवा पुढच्या महिन्याचा विचार नाही. ते बारा महिन्यांचे नियोजन असते. वर्षभर किती हिरवा चारा लागेल, कितका सुका चारा लागेल, कितका मुरघास लागेल, कितका खुराक लागेल, याचा आधीच अंदाज घेतला पाहिजे. दुष्काळ पडला तर पर्याय काय असतील? चाऱ्याचे दर दुप्पट झाले तर काय करायचे? पाण्याची उपलब्धता कमी झाली तर कोणती पिके घ्यायची? या प्रश्नांची उत्तरे गोपालन सुरू करण्यापूर्वी शोधली पाहिजेत.

माझ्या मते डेअरीमधील सर्वात मोठी चूक म्हणजे गायींची संख्या आधी ठरवणे आणि खाद्याची क्षमता नंतर पाहणे. योग्य पद्धत अगदी उलटी आहे. आधी जमिनीची क्षमता, पाण्याची उपलब्धता आणि खाद्य उत्पादनाची क्षमता समजून घेतली पाहिजे. त्यानंतर त्या संसाधनांवर किती गायी परवडतील हे ठरवले पाहिजे. अनेक लोक विचारतात, "मी किती गायी ठेवू शकतो?" पण खरा प्रश्न असा आहे, "माझी जमीन, माझे पाणी आणि माझी खाद्य व्यवस्था किती गायींना आधार देऊ शकते?"

अनेक डेअरी व्यवसाय गायींच्या कमतरतेमुळे बंद पडलेले नाहीत. ते खाद्याच्या कमतरतेमुळे बंद पडले आहेत. कारण गाय विकत घेणे सोपे आहे, पण तिला वर्षभर संतुलित आणि सातत्यपूर्ण खाद्य देणे कठीण आहे.

आणखी एक मोठी चूक म्हणजे मुरघासाकडे दुर्लक्ष करणे. अनेक गोपालक हिरव्या चाऱ्यावर अवलंबून राहतात. पावसाळ्यात चारा मुबलक असतो, त्यामुळे मुरघास करण्याची गरज वाटत नाही. पण उन्हाळा आला की परिस्थिती बदलते. ज्या गोठ्यांमध्ये पुरेसा मुरघास साठवलेला असतो, ते गोठे तुलनेने सुरक्षित राहतात. ज्या गोठ्यांनी मुरघासाचे नियोजन केलेले नसते, त्यांना महागडा चारा विकत घ्यावा लागतो किंवा उत्पादनात तडजोड करावी लागते.

माझ्या अनुभवात गोपालनातील सर्वात सुरक्षित डेअरी ती नसते ज्याच्याकडे सर्वाधिक गायी असतात. ती असते ज्याच्याकडे सर्वाधिक दिवसांचा खाद्यसाठा असतो. कारण दुष्काळ, बाजारातील दरवाढ किंवा चाऱ्याची टंचाई आली तरी ती डेअरी टिकून राहू शकते.

गोपालनात दूध उत्पादनाचा पाया गाय नसते. त्या गायीसमोर दररोज ठेवले जाणारे खाद्य हा खरा पाया असतो. निरोगी गाय, चांगले उत्पादन, योग्य प्रजनन आणि आर्थिक स्थैर्य या सगळ्यांची सुरुवात खाद्यापासून होते.

म्हणून गोपालन सुरू करण्यापूर्वी गायींची संख्या मोजू नका. आधी खाद्याची क्षमता मोजा. कारण ज्याने खाद्याचे नियोजन केले नाही, त्याने प्रत्यक्षात गोपालनाचेच नियोजन केलेले नसते.

९५. स्वतःचा खुराक तयार न करणे

गोपालनातील एक अत्यंत सामान्य पण फार महागडी चूक म्हणजे संपूर्ण खाद्य आणि खुराक बाजारातून विकत घेण्यावर अवलंबून राहणे आणि त्याचवेळी पोषणशास्त्र समजून न घेणे. अनेक गोपालक खाद्य देतात, पण पोषण देत नाहीत. पहिल्यांदा हे वाक्य विचित्र वाटेल, पण प्रत्यक्षात यामध्ये खूप मोठा फरक आहे.

सुरुवातीला ही पद्धत सोपी वाटते. चारा विकत घ्या, खुराक विकत घ्या, पेंड विकत घ्या आणि जनावरांना खाऊ घाला. जोपर्यंत बाजारात सर्व काही उपलब्ध असते आणि दर नियंत्रणात असतात, तोपर्यंत हे गणित ठीक वाटते. पण गोपालन हा काही एक-दोन महिन्यांचा व्यवसाय नाही. तो अनेक वर्षांचा व्यवसाय आहे. आणि अनेक वर्षांच्या प्रवासात बाजार नेहमी तुमच्या बाजूने राहील याची खात्री नसते.

कधी दुष्काळ पडतो. कधी हिरवा चारा मिळत नाही. कधी पेंडांचे भाव वाढतात. कधी वाहतूक खर्च वाढतो. कधी तयार खुराक महाग होतो. आणि तेव्हा लक्षात येते की डेअरी प्रत्यक्षात बाजाराच्या दयेवर उभी आहे.

मी गोपालनात एक गोष्ट स्पष्टपणे अनुभवली आहे. दूध विकून जास्त नफा कमावण्यापेक्षा खाद्याचा खर्च नियंत्रणात ठेवणे अधिक महत्त्वाचे असते. कारण दूधाचा दर अनेक वेळा तुमच्या नियंत्रणात

नसतो. पण खाद्याचा खर्च काही प्रमाणात तरी तुमच्या नियंत्रणात असतो.

म्हणूनच प्रत्येक गोपालकाने शक्य तितक्या प्रमाणात स्वतःचा चारा आणि स्वतःचा खुराक तयार करण्याचा प्रयत्न केला पाहिजे. स्वतःचा हिरवा चारा, उन्हाळ्यासाठी मुरघास, सुक्या हंगामासाठी सुका चारा आणि शक्य असल्यास स्वतःचा संतुलित खुराक. या गोष्टी डेअरीला स्थैर्य देतात.

पण इथेच दुसरी मोठी चूक सुरू होते. अनेक लोक खाद्य देतात, पण पोषण समजून घेत नाहीत. गायीचे पोट भरले म्हणजे तिच्या शरीराच्या गरजा पूर्ण झाल्या असे होत नाही. गाय दूध देते, गाभण राहते, वासरू वाढवते, शरीर टिकवते आणि रोगांशी लढते. या प्रत्येक गोष्टीसाठी वेगवेगळ्या पोषक घटकांची आवश्यकता असते.

गाय फक्त चारा खात नाही. ती ऊर्जा खाते. ती प्रथिने खाते. ती खनिजे खाते. ती जीवनसत्त्वे खाते. ती पाणी पिते. आणि यातील एखादी गोष्ट कमी पडली तर त्याचा परिणाम दूध उत्पादन, प्रजनन किंवा आरोग्यावर दिसू लागतो.

आमच्या डेअरीमध्ये आम्ही बाजारातील तयार खुराक वापरत नाही. आम्ही स्वतःचा संतुलित खुराक तयार करतो. त्यासाठी माणूस जे खाद्यतेल खातो त्यापासून तयार होणाऱ्या पेंडांचा वापर करतो. खोबरे, शेंगदाणा, तीळ, करडई, मोहरी आणि इतर खाद्य

तेलबियांपासून तयार झालेली पेंड आम्ही जनावरांच्या खुराकात वापरतो.

याशिवाय मक्याचा भरडा, तुरीची चुणी, उडीदाची चुणी, मूगाची चुणी, हरभरा कळडा, डीडीजीएस आणि इतर घटक योग्य प्रमाणात मिसळून संतुलित खुराक तयार केला जातो. यामध्ये दीड टक्के मिनरल मिक्सचर, दीड टक्के सी सॉल्ट, तसेच यीस्ट आणि खायचा सोडा देखील समाविष्ट केला जातो. कारण केवळ पोट भरणे आणि संतुलित पोषण मिळणे या दोन वेगळ्या गोष्टी आहेत.

आम्ही सरकी पेंड जनावरांना देत नाही. त्यामागे काही कारणे आहेत. सरकीमध्ये गॉसिपॉल नावाचे संयुग आढळते. कापूस पिकावर मोठ्या प्रमाणात कीटकनाशकांची फवारणी केली जाते. तसेच भारतातील बहुतांश कापूस जीएमओ वाणांचा असल्यामुळे आम्ही शक्यतो सरकी पेंड टाळतो.

माझ्या अनुभवात प्रत्येक अतिरिक्त लिटर दुधासाठी साधारण ३०० ग्रॅम संतुलित खुराक गायीला मिळाला पाहिजे. कारण दूध हवेतून तयार होत नाही. ते पोषणातून तयार होते. जर शरीरातून पोषण बाहेर जात असेल आणि त्याची भरपाई योग्य प्रकारे होत नसेल, तर काही काळानंतर शरीराची झीज सुरू होते.

अनेक गोपालक फक्त प्रथिनांकडे लक्ष देतात. काही फक्त हिरव्या चाऱ्यावर भर देतात. काही खनिजांकडे दुर्लक्ष करतात. काहींना पाणी हे सुद्धा पोषणाचा भाग आहे हे समजत नाही. प्रत्यक्षात पोषण हे संतुलनाचे विज्ञान आहे. प्रथिने, ऊर्जा, खनिजे, जीवनसत्त्वे

आणि पाणी यांचा योग्य समन्वय झाला तरच गाय तिची क्षमता दाखवते.

आणखी एक मोठी चूक म्हणजे सर्व गायींना सारखे खाद्य देणे. नवीन व्यालेली गाय, जास्त दूध देणारी गाय, गाभण गाय, कोरडी गाय आणि कालवड यांची गरज वेगवेगळी असते. पण अनेक गोठ्यांमध्ये सर्वांना एकच खाद्य दिले जाते. हे लहान मुलगा, खेळाडू, गर्भवती महिला आणि वृद्ध व्यक्ती यांना एकच आहार देण्यासारखे आहे.

स्वतःचा खुराक तयार करण्याचा सर्वात मोठा फायदा म्हणजे त्याची गुणवत्ता आणि रचना तुमच्या नियंत्रणात राहते. बाजारातून आणलेल्या खाद्याचा दर्जा काय आहे, त्यामध्ये नेमके काय मिसळले आहे, त्यातील पोषणमूल्ये किती आहेत याची खात्री नसते. पण स्वतःचा खुराक तयार करताना प्रत्येक घटकाची माहिती तुमच्याकडे असते.

गोपालनातील खरे स्वातंत्र्य गायींच्या संख्येत नसते. ते खाद्यातील स्वावलंबन आणि पोषणातील समज यामध्ये असते. ज्या दिवशी बाजारात चारा किंवा खुराक मिळणे कठीण होईल, त्या दिवशी तुमची डेअरी किती मजबूत आहे याची खरी परीक्षा सुरू होईल.

गोपालनात दूध गोठ्यात तयार होत नाही. ते गायीच्या शरीरात तयार होते. आणि गायीचे शरीर त्या पोषणावर चालते जे आपण दररोज तिच्यासमोर ठेवतो.

९६. कालवडी आणि वासरांच्या संगोपनाकडे दुर्लक्ष करणे

गोपालनातील सर्वात मोठ्या विडंबनांपैकी एक म्हणजे अनेक गोपालक भविष्याकडे दुर्लक्ष करून फक्त वर्तमानात जगत असतात. त्यांचे संपूर्ण लक्ष आज दूध देणाऱ्या गायींवर असते, पण उद्या दूध देणाऱ्या गायींकडे नसते. ही चूक वासरे आणि कालवडी यांच्या बाबतीत सर्वाधिक दिसून येते.

दूध देणाऱ्या गायीसाठी उत्तम खाद्य आणले जाते. तिची विशेष काळजी घेतली जाते. औषधे दिली जातात. पशुवैद्यकाला वेळोवेळी बोलावले जाते. पण कालवडींसाठी आणि वासरांसाठी अनेक वेळा "जे उरेल ते" अशी व्यवस्था असते. जणू काही त्या आज उपयोगाच्या नाहीत आणि त्यामुळे त्यांच्यावर खर्च करण्याची गरज नाही.

प्रत्यक्षात गोठ्यातील सर्वात महत्त्वाची गुंतवणूक अनेक वेळा दूध देणाऱ्या गायींमध्ये नसते. ती वाढणाऱ्या कालवडींमध्ये असते.

आजची कालवड म्हणजे उद्याची दुभती गाय. आज तिच्या वाढीकडे दुर्लक्ष केले, तर त्याची किंमत पुढील अनेक वर्षे मोजावी लागते. कारण गायीचे भविष्यातील उत्पादन, आरोग्य, प्रजनन क्षमता आणि आयुष्यभराची कार्यक्षमता याचा पाया तिच्या पहिल्या काही महिन्यांत आणि पहिल्या दोन वर्षांत घातला जात असतो.

माझ्या मते गोपालनातील सर्वात कमी समजला गेलेला विषय म्हणजे कालवडींचे पोषण. अनेकांना वाटते की कालवड मोठी झाली की ती दूध देईल. पण खरा प्रश्न तो नाही. प्रश्न असा आहे की ती किती दूध देईल, किती वर्षे उत्पादन देईल आणि किती निरोगी राहील.

जर वाढीच्या काळात योग्य पोषण मिळाले नाही, तर शरीराची वाढ मर्यादित राहते. स्नायू आणि सांगाड्याची वाढ पूर्ण क्षमतेने होत नाही. पहिला माज उशिरा येतो. पहिले व्याणे उशिरा होते. परिणामी संपूर्ण उत्पादन चक्र मागे ढकलले जाते. काही महिन्यांची बचत करण्याच्या प्रयत्नात अनेक वर्षांचा तोटा निर्माण होतो.

वासरांच्या बाबतीतही हीच चूक दिसते. जन्मानंतरच्या पहिल्या काही तासांमध्ये आणि दिवसांमध्ये मिळणारा चीक, स्वच्छ वातावरण, योग्य पोषण आणि आरोग्य व्यवस्थापन यावर त्या वासराचे संपूर्ण आयुष्य अवलंबून असते. पण अनेक वेळा या सुरुवातीच्या काळाकडे दुर्लक्ष केले जाते. नंतर वारंवार आजार, कमी वाढ आणि कमकुवत जनावरे या स्वरूपात त्याची किंमत मोजावी लागते.

आणखी एक सामान्य चूक म्हणजे सर्व कालवडींना एकाच नजरेने पाहणे. प्रत्येक कालवडीची क्षमता सारखी नसते. काही कालवडींमध्ये उत्कृष्ट जनुकीय क्षमता असते. त्या भविष्यात संपूर्ण कळपाचा कणा बनू शकतात. पण त्यांची ओळखच केली जात नाही. त्यांच्या वाढीची नोंद ठेवली जात नाही. त्यांना विशेष पोषण

दिले जात नाही. परिणामी कळप सुधारण्याची मोठी संधी हातातून निसटते.

मी स्वतः एक गोष्ट अनुभवातून शिकलो आहे. चांगली गाय विकत घेण्यापेक्षा चांगली कालवड घडवणे अधिक फायदेशीर असते. बाजारातून विकत घेतलेल्या गायीबरोबर नेहमीच काही प्रमाणात अनिश्चितता येते. तिचा आरोग्य इतिहास पूर्णपणे माहिती नसतो. तिची वाढ कशी झाली हे माहीत नसते. तिच्या उत्पादनाची माहिती कितपत खरी आहे हेही अनेकदा सांगता येत नाही.

पण स्वतःच्या गोठ्यात जन्मलेल्या आणि वाढलेल्या कालवडीबरोबर इतिहास असतो. तिचे आरोग्य माहीत असते. तिच्या वाढीची नोंद असते. तिची आई कशी होती हे माहीत असते. तिच्या क्षमतेचा अंदाज असतो. त्यामुळे भविष्यातील कळप अधिक आत्मविश्वासाने घडवता येतो.

यशस्वी डेअरींचे लक्ष फक्त आजच्या दुधावर नसते. त्यांचे लक्ष पुढच्या पिढीवर असते. कारण त्यांना माहिती असते की आजचे दूध व्यवसाय चालवते, पण उद्याचा कळप व्यवसायाचे भविष्य ठरवतो.

एक गोष्ट नेहमी लक्षात ठेवली पाहिजे. गोठ्यातील सर्वात मौल्यवान जनावर कदाचित आज सर्वाधिक दूध देणारी गाय नसेल. कदाचित ते एखादे लहान वासरू किंवा एखादी वाढणारी कालवड असेल. कारण तीच पुढील अनेक वर्षे तुमच्या डेअरीची दिशा ठरवणार असते.

दूध देणाऱ्या गायी आजचा व्यवसाय चालवतात. पण कालवडी उद्याचा व्यवसाय उभा करतात. आणि जो गोपालक कालवडींकडे दुर्लक्ष करतो, तो प्रत्यक्षात स्वतःच्या भविष्याकडे दुर्लक्ष करत असतो.

९७. प्रजनन चक्र, माज व्यवस्थापन

गोपालनात दूध महत्त्वाचे आहे. खाद्य महत्त्वाचे आहे. आरोग्य महत्त्वाचे आहे. पण या सगळ्यांपेक्षाही महत्त्वाची एक गोष्ट आहे. ती म्हणजे प्रजनन.

गाय दूध देते ते फक्त वासरू झाल्यानंतर. जर गाय वेळेवर गाभण राहिली नाही, तर काही काळानंतर दूध कमी होईल, नंतर पूर्णपणे बंद होईल आणि शेवटी ती फक्त खर्च करणारे जनावर बनून राहील. म्हणूनच डेअरी व्यवसाय हा फक्त दूध उत्पादनाचा व्यवसाय नाही. तो प्रजनन व्यवस्थापनाचा व्यवसाय आहे.

दुर्दैवाने अनेक गोपालक याच विषयाकडे सर्वात कमी लक्ष देतात. गाय माजेत कधी आली, माज किती वेळ टिकला, योग्य वेळी रेतन झाले का, गाय पुन्हा माजेत आली का, गाभण राहिली का, व्याण्याची अपेक्षित तारीख कोणती आहे, अशा मूलभूत प्रश्नांची स्पष्ट उत्तरे अनेक गोठ्यांमध्ये नसतात.

आणि मग हळूहळू रिकामे दिवस वाढत जातात.

"रिकामे दिवस" हा शब्द ऐकायला साधा वाटतो. पण डेअरी व्यवसायातील सर्वात महागडा खर्च अनेकदा हाच असतो. गाय दूध कमी देत असते, खाद्य मात्र तेवढेच खाते. जागा व्यापते. देखभालीचा खर्च चालूच असतो. पण पुढील उत्पादन चक्र सुरू होत नाही. एका गायीचे काही अतिरिक्त रिकामे दिवस फारसे

गंभीर वाटत नाहीत. पण संपूर्ण कळपात हेच घडू लागले, तर नफ्याचे संपूर्ण गणित कोलमडू शकते.

या समस्येचा सर्वात मोठा भाग म्हणजे माज व्यवस्थापन. अनेक वेळा गाय माजेत येते आणि कोणाच्याच लक्षात येत नाही. काही वेळा लक्षणे दिसतात पण योग्य वेळी निर्णय घेतला जात नाही. काही वेळा चुकीच्या वेळी रेतन केले जाते. आणि मग पुन्हा २१ दिवसांची वाट पाहावी लागते.

मी अनुभवातून एक गोष्ट शिकलो आहे. गोपालनात निरीक्षणाची जागा कोणतेही औषध घेऊ शकत नाही. ज्या गोपालकाला त्याच्या गायींचे रोजचे वर्तन माहिती असते, तो माज लवकर ओळखतो. ज्याचे लक्ष नसते, तो माज चुकवतो.

आज अनेक डेअऱ्यांमध्ये कृत्रिम रेतनामुळे परिस्थिती आणखी वेगळी झाली आहे. गाय माजेत आली की एआय तंत्रज्ञाला फोन केला जातो. तो वेळेवर आला तर ठीक. नाही आला तर तो माज गेला. पुन्हा २१ दिवसांची वाट पाहा. पुन्हा प्रयत्न करा. पुन्हा चूक झाली तर पुन्हा २१ दिवस.

कागदावर ही फक्त प्रजननातील समस्या वाटते. पण प्रत्यक्षात हा आर्थिक तोटा असतो. प्रत्येक चुकलेला माज म्हणजे वाढलेले रिकामे दिवस. आणि प्रत्येक वाढलेला रिकामा दिवस म्हणजे कमी नफा.

मी अनेक गोपालकांना पाहिले आहे. त्यांना गायीच्या दुधाचे उत्पादन माहीत असते, पण तिच्या मागील तीन माजांच्या तारखा माहीत नसतात. त्यांना खाद्याचा खर्च माहीत असतो, पण गाभण राहण्यासाठी किती प्रयत्न झाले हे माहीत नसते. आणि मग दोष कृत्रिम रेतनाला दिला जातो.

प्रत्यक्षात अनेक वेळा समस्या एआयमध्ये नसते. समस्या माज ओळखण्यात असते. समस्या वेळेवर निर्णय न घेण्यात असते. समस्या पोषणात असते. समस्या खनिजांच्या कमतरतेत असते. समस्या उष्णतेच्या तणावात असते. समस्या शरीराच्या स्थितीत असते. आणि अनेक वेळा समस्या फक्त निरीक्षणाच्या अभावात असते.

प्रजनन हा स्वतंत्र विषय नसतो. तो संपूर्ण गोपालन व्यवस्थापनाचा आरसा असतो. गायी वेळेवर गाभण राहत नसतील, तर ते अनेकदा इतर एखाद्या मोठ्या समस्येचे लक्षण असते. त्यामुळे फक्त रेतन बदलून समस्या सुटत नाही. संपूर्ण व्यवस्थापन सुधारावे लागते.

माझ्या मते गोपालकाने कृत्रिम रेतनाला साधन म्हणून वापरले पाहिजे, आधार म्हणून नाही. प्रजनन व्यवस्थापनाची जबाबदारी एआय तंत्रज्ञाची नसते. ती गोपालकाची असते.

माजाची लक्षणे ओळखणे, योग्य वेळ समजून घेणे, गाभण तपासणी करणे, व्याण्यांमधील अंतर मोजणे, रिकाम्या दिवसांची नोंद ठेवणे

आणि प्रत्येक जनावराचा प्रजनन इतिहास लिहून ठेवणे ही प्रत्येक गोपालकाची मूलभूत जबाबदारी आहे.

मी आणखी एक गोष्ट अनुभवातून शिकलो आहे. ज्या गोठ्यात प्रत्येक माजासाठी दुसऱ्यावर अवलंबून राहावे लागते, त्या गोठ्यात प्रजननावरील नियंत्रण हळूहळू मालकाच्या हातातून निघून जाते. आणि ज्या गोठ्यात मालक स्वतः प्रजनन चक्र समजून घेतो, तिथे परिणाम पूर्णपणे वेगळे दिसतात.

म्हणूनच प्रत्येक गोपालकाने दुधाच्या नोंदीइतक्याच काटेकोरपणे प्रजननाच्या नोंदी ठेवल्या पाहिजेत. दूध उत्पादनातील नुकसान अनेकदा लगेच दिसते. पण प्रजननातील चुका काही महिन्यांनी दिसतात. आणि तेव्हापर्यंत खूप उशीर झालेला असतो.

यशस्वी डेअरीची ओळख फक्त जास्त दूध उत्पादन नसते. ती वेळेवर गाभण राहणाऱ्या, नियमित व्याणाऱ्या आणि सातत्याने उत्पादन देणाऱ्या गायी असतात.

शेवटी प्रत्येक लिटर दुधामागे एक यशस्वी प्रजनन चक्र उभे असते. आणि जेव्हा गोपालकाला हा संबंध समजतो, तेव्हा त्याला कळते की डेअरी व्यवसायाचा खरा पाया गोठ्यातील दूध नाही, तर गोठ्यातील प्रजनन व्यवस्थापन आहे.

९८. जैवसुरक्षा, लसीकरण आणि जंतनाशनाकडे दुर्लक्ष करणे

गोपालनातील अनेक समस्या आजारामुळे निर्माण होत नाहीत. त्या आजार गोठ्यात येऊ दिल्यामुळे निर्माण होतात. दुर्दैवाने अनेक गोपालक लाखो रुपयांच्या गायी विकत घेतात, पण काही हजार रुपयांची प्रतिबंधात्मक व्यवस्था करण्याकडे दुर्लक्ष करतात. आणि याच ठिकाणी मोठी चूक घडते.

मी गोपालन सुरू केले तेव्हा मला वाटायचे की आजार म्हणजे उपचाराचा विषय आहे. नंतर अनुभवातून समजले की यशस्वी गोपालनात आजार हा उपचाराचा नव्हे, तर प्रतिबंधाचा विषय असतो. पशुवैद्यक, औषधे आणि उपचार महत्त्वाचे आहेतच. पण त्याहून महत्त्वाचे म्हणजे अशी परिस्थिती निर्माण करणे की आजार होण्याची शक्यता कमीत कमी राहील.

या संदर्भात सर्वात सामान्य आणि धोकादायक चूक म्हणजे नवीन जनावर थेट कळपात मिसळणे. एखादी गाय दिसायला पूर्णपणे निरोगी असू शकते. ती व्यवस्थित खात असते, दूध देत असते आणि कोणतीही स्पष्ट लक्षणे दिसत नसतात. पण तिच्याकडे एखादा संसर्गजन्य आजार, अंतर्गत जंत, त्वचेचा रोग किंवा इतर आरोग्य समस्या असू शकतात. अशा वेळी ती गाय थेट कळपात आणणे म्हणजे संपूर्ण गोठ्याला जोखमीमध्ये ढकलणे होय.

म्हणूनच क्वारंटाईन ही फक्त मोठ्या डेअऱ्यांची पद्धत नसून प्रत्येक गोपालकासाठी आवश्यक असलेली सवय आहे. नवीन जनावर काही आठवडे स्वतंत्र ठेवणे, त्याचे निरीक्षण करणे, आवश्यक तपासण्या करणे आणि त्याची आरोग्य स्थिती निश्चित झाल्यानंतरच कळपात सामील करणे हे अतिरिक्त काम वाटू शकते. पण प्रत्यक्षात ते भविष्यातील मोठ्या नुकसानापासून संरक्षण देणारे विमाच असते.

लसीकरणाबाबतही अनेक वेळा निष्काळजीपणा दिसून येतो. काही गोपालक लसीकरणाचा खर्च वाचवण्याचा प्रयत्न करतात. पण रोग आल्यावर उपचारासाठी त्याच्या अनेक पटीने खर्च करावा लागतो. त्यातही फक्त औषधांचा खर्च नसतो. दूध उत्पादन कमी होते, प्रजननावर परिणाम होतो, जनावरे अशक्त होतात आणि कधी कधी मृत्यू देखील होतो. काही हजार रुपयांची लस टाळून लाखो रुपयांचे नुकसान ओढवून घेणे ही शहाणपणाची गोष्ट नाही.

जंतनाशनाबाबतही अशीच परिस्थिती असते. अनेकांना वाटते की जंत दिसत नाहीत म्हणजे समस्या नाही. पण वास्तवात अंतर्गत जंत हा गोपालनातील सर्वात शांत शत्रू असतो. तो हळूहळू वाढ कमी करतो, खाद्याचा उपयोग कमी करतो, शरीराची स्थिती बिघडवतो आणि उत्पादनावर परिणाम करतो. विशेषतः वासरे आणि कालवडींमध्ये नियमित जंतनाशन न केल्यास त्याचा परिणाम अनेक वर्षे दिसू शकतो. म्हणून जंतनाशन हे उपचार नसून नियोजनबद्ध व्यवस्थापनाचा भाग असले पाहिजे.

जैवसुरक्षेचा आणखी एक दुर्लक्षित भाग म्हणजे गोठ्यात येणारी माणसे, वाहने आणि साहित्य. अनेक गोपालकांना वाटते की आजार फक्त जनावरांमधून पसरतात. प्रत्यक्षात रोगकारक जंतू माणसांच्या कपड्यांमधून, बुटांमधून, वाहनांमधून, खाद्य वाहून आणणाऱ्या साधनांमधून किंवा शेजारच्या गोठ्यातूनही येऊ शकतात. त्यामुळे गोठ्यातील स्वच्छता, प्रवेश नियंत्रण आणि मूलभूत जैवसुरक्षा नियम यांना महत्त्व देणे आवश्यक असते.

मी अनुभवातून एक गोष्ट शिकलो आहे. गोपालकाची खरी परीक्षा रोग आल्यावर होत नाही. रोग येऊ न देण्यात होते. आजारी जनावर बरे करणे हे कौशल्य आहे. पण संपूर्ण कळप निरोगी ठेवणे ही व्यवस्थापन क्षमता आहे.

अनेक गोपालक आपल्या गोठ्यात किती औषधे वापरली गेली याचा अभिमान बाळगतात. पण यशस्वी गोपालनाचा खरा मापदंड वेगळा असतो. किती औषधांची गरजच पडली नाही, किती रोग आत येण्यापूर्वीच थांबवले गेले आणि किती समस्या प्रतिबंधामुळे टळल्या, हे अधिक महत्त्वाचे असते.

शेवटी गोपालनात निरोगी कळप हा नशिबाने तयार होत नाही. तो शिस्तबद्ध व्यवस्थापनातून तयार होतो. क्वारंटाईन, लसीकरण, जंतनाशन, स्वच्छता आणि जैवसुरक्षा या गोष्टी अतिरिक्त खर्च नाहीत. त्या व्यवसाय टिकवून ठेवणाऱ्या मूलभूत गुंतवणुका आहेत.

यशस्वी गोपालनात लक्ष उपचारांवर नसते. ते प्रतिबंधावर असते. कारण रोगाशी लढणे महाग असते, पण रोगाला गोठ्यात प्रवेशच करू न देणे त्यापेक्षा खूप स्वस्त आणि अधिक शहाणपणाचे असते.

९९. आजारांची सुरुवातीची लक्षणे दुर्लक्षित करणे

गोपालनातील बहुतेक आजार अचानक निर्माण होत नाहीत. ते आधी अनेक लहान संकेत देतात. समस्या एवढीच असते की गाय ते संकेत देत असते, पण आपण त्याकडे लक्ष देत नाही. अनेक गोपालकांची सवय अशी असते की जनावर पूर्णपणे आजारी पडल्याशिवाय काहीच करायचे नाही. गाय उठेनाशी झाली, खाणे बंद केले, ताप आला किंवा दूध अचानक कमी झाले की मग पशुवैद्यकाला फोन केला जातो. पण तोपर्यंत अनेकदा नुकसान सुरू झालेले असते.

मी गोपालनात एक महत्त्वाची गोष्ट अनुभवातून शिकलो आहे. गोठ्यातील सर्वात मौल्यवान कौशल्य म्हणजे निरीक्षण. अनेक रोगांची पहिली लक्षणे इतकी सूक्ष्म असतात की ती फक्त रोज जनावरांच्या सहवासात राहणाऱ्या माणसालाच दिसू शकतात. गाय नेहमीपेक्षा थोडे कमी खाते, रवंथ कमी करते, पाणी कमी पिते, कळपापासून वेगळी उभी राहते किंवा नेहमीपेक्षा शांत दिसते. काही वेळा दूध किंचित कमी होते, तर काही वेळा शेणाचा रंग, वास किंवा घट्टपणा बदलतो. या सर्व गोष्टी शरीर देत असलेले सुरुवातीचे इशारे असतात.

अनेक वेळा गोपालक रोज दूध मोजतो, पण शेणाकडे लक्ष देत नाही. प्रत्यक्षात शेण हे गायीचे रोजचे आरोग्य अहवालपत्रक असते.

पातळ शेण, अतिशय घट्ट शेण, न पचलेले खाद्य, फेसाळ शेण किंवा असामान्य दुर्गंधी यामधून पचन, पोषण आणि आरोग्याविषयी अनेक महत्त्वाच्या गोष्टी समजू शकतात. अनेकदा समस्या एखाद्या संसर्गाची नसते. ती पोषणातील असंतुलनाची असते. कधी पाण्याच्या कमतरतेची असते, कधी खाद्यातील अचानक बदलाची असते, तर कधी उष्णतेच्या तणावाची असते. पण जर ती सुरुवातीलाच लक्षात आली, तर मोठा खर्च आणि मोठे नुकसान टाळता येते.

मस्टायटिस हे याचे उत्तम उदाहरण आहे. अनेक गोपालकांना मस्टायटिस तेव्हा लक्षात येतो जेव्हा दुधात गाठी दिसू लागतात किंवा कास सुजते. पण प्रत्यक्षात त्या आधी अनेक दिवस परिस्थिती तयार होत असते. गोठ्यातील ओलावा, अस्वच्छता, दूध काढण्यातील त्रुटी, घाणेरडी झोपण्याची जागा किंवा खराब व्यवस्थापन हे घटक आधीपासून काम करत असतात. शरीर संकेत देत असते, पण आपण ते वाचत नाही.

गोपालनात पशुवैद्यक महत्त्वाचा आहेच. पण त्याहून महत्त्वाचा माणूस म्हणजे रोज जनावरांमध्ये राहणारा गोपालक. डॉक्टर आठवड्यातून किंवा महिन्यातून एकदा येईल. पण गोपालक दिवसातून अनेक वेळा जनावरांकडे पाहतो. रोगाची पहिली लक्षणे डॉक्टरला दिसणार नाहीत. ती सर्वप्रथम गोपालकाच्या नजरेत यायला हवीत.

यशस्वी आणि अपयशी गोपालक यांच्यातील मोठा फरक अनेकदा ज्ञानात नसतो, तर निरीक्षणात असतो. यशस्वी गोपालक गाय आजारी पडण्याची वाट पाहत नाही. तो तिच्या वर्तनातील, खाण्यातील, चालण्यातल्या आणि उत्पादनातील छोटे बदल ओळखतो. अनेक वेळा अशा एका छोट्या निरीक्षणामुळे हजारो रुपयांचा उपचार खर्च, उत्पादनातील नुकसान आणि गंभीर आरोग्य समस्या टाळता येतात.

गोपालनात औषधे महत्त्वाची आहेत, पण निरीक्षण त्याहून महत्त्वाचे आहे. कारण औषध आजारावर उपचार करते, तर निरीक्षण अनेक वेळा आजार होण्यापूर्वीच समस्या पकडते. आणि वेळेवर ओळखलेली समस्या हीच गोपालनातील सर्वात स्वस्त आणि सर्वात प्रभावी उपचार पद्धत असते.

१००. नोंदी, खर्च आणि व्यवस्थापनाकडे दुर्लक्ष करणे

अनेक गोपालक उत्कृष्ट पशुपालक असतात, पण चांगले व्यवसायिक नसतात. आणि गोपालनातील सर्वात मोठ्या चुकांपैकी ही एक चूक आहे. कारण गोपालन हे फक्त गायी सांभाळण्याचे काम नाही. तो एक पूर्ण व्यवसाय आहे. तुमच्याकडे पाच गायी असोत किंवा पन्नास, शेवटी एकच प्रश्न महत्त्वाचा असतो. या व्यवसायातून प्रत्यक्षात नफा होतो आहे का?

दुर्दैवाने अनेक गोपालकांकडे या प्रश्नाचे स्पष्ट उत्तर नसते. त्यांना रोज किती दूध निघते हे माहीत असते. पण प्रत्येक लिटर दुधामागे किती खर्च होतो हे माहीत नसते. त्यांना गोठ्यात किती गायी आहेत हे माहीत असते. पण कोणती गाय नफा देते आणि कोणती गाय तोटा देते हे माहीत नसते. त्यांना महिन्याची विक्री माहिती असते. पण महिन्याच्या शेवटी खिशात किती पैसा उरतो हे माहीत नसते.

यामागचे सर्वात मोठे कारण म्हणजे नोंदींचा अभाव. अनेक गोठ्यांमध्ये दूध उत्पादन, खाद्य खर्च, औषध खर्च, प्रजनन नोंदी, माजाच्या तारखा, व्याण्याच्या तारखा, जन्म-मृत्यू, प्रत्येक गायीचे उत्पादन आणि प्रत्यक्ष नफा यापैकी कोणतीही गोष्ट व्यवस्थित नोंदवली जात नाही. परिणामी निर्णय आकड्यांवर नव्हे तर

अंदाजांवर घेतले जातात. आणि व्यवसायात अंदाज हा अनेकदा नुकसानाचा सर्वात मोठा मार्ग असतो.

मी अनुभवातून एक गोष्ट शिकलो आहे. जे मोजता येत नाही ते सुधारता येत नाही. तुम्ही दूध मोजत नसाल तर उत्पादन वाढवू शकत नाही. तुम्ही खाद्याचा खर्च मोजत नसाल तर तो कमी करू शकत नाही. तुम्ही प्रजननाच्या नोंदी ठेवत नसाल तर रिकामे दिवस कमी करू शकत नाही. आणि तुम्ही नफा मोजत नसाल तर व्यवसाय योग्य दिशेने चालला आहे की नाही हे समजू शकत नाही.

गोपालनातील आणखी एक मोठी चूक म्हणजे दूधालाच अंतिम उत्पादन समजणे. अनेकांना वाटते गाय म्हणजे दूध आणि दूध म्हणजे व्यवसाय. पण प्रत्यक्षात दूध हा व्यवसायाचा शेवट नसून सुरुवात असते. दूध हे एक कच्चा माल आहे. त्यापासून पनीर, तूप, लोणी, ताक, दही, श्रीखंड, खवा आणि इतर अनेक मूल्यवर्धित उत्पादने तयार करता येतात.

अनेक वेळा ज्या दुधातून थेट विक्रीमध्ये मर्यादित नफा मिळतो, त्याच दुधाचे मूल्यवर्धित उत्पादन केल्यावर त्यातून अधिक स्थिर आणि चांगला नफा मिळू शकतो. विशेषतः थेट ग्राहकांपर्यंत पोहोचणाऱ्या डेअऱ्यांसाठी हा विषय अत्यंत महत्त्वाचा आहे.

मी स्वतः एक महत्त्वाचा धडा अनुभवातून शिकलो. संपूर्ण दूध थेट ग्राहकांना विकणे ही नेहमीच सर्वोत्तम रणनीती नसते. कारण ग्राहक कायम असतात, पण गायी कायम दुधात नसतात. गायी

आटतात, उत्पादन कमी होते, काही वेळा आजारपण येते. पण ग्राहकाला दूध रोज हवे असते. मग ग्राहक टिकवण्यासाठी बाहेरून दूध आणावे लागते किंवा नवीन गायी घ्याव्या लागतात. दोन्ही गोष्टी महाग पडतात.

याउलट काही दूध थेट विक्रीसाठी आणि काही दूध मूल्यवर्धित उत्पादनांसाठी वापरले, तर व्यवसाय अधिक लवचिक राहतो. उत्पादन कमी झाले तरी ग्राहक पूर्णपणे गमवावे लागत नाहीत आणि जास्त उत्पादनाच्या काळातही अधिक मूल्य मिळवता येते.

व्यवसायातील आणखी एक मोठा भ्रम म्हणजे विक्री आणि नफा एकच असतात असे समजणे. तुम्ही शंभर रुपये लिटरने दूध विकत असाल, तरी त्याचा अर्थ शंभर रुपये नफा होत नाही. त्या पैशातून खाद्य, कामगार, औषधे, वीज, पाणी, पॅकेजिंग, वाहतूक, वाहन खर्च, खराब झालेला माल, व्याज, उपकरणांची झीज आणि व्यवस्थापन खर्च वजा करावे लागतात. हे सर्व खर्च काढल्यानंतर जे उरते, तो खरा नफा असतो.

अनेक डेअऱ्यांमध्ये विक्री वाढत असते, पण नफा वाढत नसतो. काही वेळा विक्री जितकी वाढते तितका तोटाही वाढत असतो. कारण खर्चाचे गणित समजून घेतलेले नसते. म्हणूनच विक्रीचा आकडा नव्हे, तर नफ्याचा आकडा महत्त्वाचा असतो.

माझ्या मते यशस्वी गोपालक आणि यशस्वी डेअरी उद्योजक यांच्यातील सर्वात मोठा फरक इथेच दिसतो. यशस्वी गोपालकाला गायी समजतात. पण यशस्वी डेअरी उद्योजकाला गायी आणि

आकडे दोन्ही समजतात. तो गोठ्याकडे भावनेने पाहतो, पण निर्णय आकड्यांच्या आधारे घेतो.

शेवटी गोठ्यातील सर्वात महत्त्वाची नोंद दुधाची नसते. ती नफ्याची असते. कारण दूध उत्पादन तुम्हाला व्यस्त ठेवू शकते, पण नफा तुम्हाला टिकवून ठेवतो. आणि गोपालनात दीर्घकालीन यश मिळवायचे असेल, तर गायींबरोबरच व्यवसाय व्यवस्थापन समजून घेणे तितकेच आवश्यक आहे.

१०१. मुक्त गोठ्यात योग्य लेव्हलिंग आणि निचऱ्याची व्यवस्था न करणे

मुक्त गोठा (Loose Housing System) हा गोपालनासाठी अत्यंत उपयुक्त प्रकार मानला जातो. जनावरांना मोकळेपणाने फिरता येते, नैसर्गिक वर्तन करता येते, ताण कमी होतो आणि अनेक आरोग्य समस्या कमी होण्यास मदत होते. पण मुक्त गोठा म्हणजे फक्त मोठी मोकळी जागा नव्हे. त्यासाठी योग्य नियोजन, योग्य रचना आणि विशेषतः योग्य लेव्हलिंग आवश्यक असते. दुर्दैवाने अनेक गोपालक या गोष्टीकडे दुर्लक्ष करतात आणि त्याची किंमत अनेक वर्षे मोजत राहतात.

माझ्या गोठ्यात झालेल्या सर्वात मोठ्या चुकांपैकी ही एक चूक आहे. गोठा तयार करताना मी जागेचे योग्य लेव्हलिंग केले नाही आणि पाणी बाहेर जाण्यासाठी पुरेशी निचऱ्याची व्यवस्था केली नाही. सुरुवातीला त्याचे काही विशेष परिणाम दिसले नाहीत. पण पहिला पावसाळा आला आणि समस्या स्पष्ट दिसू लागल्या.

पावसाचे पाणी काही ठिकाणी साचून राहू लागले. त्यात जनावरांचे मूत्र मिसळले. शेण मिसळले. हळूहळू संपूर्ण भाग चिखलमय झाला. काही जागा कायम ओलसर राहू लागल्या. पाऊस थांबल्यानंतरही अनेक दिवस त्या जागा कोरड्या होत नव्हत्या. सुरुवातीला ही फक्त स्वच्छतेची समस्या वाटत होती, पण नंतर लक्षात आले की ही प्रत्यक्षात आरोग्य आणि व्यवस्थापनाची मोठी समस्या आहे.

गोठ्यातील सततचा ओलावा अनेक नवीन समस्या निर्माण करतो. माशा आणि किडे वाढतात. जंतू आणि बुरशी वाढतात. दुर्गंधी निर्माण होते. खुरांचे रोग वाढतात. त्वचेच्या समस्या वाढतात. मस्टायटिससारख्या रोगांचा धोका वाढतो. जनावरांना बसण्यासाठी आणि झोपण्यासाठी कोरडी जागा मिळत नाही. परिणामी त्यांचा आराम कमी होतो आणि त्याचा परिणाम उत्पादनावरही दिसू लागतो.

अनेक वेळा गोपालक औषधांवर हजारो रुपये खर्च करतो, पण मूळ समस्या औषधांची नसते. मूळ समस्या गोठ्यातील ओलावा असते. गोठा किती स्वच्छ आहे यापेक्षा तो किती कोरडा आहे हे अनेक वेळा अधिक महत्त्वाचे ठरते. मी अनुभवातून शिकलो आहे की कोरडी जमीन ही गोपालनातील सर्वात स्वस्त औषधांपैकी एक आहे.

मुक्त गोठ्यात प्रत्येक थेंब पाणी कुठे जाणार आहे याचे नियोजन आधी केले पाहिजे. गोठ्याच्या प्रत्येक भागाला योग्य उतार असला पाहिजे. पावसाचे पाणी, धुण्याचे पाणी आणि मूत्र हे साचून न राहता नियोजित मार्गाने बाहेर गेले पाहिजे. निचऱ्यासाठी गटारे, पाण्याचे मार्ग आणि आवश्यक त्या ठिकाणी साठवण व्यवस्था असली पाहिजे.

अनेक गोपालक शेड, पत्रे किंवा इतर बांधकामांवर मोठा खर्च करतात, पण जमिनीच्या लेव्हलिंगवर खर्च करायला तयार नसतात. प्रत्यक्षात परिस्थिती उलटी असली पाहिजे. कारण जनावरांना

महागडी इमारत आवश्यक नसते, पण कोरडी, स्वच्छ आणि चिखलमुक्त जमीन अत्यावश्यक असते.

या चुकीचा आर्थिक परिणामही मोठा असतो. चिखलामुळे साफसफाईसाठी जास्त वेळ लागतो. कामगारांची कार्यक्षमता कमी होते. शेण काढणे कठीण होते. यंत्रसामग्री वापरणे अवघड होते. औषधांचा खर्च वाढतो. म्हणजे सुरुवातीला वाचवलेले काही हजार रुपये पुढील अनेक वर्षे अतिरिक्त खर्चाच्या स्वरूपात परत द्यावे लागतात.

आज मला पुन्हा गोठा बांधण्याची संधी मिळाली तर मी शेड बांधण्यापूर्वी सर्वात आधी जमिनीचे लेव्हलिंग, योग्य उतार आणि निचऱ्याची संपूर्ण व्यवस्था करेन. कारण गोठ्यातील अनेक समस्या जनावरांमुळे निर्माण होत नाहीत, त्या पाण्यामुळे निर्माण होतात.

१०२. गोठ्यात मोठी वाहने ये-जा करू शकतील याचे नियोजन न करणे

गोठा बांधताना बहुतेक लोक गायी कुठे राहतील, खाद्य कुठे ठेवायचे, दूध कुठे काढायचे आणि पाणी कुठे द्यायचे याचा विचार करतात. पण एक अत्यंत महत्त्वाची गोष्ट विसरतात.

ती म्हणजे लॉजिस्टिक्स.

गोठा हा फक्त जनावरे ठेवण्याची जागा नसतो. तो दररोज मोठ्या प्रमाणावर माल आत-बाहेर करणारी एक कार्यरत व्यवस्था असते. चारा येतो, खुराक येतो, पेंढा येतो, औषधे येतात, शेण बाहेर जाते, कधी नवीन जनावरे येतात, कधी जनावरे विक्रीसाठी जातात. या सगळ्या हालचालींसाठी वाहनांना सहज प्रवेश मिळणे आवश्यक असते.

ही चूक मी स्वतः केली आहे.

गोठा बांधताना मोठा ट्रक, हायवा, ट्रॅक्टर-ट्रॉली किंवा जेसीबी थेट गोठ्यापर्यंत पोहोचू शकेल का याचा मी पुरेसा विचार केला नाही. सुरुवातीला त्याचे काही महत्त्व वाटले नाही. पण व्यवसाय वाढू लागला तशी ही एक मोठी अडचण बनली.

आज जर मला मोठ्या प्रमाणात शेण बाहेर काढायचे असेल, तर जेसीबी किंवा मोठे वाहन थेट गोठ्यात येऊ शकत नाही. त्यामुळे

अतिरिक्त मजुरी लागते. शेण आधी एका ठिकाणी जमा करावे लागते, नंतर दुसऱ्या वाहनात भरावे लागते. म्हणजे एकाच कामासाठी दोनदा हाताळणी करावी लागते.

त्याचप्रमाणे मोठ्या प्रमाणात खाद्य, खुराक, पेंड किंवा इतर साहित्य आले तरी वाहन गोठ्याजवळ येऊ शकत नाही. माल दूर उतरवावा लागतो आणि नंतर हाताने किंवा छोट्या वाहनांनी गोठ्यापर्यंत न्यावा लागतो. प्रत्येक वेळी वेळ, मजुरी आणि पैसा खर्च होतो.

अनेक गोपालकांना वाटते की हा छोटा प्रश्न आहे. पण वर्षभराचा हिशोब केला तर या छोट्या चुकीची किंमत खूप मोठी असते. दररोज काही मिनिटे अतिरिक्त काम, काही अतिरिक्त मजूर, काही अतिरिक्त फेऱ्या. हळूहळू हा खर्च हजारो रुपयांपासून लाखो रुपयांपर्यंत जाऊ शकतो.

याचबरोबर आणखी एक महत्त्वाचा मुद्दा म्हणजे भविष्यातील विस्तार. सुरुवातीला दहा गायी असतील, पण पुढे तीस किंवा पन्नास गायी झाल्या तर साहित्याची आणि वाहतुकीची गरज वाढणारच आहे. त्यामुळे गोठा बांधताना आजची नव्हे तर पुढील दहा वर्षांची गरज लक्षात घेतली पाहिजे.

माझ्या मते प्रत्येक गोपालकाने गोठ्याचा नकाशा तयार करताना स्वतःला एक प्रश्न विचारला पाहिजे:

"उद्या जर मोठा ट्रक, हायवा, ट्रॅक्टर-ट्रॉली किंवा जेसीबी येथे आली, तर ती सहज आत येऊन काम करून परत जाऊ शकेल का?"

जर उत्तर "नाही" असेल, तर भविष्यात समस्या निश्चित आहे.

गोठ्याचे नियोजन करताना अनेक जण गायींच्या हालचालींचा विचार करतात. पण यशस्वी गोठा तोच असतो ज्यामध्ये जनावरांबरोबरच वाहने, यंत्रसामग्री आणि साहित्य यांची हालचालही सहज शक्य असते.

१०३. जनावरे चढवणे-उतरण्यासाठी रॅम्प न बनवणे

गोपालनात काही गोष्टी रोज वापरल्या जात नाहीत म्हणून त्यांचे महत्त्व कमी होत नाही. उलट, ज्या गोष्टी क्वचित वापरल्या जातात पण गरजेच्या वेळी अत्यावश्यक असतात, त्यांचे नियोजन आधीपासून केलेले असणे अधिक महत्त्वाचे असते.

जनावरे चढवणे आणि उतरणे हा त्यापैकीच एक विषय आहे.

बहुतेक गोपालक गोठा बांधताना शेड, पाण्याची व्यवस्था, खाद्याची व्यवस्था आणि कुंपण यावर लक्ष देतात. पण जनावरे ट्रकमध्ये चढवायची किंवा उतरवायची वेळ आली तर काय करायचे याचा विचार करत नाहीत. मी स्वतः ही चूक केली आहे.

आज माझ्या गोठ्यात नवीन जनावरे आली किंवा एखादे जनावर विक्रीसाठी पाठवायचे झाले, तर प्रत्येक वेळी योग्य जागा शोधावी लागते. ट्रक कुठे उभा करायचा, उतार कुठे मिळेल, जनावर सुरक्षितपणे कसे उतरवायचे याचा वेगळा विचार करावा लागतो. प्रत्येक वेळी तात्पुरती व्यवस्था करावी लागते.

जनावरांना ट्रकमधून उडी मारून उतरवणे किंवा जबरदस्तीने चढवणे हे धोकादायक असते. अशावेळी जनावर घाबरते, पाय घसरतो, दुखापत होऊ शकते, कधी कधी हाडे मोडण्याइतपत गंभीर अपघातही होऊ शकतात. एक चांगली दुभती गाय जखमी

झाली तर त्याचे नुकसान हजारो रुपयांत नव्हे तर लाखो रुपयांत मोजावे लागू शकते.

यासाठी जगभरातील व्यावसायिक डेअऱ्यांमध्ये कायमस्वरूपी लोडिंग रॅम्प बनवला जातो. ट्रकच्या उंचीशी जुळणारा मजबूत उतार, बाजूला सुरक्षित रेलिंग आणि जनावर सहज चालत जाईल अशी रचना असते. त्यामुळे जनावरांवर ताण कमी येतो आणि कामही जलद होते.

अनेक वेळा आपण गोठा उभारताना लाखो रुपये खर्च करतो, पण अशा छोट्या वाटणाऱ्या सुविधांकडे दुर्लक्ष करतो. नंतर प्रत्येक वेळी जनावरांची वाहतूक करताना अडचणी निर्माण होतात. एका चुकीच्या नियोजनामुळे वर्षानुवर्षे त्रास सहन करावा लागतो.

विशेषतः ज्यांचा व्यवसाय वाढवण्याचा विचार आहे, जे स्वतःच्या कालवडी वाढवत आहेत, नवीन जनावरे खरेदी करतात किंवा विक्री करतात, त्यांनी या गोष्टीचा सुरुवातीपासून विचार केला पाहिजे. कारण जनावरांची हालचाल हा डेअरी व्यवसायाचा नियमित भाग असतो.

माझ्या मते गोठा बांधताना स्वतःला एक साधा प्रश्न विचारला पाहिजे:

"उद्या रात्री अचानक एखादे जनावर दुसऱ्या ठिकाणी पाठवायची वेळ आली, तर मी ते सुरक्षितपणे ट्रकमध्ये चढवू शकेन का?"

जर याचे उत्तर स्पष्ट नसेल, तर नियोजन अपूर्ण आहे.

गोपालनात अनेक समस्या जनावरांमुळे निर्माण होत नाहीत. त्या पायाभूत सुविधांच्या अभावामुळे निर्माण होतात. आणि कायमस्वरूपी लोडिंग रॅम्प न बनवणे ही त्यापैकीच एक दुर्लक्षित पण महागडी चूक आहे.

१०४. गोठ्यातील पाणी व्यवस्थापनाकडे दुर्लक्ष करणे

गोपालनात पाणी हे खाद्यानंतरचे सर्वात महत्त्वाचे संसाधन आहे. तरीही अनेक गोठ्यांमध्ये पाण्याचे नियोजन अत्यंत कमकुवत असते. विहीर आहे, बोअरवेल आहे, पाइपलाइन आहे म्हणून काम झाले असे समजले जाते. पण प्रत्यक्षात पाण्याची उपलब्धता आणि पाण्याचे व्यवस्थापन या दोन वेगळ्या गोष्टी आहेत.

अनेक गोपालक लाखो रुपये गोठ्यावर खर्च करतात, पण गोठ्याच्या छतावर दरवर्षी पडणाऱ्या लाखो लिटर पावसाच्या पाण्याकडे दुर्लक्ष करतात. पाऊस पडतो, पाणी जमिनीवर वाहून जाते आणि काही तासांत शेताबाहेर निघून जाते. त्यानंतर उन्हाळ्यात पुन्हा पाण्याच्या टँकरसाठी, नवीन बोअरवेलसाठी किंवा अतिरिक्त पाणीपुरवठ्यासाठी खर्च करावा लागतो.

मी अनुभवातून एक गोष्ट शिकलो आहे. गोठ्याचे छत हे फक्त सावली देणारे छत नसते. ते एक मोठे पाणी संकलन केंद्र असते.

समजा तुमच्या गोठ्याचे छत ५,००० चौरस फूट आहे. वर्षभरात पडणारा पाऊस लक्षात घेतला तर त्यातून लाखो लिटर पाणी गोळा होऊ शकते. हे पाणी योग्य गटर, पाइपलाइन आणि साठवण व्यवस्थेद्वारे तलावात, शेततळ्यात किंवा जमिनीखालील टाकीत साठवता येते. अनेक वेळा ही व्यवस्था काही वर्षांत स्वतःचा खर्च वसूल करते.

याचबरोबर आणखी एक महत्त्वाची गोष्ट म्हणजे ओव्हरहेड टाकी.

अनेक गोठ्यांमध्ये प्रत्येक वेळी मोटार चालू करून पाणी भरावे लागते. कुठे पाइप तुटला, वीज गेली किंवा मोटार बंद पडली की लगेच पाण्याची समस्या निर्माण होते. जनावरांना वेळेवर पाणी मिळत नाही. साफसफाई अडते. कामगारांचे काम अडते.

ओव्हरहेड टाकी म्हणजे फक्त पाण्याची टाकी नसते. ती संपूर्ण गोठ्याचा बफर स्टॉक असते.

जर योग्य क्षमतेची उंच टाकी असेल, तर गुरुत्वाकर्षणामुळे अनेक ठिकाणी पाणी आपोआप पुरवले जाऊ शकते. पाण्याच्या टबमध्ये ऑटोमॅटिक फ्लोट व्हॉल्व्ह बसवता येतात. जनावरांना सतत पाणी उपलब्ध राहते. साफसफाईचे काम सोपे होते. आणि वीज गेली तरी काही काळ गोठ्याचे काम सुरळीत चालू राहते.

अनेक गोपालक गोठा बांधताना हजारो रुपयांची बचत करण्यासाठी या गोष्टी टाळतात. पण नंतर वर्षानुवर्षे त्याच गोष्टींचा त्रास सहन करतात. दररोज पाणी भरणे, पाइप ओढणे, मोटारी चालू-बंद करणे, पाण्याच्या कमतरतेमुळे होणारे व्यवस्थापनातील अडथळे हे सर्व लपलेले खर्च असतात.

माझ्या मते प्रत्येक गोठ्याच्या नियोजनात चार गोष्टी सुरुवातीपासून असल्या पाहिजेत:

गोठ्याच्या छतावरील पावसाचे पाणी संकलन,
त्या पाण्याची साठवण व्यवस्था,

पुरेशा क्षमतेची ओव्हरहेड टाकी,
आणि शक्य तितकी स्वयंचलित पाणीपुरवठा व्यवस्था.

गोपालनात पाण्याची कमतरता दिसली म्हणजे समस्या आधीच मोठी झालेली असते. यशस्वी गोपालक पाण्याची व्यवस्था संकट आल्यानंतर करत नाही. तो संकट येण्यापूर्वीच ती तयार ठेवतो.

लक्षात ठेवा, गोठ्यातील सर्वात मौल्यवान संसाधन अनेक वेळा गाय नसते. ते पाणी असते. कारण पाणी नसेल तर गाय, खाद्य, गोठा आणि संपूर्ण व्यवस्थापन काहीच उपयोगाचे राहत नाही.

कुक्कुटपालन

१०५. गावरान कोंबडीच्या मोहात पडून उत्पादनक्षम जाती नाकारणे

कोंबडीपालनात नवीन येणाऱ्या लोकांची सर्वात मोठी चूक म्हणजे "गावरान" या शब्दाच्या प्रेमात पडणे. बाजारात, यूट्यूबवर आणि सोशल मीडियावर गावरान कोंबडीभोवती इतकी हवा तयार करण्यात आली आहे की अनेकांना वाटते की गावरान कोंबडी म्हणजेच जास्त नफा, जास्त मागणी आणि यशस्वी व्यवसाय. प्रत्यक्षात मात्र कोंबडीपालन हा भावनांचा नव्हे तर आकड्यांचा व्यवसाय आहे. काही ग्राहकांना तिची अंडी व मांस आवडते. पण व्यवसायाच्या दृष्टीने सर्वात महत्त्वाचा प्रश्न आहे, "ती वर्षाला किती अंडी देते?"

अनेक गावरान कोंबड्या वर्षाला साधारण ८० ते १०० अंडी देतात. काही चांगल्या व्यवस्थापनात १०० अंडी देऊ शकतात. पण त्याच वेळी सोनाली, कावेरी, ग्रामप्रिया, वनराजा यांसारख्या सुधारित जाती १८०, २००, २५० किंवा त्याहून अधिक अंडी देऊ शकतात. म्हणजेच एकाच जागेत, एकाच खाद्यावर आणि जवळपास त्याच व्यवस्थापनात तुम्ही दुप्पट-तिप्पट उत्पादन मिळवू शकता.

समस्या अशी की अनेक शेतकरी अंडी उत्पादनाचा हिशेब न मांडता फक्त "गावरान" हा शब्द ऐकून पक्षी खरेदी करतात. त्यांना वाटते की अंडी महाग विकली जातील म्हणून उत्पादन कमी असले तरी चालेल. पण जेव्हा खाद्य खर्च, औषधे, मजुरी, पाणी,

शेड आणि देखभाल यांचा हिशेब काढला जातो तेव्हा कमी उत्पादन देणाऱ्या पक्ष्यांचा खरा खर्च समोर येतो.

अनेक वेळा एखादी सोनाली किंवा कावेरी कोंबडी एका वर्षात जितकी अंडी देते, तितकी अंडी मिळवण्यासाठी दोन किंवा तीन गावरान कोंबड्या पाळाव्या लागतात. याचा अर्थ अधिक जागा, अधिक खाद्य, अधिक व्यवस्थापन आणि अधिक खर्च.

याचा अर्थ गावरान कोंबडी वाईट आहे असा नाही. जर तुमचे उद्दिष्ट घरगुती वापर, छंद किंवा विशिष्ट प्रीमियम ग्राहकांसाठी मर्यादित उत्पादन असेल तर गावरान कोंबडी योग्य पर्याय ठरू शकते. पण जर उद्दिष्ट नफा कमावणारा अंडी व्यवसाय उभारणे असेल तर जातीची निवड भावनेवर नव्हे तर उत्पादनक्षमतेवर झाली पाहिजे.

कोंबडी निवडताना स्वतःला एकच प्रश्न विचारा: "मला गावरान शब्द विकायचा आहे की अंडी विकायची आहेत?" या प्रश्नाचे प्रामाणिक उत्तरच योग्य जातीची निवड ठरवेल.

१०६. विक्रीची व्यवस्था नसताना कोंबडीपालन सुरू करणे

कोंबडीपालनात लोक सर्वात आधी काय विचारतात? "कोणती जात घ्यावी?", "किती कोंबड्या घ्याव्यात?", "खाद्याचा खर्च किती येईल?" पण फार कमी लोक स्वतःला एक महत्त्वाचा प्रश्न विचारतात: "ही अंडी विकणार कुठे?"

ही चूक इतकी सामान्य आहे की अनेक कोंबडीपालन व्यवसाय उत्पादन सुरू झाल्यानंतर नव्हे, तर उत्पादन सुरू होण्यापूर्वीच अपयशी ठरलेले असतात. त्यांनी कोंबड्या खरेदी केल्या, शेड बांधले, खाद्य आणले, पण ग्राहक शोधले नाहीत.

कोंबडी अंडी देण्यास सुरुवात केल्यानंतर ती तुमची वाट बघत बसत नाही. दररोज अंडी येतात. आजची अंडी उद्यापर्यंत विकली नाहीत तर त्यांचे मूल्य कमी होऊ लागते. त्यामुळे अंडी उत्पादन हा व्यवसाय नसून अंडी विक्री हा व्यवसाय आहे, हे सुरुवातीलाच समजून घ्यायला हवे.

अनेक जण ५००, १००० किंवा २००० कोंबड्यांपासून सुरुवात करतात. अंडी यायला लागल्यानंतर त्यांना कळते की रोज शेकडो अंडी विकणे हीच खरी लढाई आहे. गावात मागणी मर्यादित असते. नातेवाईक आणि मित्र सुरुवातीला घेतात, पण कायमचे ग्राहक बनत नाहीत. मग अंडी दलालाला विकावी लागतात आणि नफ्याचे गणित बिघडू लागते.

शहाणा उद्योजक आधी ग्राहक तयार करतो आणि नंतर उत्पादन वाढवतो. त्याला माहित असते की कोण दररोज अंडी घेणार, कोण साप्ताहिक घेणार, कोण घरी पोहोचवून घेणार आणि कोण प्रीमियम किंमत द्यायला तयार आहे.

आजच्या काळात कोंबडीपालन करणाऱ्या व्यक्तीने फक्त शेतकरी राहून चालत नाही. त्याला विक्रेता, मार्केटर आणि ब्रँड निर्माता देखील बनावे लागते. व्हॉट्सॲप गट, सोशल मीडिया, स्थानिक ग्राहक, हॉटेल्स, किराणा दुकाने, आरोग्य-जागरूक कुटुंबे आणि थेट विक्री यांचे जाळे तयार करावे लागते.

एक महत्त्वाचा नियम लक्षात ठेवा:

"कोंबड्या खरेदी करण्यापूर्वी ग्राहक मिळवा. ग्राहक मिळाल्यानंतरच कोंबड्या वाढवा."

कोंबडीपालनातील सर्वात मोठा धोका अंडी कमी येण्यात नसतो. तो अंडी विकली न जाण्यात असतो.

१०७. छोट्या प्रमाणावर न शिकता मोठ्या प्रमाणावर सुरुवात करणे

कोंबडीपालनात नवीन येणाऱ्या अनेक लोकांना एक गैरसमज असतो. त्यांना वाटते की ५० किंवा १०० कोंबड्यांमध्ये काही अर्थ नाही. मोठा नफा कमवायचा असेल तर थेट १०००, ५००० किंवा १०,००० पक्ष्यांपासून सुरुवात केली पाहिजे. याच विचारामुळे अनेकांची पहिली बॅचच शेवटची बॅच ठरते.

कोणताही व्यवसाय शिकण्यासाठी वेळ लागतो. कोंबडीपालनात तर रोज नवीन गोष्टी समोर येतात. खाद्य किती द्यायचे, पाणी किती लागते, रोगाची सुरुवात कशी ओळखायची, उष्णतेचा परिणाम काय होतो, अंडी उत्पादन का कमी होते, ग्राहकांच्या तक्रारी कशा हाताळायच्या, खर्चाचा हिशेब कसा ठेवायचा अशा शेकडो गोष्टी प्रत्यक्ष कामातूनच शिकाव्या लागतात.

१०० कोंबड्यांमध्ये झालेली चूक शिकवण देते. १००० कोंबड्यांमध्ये झालेली तीच चूक हजारो रुपयांचे नुकसान करते. १०,००० कोंबड्यांमध्ये झालेली चूक लाखो रुपयांचे नुकसान करू शकते.

अनेक लोक यूट्यूबवर एखाद्या मोठ्या फार्मचा व्हिडिओ पाहतात आणि त्यांना वाटते की आपणही तेच करू शकतो. पण त्या व्हिडिओमध्ये दिसणाऱ्या यशामागे अनेक वर्षांचा अनुभव, चुका, नेटवर्क, बाजारपेठ आणि व्यवस्थापन कौशल्य असते. फक्त शेड आणि कोंबड्या दिसतात, पण त्या मागचा प्रवास दिसत नाही.

मोठ्या प्रमाणावर सुरुवात करण्याचा आणखी एक तोटा म्हणजे समस्या एकदम मोठ्या होतात. एखाद्या रोगाचा प्रादुर्भाव झाला, खाद्याचा दर्जा खराब निघाला किंवा विक्रीमध्ये अडचण आली तर नुकसान काही पक्ष्यांपुरते मर्यादित राहत नाही. संपूर्ण व्यवसाय धोक्यात येतो.

शहाणा उद्योजक सुरुवातीला कमी पक्षी घेतो. व्यवस्थापन शिकतो. खाद्याचे गणित समजून घेतो. ग्राहक तयार करतो. नोंदी ठेवतो. चुका करतो, त्या दुरुस्त करतो आणि मगच हळूहळू संख्या वाढवतो. त्यामुळे त्याची वाढ मजबूत पाया असलेली असते.

लक्षात ठेवा, कोंबडीपालनात मोठे होण्यासाठी मोठ्याने सुरुवात करावी लागत नाही. उलट लहान सुरुवात करून शिकत शिकत वाढणारे लोकच जास्त काळ टिकतात.

पहिली बॅच नफा कमावण्यासाठी नसते, ती शिकण्यासाठी असते. हे ज्यांना समजते तेच पुढे यशस्वी कोंबडीपालक बनतात.

१०८. कोंबडीच्या पोषणशास्त्राकडे दुर्लक्ष करणे

कोंबडीपालनातील सर्वात महागडी चूक कोणती असेल तर ती म्हणजे कोंबडीच्या पोषणशास्त्राकडे दुर्लक्ष करणे. अनेक लोकांना वाटते की कोंबडी म्हणजे काहीही खाणारा पक्षी. थोडा मका, थोडी बाजरी, घरातील उरलेले अन्न, भाजीपाल्याचा कचरा, शेवग्याची पाने, हादगा किंवा अझोला दिला की कोंबडी व्यवस्थित वाढेल आणि भरपूर अंडी देईल. प्रत्यक्षात हा विचार अनेक व्यवसायांचे नुकसान करतो.

कोंबडी जिवंत राहू शकते आणि कोंबडी चांगले उत्पादन देऊ शकते या दोन वेगळ्या गोष्टी आहेत. एखादी कोंबडी फक्त उकिरड्यावर, धान्यावर किंवा हिरव्या चाऱ्यावर जगू शकते. पण त्यामुळे ती वर्षाला २०० ते २५० अंडी देईलच असे नाही. जिवंत राहणे आणि व्यावसायिक उत्पादन देणे यामध्ये खूप मोठा फरक असतो.

आजकाल सोशल मीडियावर अनेक सल्ले दिले जातात. फक्त शेवग्याची पाने द्या, फक्त अझोला द्या, फक्त हादगा द्या, फक्त भाजीपाला कचरा द्या. काहीजण तर असे चित्र रंगवतात की बाजारातील खाद्याशिवाय सहज कोंबडीपालन करता येते. वास्तव मात्र वेगळे आहे. या सर्व गोष्टी उपयुक्त आहेत, पण त्या पूरक आहेत. त्या पूर्ण आहार नाहीत.

कोंबडीला ऊर्जा, प्रथिने, आवश्यक अमिनो ॲसिड, कॅल्शियम, फॉस्फरस, जीवनसत्त्वे आणि सूक्ष्म खनिजे यांचे संतुलित प्रमाण लागते. अंडे तयार करण्यासाठी आणि शरीराची वाढ करण्यासाठी केवळ धान्य पुरेसे नसते. म्हणूनच फक्त मका किंवा बाजरीवर ठेवलेल्या कोंबड्यांचे उत्पादन कमी होते, वाढ मंदावते आणि आरोग्याच्या समस्या निर्माण होतात.

अनेक शेतकरी अंडी कमी झाली की जात, हवामान किंवा नशीब यांना दोष देतात. पण मूळ समस्या आहारात असते. कोंबडीच्या शरीराला जे पोषण हवे ते मिळाले नाही तर ती उत्पादन कमी करून स्वतःचे अस्तित्व टिकवण्याचा प्रयत्न करते. निसर्गाचा हा साधा नियम आहे.

कोंबडीपालनात यशस्वी व्हायचे असेल तर "कोंबडी काय खाते?" यापेक्षा "कोंबडीला काय पोषण लागते?" हा प्रश्न विचारायला हवा. खाद्याच्या प्रत्येक घटकाकडे त्याच्या पोषणमूल्याच्या दृष्टीने पाहायला हवे, भावनेच्या किंवा परंपरेच्या दृष्टीने नव्हे.

कोंबडीला पोट भरायला खाद्य लागत नाही, उत्पादन द्यायला पोषण लागते. ही गोष्ट न समजणे हीच कोंबडीपालनातील सर्वात मोठ्या चुकांपैकी एक आहे.

१०९. स्वस्त प्रथिन स्रोत आणि जैविक रूपांतरणाचे महत्त्व न समजणे

कोंबडीपालनात खाद्य हा सर्वात मोठा खर्च असतो. अनेक वेळा एकूण खर्चाच्या ६० ते ७० टक्के खर्च फक्त खाद्यावर होतो. त्यामुळे यशस्वी कोंबडीपालक आणि अयशस्वी कोंबडीपालक यांच्यातील मोठा फरक खाद्य व्यवस्थापनात दिसून येतो.

अनेक शेतकरी भाजीपाल्याचा कचरा, फळांचा कचरा, उरलेले अन्न, शेतातील जैविक अवशेष किंवा इतर सेंद्रिय पदार्थ थेट कोंबड्यांसमोर टाकतात. त्यांना वाटते की आपण खाद्य खर्च वाचवत आहोत. प्रत्यक्षात अनेकदा त्या कचऱ्याचे पोषणमूल्य मर्यादित असते आणि त्यातील मोठा भाग वाया जातो.

खरा प्रश्न हा नाही की कोंबडीला काय देता येईल. खरा प्रश्न हा आहे की उपलब्ध संसाधनांमधून सर्वाधिक मूल्य कसे निर्माण करता येईल.

याच ठिकाणी अनेक लोक BSFL सारख्या प्रणालींकडे दुर्लक्ष करतात. भाजीपाला कचरा, फळांचा कचरा आणि इतर जैविक पदार्थ थेट कोंबडीला दिल्यास त्यातून मर्यादित फायदा होतो. पण त्याच पदार्थांचे ब्लॅक सोल्जर फ्लाय लार्व्हा (BSFL) मध्ये रूपांतर केल्यास उच्च दर्जाचे प्रथिने, चरबी आणि इतर पोषक घटक तयार होतात. म्हणजेच कमी मूल्याच्या कचऱ्याचे जास्त मूल्याच्या पशुखाद्यात रूपांतर होते.

निसर्गात प्रत्येक जीव दुसऱ्या जीवाचे अन्न बनतो. कोंबडी ही मुळात कीटक खाणारी पक्षी आहे. म्हणूनच कीटकाधारित प्रथिने तिच्यासाठी नैसर्गिक आणि उच्च दर्जाचा खाद्य स्रोत असतात. तरीही अनेक शेतकरी हजारो रुपये खर्च करून बाहेरून प्रथिने विकत घेतात, पण स्वतःच्या शेतातील कचऱ्यातून प्रथिने तयार करण्याचा विचार करत नाहीत.

याचा अर्थ प्रत्येक कोंबडीपालकाने BSFL करावेच असे नाही. पण उपलब्ध संसाधनांचे मूल्यवर्धन कसे करायचे हा विचार केला पाहिजे. जो शेतकरी फक्त कचरा पाहतो तो खर्च पाहतो. जो शेतकरी त्याच कचऱ्यातून प्रथिने तयार करतो तो संधी पाहतो.

कोंबडीपालनातील अनेक व्यवसाय खाद्य खर्चामुळे अडचणीत येतात. ते खाद्य विकत घेण्याचा विचार करतात, पण खाद्य निर्माण करण्याचा विचार करत नाहीत.

यशस्वी कोंबडीपालक कोंबड्या पाळत नाही, तर पोषण तयार करण्याची व्यवस्था उभी करतो. हे न समजणे ही मोठी चूक आहे.

१९०. औषधे आणि अँटिबायोटिक्सवर अवलंबून राहणे

कोंबडी आजारी पडली की औषध द्या, अंडी कमी झाली की औषध द्या, थोडा खोकला आला की अँटिबायोटिक द्या, पिल्ले सुस्त दिसली की औषध पाण्यात टाका. अनेक कोंबडीपालकांचा व्यवसाय हळूहळू अशाच पद्धतीने चालू लागतो. काही काळानंतर परिस्थिती अशी होते की कोंबड्यांपेक्षा औषधांवर जास्त खर्च होऊ लागतो.

प्रत्यक्षात अँटिबायोटिक्स हे व्यवस्थापनाचा पर्याय नाहीत. ते फक्त विशिष्ट परिस्थितीत वापरण्याचे साधन आहेत. पण अनेक ठिकाणी शेडमधील उष्णता, गर्दी, अस्वच्छता, खराब पाणी, निकृष्ट खाद्य किंवा जैवसुरक्षेतील त्रुटी यांचे मूळ शोधण्याऐवजी औषधांचा आधार घेतला जातो.

ही पद्धत सुरुवातीला सोपी वाटते. काही दिवसांसाठी समस्या कमी झाल्यासारखी दिसते. पण मूळ तिथेच राहते. परिणामी पुन्हा समस्या येते आणि पुन्हा औषधे वापरली जातात. हळूहळू औषधे हा खर्चाचा कायम भाग बनतो.

याहून मोठी समस्या म्हणजे अँटिबायोटिक्सचा अतिरेकी वापर केल्याने त्यांची परिणामकारकताच कमी होऊ शकते. काही वेळा भविष्यात खरोखर गरज असताना औषधे अपेक्षित परिणाम देत नाहीत. शिवाय ग्राहकही आता अन्नामध्ये अनावश्यक औषधांचा

वापर टाळणाऱ्या उत्पादकांकडे अधिक सकारात्मक दृष्टीने पाहू लागले आहेत.

अनेक अनुभवी कोंबडीपालकांना एक गोष्ट समजते. निरोगी कोंबड्या औषधांनी तयार होत नाहीत. त्या चांगल्या व्यवस्थापनाने तयार होतात. स्वच्छ पाणी, संतुलित पोषण, योग्य घनता, पुरेशी हवा, योग्य लसीकरण, स्वच्छ परिसर आणि नियमित निरीक्षण या गोष्टी रोग होण्यापूर्वीच त्यांना थांबवतात.

औषधांचा वापर पूर्णपणे चुकीचा आहे असे नाही. पण औषधांना शेवटचा उपाय मानले पाहिजे, पहिला नाही. प्रत्येक समस्येवर बाटली शोधण्यापेक्षा शोधण्याची सवय विकसित केली पाहिजे.

ज्या शेडमध्ये व्यवस्थापन चांगले असते तिथे औषधे कमी लागतात. ज्या शेडमध्ये व्यवस्थापन कमकुवत असते तिथे औषधेही व्यवसाय वाचवू शकत नाहीत.

१११. पक्ष्यांचे बॅच नियोजन आणि रोटेशन न करणे

अनेक कोंबडीपालक सुरुवातीला एकाच वेळी सर्व कोंबड्या खरेदी करतात. काही महिन्यांनी अंडी उत्पादन सुरू होते, व्यवसाय छान चालू लागतो आणि मग ते निर्धास्त होतात. पण एक-दोन वर्षांनी अचानक अंडी कमी होऊ लागतात आणि तेव्हा त्यांना लक्षात येते की त्यांच्या सर्व कोंबड्या एकाच वेळी म्हाताऱ्या होत आहेत.

ही चूक कोंबडीपालनात खूप महाग पडते.

कोंबडीचे अंडी उत्पादन आयुष्यभर सारखे राहत नाही. विशिष्ट वयानंतर उत्पादन कमी होऊ लागते. हा निसर्गाचा नियम आहे. त्यामुळे व्यवसायाचे नियोजन करताना फक्त आज किती अंडी मिळतात हे पाहणे पुरेसे नसते. सहा महिने, एक वर्ष आणि दोन वर्षांनी किती अंडी मिळतील याचाही विचार करावा लागतो.

अनेक लोक नवीन बॅच आणण्याचा विचार तेव्हाच करतात जेव्हा जुन्या कोंबड्यांचे उत्पादन खूप कमी झालेले असते. परिणामी काही महिन्यांसाठी अंडी उत्पादनात मोठी तूट निर्माण होते. ग्राहक तयार असतात, बाजारपेठ तयार असते, पण विकण्यासाठी अंडी नसतात.

एकदा ग्राहक दुसऱ्या पुरवठादाराकडे गेला की त्याला परत आणणे सोपे नसते. त्यामुळे ही फक्त उत्पादनाची समस्या नसून बाजारपेठ गमावण्याचीही समस्या असते.

यशस्वी कोंबडीपालक वेगवेगळ्या वयोगटांच्या बॅच ठेवतात. एक बॅच पूर्ण उत्पादनात असते, दुसरी उत्पादनाकडे जात असते आणि तिसरी वाढीच्या टप्प्यात असते. त्यामुळे कोणत्याही काळात अंडी उत्पादन पूर्णपणे बंद पडत नाही.

हे विशेषतः थेट ग्राहकांना अंडी विकणाऱ्या शेतकऱ्यांसाठी महत्त्वाचे आहे. ग्राहकांना तुमच्या कोंबड्यांचे वय माहित नसते. त्यांना फक्त नियमित अंडी हवी असतात. तुम्ही पुरवठा थांबवला की ते दुसरा पर्याय शोधतात.

कोंबडीपालन हा फक्त पक्षी पाळण्याचा व्यवसाय नाही. तो सतत उत्पादन चालू ठेवण्याचा व्यवसाय आहे. आणि सतत
उत्पादनासाठी बॅच नियोजन अनिवार्य आहे.

चांगला कोंबडीपालक आजच्या अंड्यांचा विचार करत नाही. तो सहा महिन्यांनंतरच्या अंड्यांचीही व्यवस्था करून ठेवतो.

११२. कमी उत्पादन देणारे पक्षी वेळेवर काढून न टाकणे

अनेक कोंबडीपालकांची ही भावनिक चूक असते. ज्या कोंबड्यांनी दीड-दोन वर्षे चांगले उत्पादन दिले, त्यांच्याबद्दल आपुलकी निर्माण होते. त्यामुळे अंडी उत्पादन खूप कमी झाल्यानंतरही त्या कोंबड्या शेडमध्ये ठेवून दिल्या जातात. पण व्यवसाय भावनांवर नाही, तर गणितावर चालतो.

प्रत्येक कोंबडी रोज खाद्य खाते, पाणी पिते, जागा व्यापते आणि व्यवस्थापनाचा खर्च वाढवते. ती रोज अंडे देत असो किंवा नसो, तिचा खर्च मात्र थांबत नाही. त्यामुळे एक टप्पा असा येतो की कोंबडीने दिलेल्या अंड्यांपेक्षा तिच्यावर होणारा खर्च जास्त होऊ लागतो.

अनेक शेतकरी अंडी मोजतात, पण खाद्याचे गणित मोजत नाहीत. त्यामुळे उत्पादन कमी होत असतानाही त्यांना वास्तविक नुकसान दिसत नाही. रोज थोडे थोडे नुकसान होत राहते आणि वर्षभरात ती मोठी रक्कम बनते.

विशेषतः सुधारित लेयर जातींमध्ये उत्पादनाचा शिखर काळ मर्यादित असतो. त्या काळात त्या उत्कृष्ट उत्पादन देतात. पण नंतर उत्पादन नैसर्गिकरित्या कमी होत जाते. हा टप्पा ओळखून पुढील बॅच तयार ठेवणे आणि जुन्या पक्ष्यांना योग्य वेळी काढणे हे व्यवस्थापनाचे महत्त्वाचे कौशल्य आहे.

काही शेतकरी "कदाचित पुन्हा अंडी वाढतील" या आशेवर पक्षी ठेवून देतात. काही जणांना त्यांची विक्री करणे कठीण वाटते. काही जणांकडे पुढील बॅच तयार नसते. पण काहीही असो, कमी उत्पादन देणारे पक्षी जास्त काळ ठेवणे म्हणजे नफा खाऊन टाकणारी चूक आहे.

कोंबडीपालनात प्रत्येक पक्ष्याने स्वतःचा खर्च काढून नफा निर्माण केला पाहिजे. ज्या क्षणी एखादा पक्षी खर्चाचे केंद्र बनतो, त्या क्षणी त्याच्याबद्दल निर्णय घेण्याची वेळ आलेली असते.

यशस्वी कोंबडीपालक कोंबड्यांवर प्रेम करतो, पण गणितावर जास्त विश्वास ठेवतो.

११३. कोंबडीपालनाला फक्त जोडधंदा समजणे

अनेक लोक कोंबडीपालनाला शेतीचा एक छोटासा जोडधंदा समजतात. दोन-चार कोंबड्या अंगणात फिरताना दिसतात, त्यामुळे हा व्यवसाय सोपा असावा असे वाटते. पण व्यावसायिक कोंबडीपालनात प्रवेश केल्यानंतर त्यांना वास्तव समजते.

कोंबडीपालन हा फक्त पक्षी पाळण्याचा व्यवसाय नाही. तो पोषण, आरोग्य, उत्पादन, विक्री, ग्राहक व्यवस्थापन आणि आर्थिक शिस्त यांचा व्यवसाय आहे. यात रोज निर्णय घ्यावे लागतात आणि त्या निर्णयांचे परिणाम थेट नफ्यावर दिसतात.

अनेक शेतकरी शेतीत जसा अंदाजाने कारभार करतात तसाच कोंबडीपालनातही करतात. किती खाद्य गेले, किती अंडी मिळाली, किती पक्षी मृत झाले, एका अंड्याचा उत्पादन खर्च किती आला, महिन्याचा नफा किती झाला याच्या नोंदीच ठेवल्या जात नाहीत. मग व्यवसाय चालू आहे की नुकसानात आहे हेही स्पष्टपणे समजत नाही.

काही लोकांना वाटते की कोंबड्या स्वतःच खाद्य शोधतील, स्वतःच वाढतील आणि अंडीही देतील. पण व्यावसायिक उत्पादनासाठी प्रत्येक गोष्ट मोजावी लागते. खाद्याचे रूपांतर, अंडी उत्पादनाची टक्केवारी, मृत्यूदर, ग्राहकांची संख्या आणि विक्रीचे प्रमाण यावर सतत लक्ष ठेवावे लागते.

कोंबडीपालनात यशस्वी होणारे लोक स्वतःला फक्त शेतकरी समजत नाहीत. ते स्वतःला उद्योजक समजतात. ते नोंदी ठेवतात, आकडे मोजतात, खर्चावर नियंत्रण ठेवतात, ग्राहक तयार करतात आणि उत्पादनाचे नियोजन करतात.

हे विशेषतः देशी अंडी, फ्री-रेंज अंडी किंवा प्रीमियम बाजारपेठेसाठी काम करणाऱ्या शेतकऱ्यांसाठी महत्त्वाचे आहे. अशा व्यवसायात उत्पादनापेक्षा व्यवस्थापन आणि विक्री यांचे महत्त्व अधिक असते.

कोंबडीपालन हा जोडधंदा म्हणून सुरू होऊ शकतो. पण तो यशस्वी करायचा असेल तर त्याच्याकडे पूर्ण व्यवसाय म्हणूनच पाहावे लागते.

ज्या दिवशी तुम्ही कोंबडीपालनाला छंद किंवा जोडधंदा समजणे बंद करता, त्या दिवशी खऱ्या अर्थाने तुमचा व्यवसाय सुरू होतो.

११४. अपूर्ण माहितीवर विश्वास ठेवून निर्णय घेणे

आज माहिती मिळवणे खूप सोपे झाले आहे. मोबाईल उघडला की कोंबडीपालनाचे हजारो व्हिडिओ दिसतात. कुणी सांगतो की फक्त अझोलावर कोंबड्या वाढतात, कुणी सांगतो की बाजारातील खाद्य विष आहे, कुणी सांगतो की गावरान कोंबडी वर्षाला ३०० अंडी देते, तर कुणी सांगतो की कोणतेही खाद्य न वापरता लाखो रुपयांचा व्यवसाय उभा करता येतो.

समस्या माहिती मिळण्यात नाही. समस्या योग्य माहिती आणि चुकीची माहिती यातील फरक ओळखण्यात आहे.

अनेक नवीन उद्योजक स्वतः प्रयोग करण्याऐवजी किंवा आकडे तपासण्याऐवजी कोणीतरी सांगितले म्हणून निर्णय घेतात. एखादा व्हिडिओ व्हायरल झाला, एखाद्या व्यक्तीने मोठमोठे दावे केले किंवा एखाद्या गटात एखादी माहिती फिरली की ती सत्य मानली जाते. पण व्यवसाय अफवांवर चालत नाही.

कोंबडीपालनात प्रत्येक गोष्टीचे गणित असते. जर कोणी सांगत असेल की एखादे खाद्य स्वस्त आहे, तर त्याचे पोषणमूल्य काय आहे हे विचारले पाहिजे. जर कोणी सांगत असेल की एखादी जात खूप चांगली आहे, तर तिचे प्रत्यक्ष उत्पादन किती आहे हे तपासले पाहिजे. जर कोणी सांगत असेल की अमुक पद्धतीने खाद्य खर्च शून्य होतो, तर त्यामागचे आकडे मागितले पाहिजेत.

विशेषतः सोशल मीडियावर यश दिसते, अपयश दिसत नाही. यशस्वी बॅचचे व्हिडिओ दिसतात, पण त्याआधी झालेल्या चुका, नुकसान आणि अपयशी प्रयोग दिसत नाहीत. त्यामुळे अनेक लोक दुसऱ्यांचे परिणाम कॉपी करतात, पण त्यामागची प्रक्रिया समजून घेत नाहीत.

चांगली माहिती कुठूनही मिळू शकते. यूट्यूबवरूनही मिळू शकते. पण कोणतीही माहिती अंतिम सत्य मानण्यापूर्वी ती स्वतःच्या परिस्थितीत तपासणे आवश्यक असते. हवामान, बाजारपेठ, उपलब्ध खाद्य, ग्राहक, मजुरी आणि भांडवल या सर्व गोष्टी प्रत्येक शेतकऱ्यासाठी वेगळ्या असतात.

यशस्वी कोंबडीपालक प्रत्येक सल्ल्यावर विश्वास ठेवत नाही. तो प्रश्न विचारतो, आकडे तपासतो, छोट्या प्रमाणावर प्रयोग करतो आणि मग निर्णय घेतो.

कोंबडीपालनात सर्वात धोकादायक गोष्ट अज्ञान नाही. पडताळणी न केलेली माहिती आहे.

११५. परताव्याचा कालावधी न समजणे

अनेक लोक कोंबडीपालनात येताना पहिल्या दिवसापासून नफा मिळेल अशी अपेक्षा ठेवतात. ते पिल्ले खरेदी करतात, खाद्य आणतात, शेड उभारतात आणि काही महिन्यांत पैसे परत यायला लागतील असे गृहीत धरतात. पण लेयर कोंबडीपालनाचे अर्थशास्त्र वेगळे असते.

पहिले पाच ते सहा महिने कोंबडी फक्त खर्च करते. ती अंडी देत नाही. या काळात खाद्य, औषधे, लसीकरण, पाणी, मजुरी आणि इतर सर्व खर्च चालू असतात. म्हणजे व्यवसायात पैसा बाहेर जात असतो, पण आत येत नसतो.

सहाव्या महिन्याच्या आसपास अंडी उत्पादन सुरू होते. अनेकांना वाटते की आता नफा सुरू झाला. प्रत्यक्षात त्या काळात फक्त आधी केलेला खर्च परत मिळण्यास सुरुवात झालेली असते. पहिल्या सहा महिन्यांत पक्ष्यांवर झालेला खर्च अजून वसूल व्हायचा असतो.

पुढील आठ ते दहा महिने अंडी विक्रीतून मिळणाऱ्या उत्पन्नाचा मोठा भाग हा पिल्ले वाढवताना झालेला खर्च भरून काढण्यात जातो. त्यामुळे रोख पैसे येत असले तरी त्याला खरा नफा म्हणता येत नाही.

याच कारणामुळे अनेक नवीन उद्योजक मध्येच निराश होतात. त्यांना वाटते की व्यवसाय चालत नाही. प्रत्यक्षात व्यवसाय चालू

असतो, पण त्यांनी त्याचा परताव्याचा कालावधी समजून घेतलेला नसतो.

खरे गणित पाहिले तर अनेक वेळा चौदा ते पंधरा महिन्यांनंतर व्यवसाय वास्तविक नफा देऊ लागतो. त्या आधीचा कालावधी हा गुंतवणूक परत मिळवण्याचा असतो.

म्हणूनच लेयर कोंबडीपालन सुरू करताना किमान एक ते दीड वर्षाचा आर्थिक आराखडा तयार असणे आवश्यक आहे. सहा महिन्यांच्या खर्चाची तरतूद न करता व्यवसाय सुरू करणारे अनेक लोक अंडी सुरू होण्यापूर्वीच अडचणीत येतात.

कोंबडीपालनातील सर्वात मोठा गैरसमज म्हणजे अंडी सुरू झाली म्हणजे नफा सुरू झाला. प्रत्यक्षात अंडी सुरू झाली म्हणजे गुंतवणूक परत मिळण्याची प्रक्रिया सुरू झाली असते.

११६. कुक्कुटपालनात वाहन प्रवेशाचे नियोजन न करणे

कुक्कुटपालन सुरू करताना बहुतेक लोक शेड, पक्ष्यांची जात, खाद्य, पाणी आणि बाजारपेठ यांचा विचार करतात. पण एक अत्यंत महत्त्वाची गोष्ट अनेकदा दुर्लक्षित राहते.

ती म्हणजे वाहनांची ये-जा आणि लोडिंग-अनलोडिंग व्यवस्था.

सुरुवातीला हा विषय फारसा महत्त्वाचा वाटत नाही. पण व्यवसाय सुरू झाल्यानंतर त्याचे महत्त्व लगेच लक्षात येते. पिल्ले येतात, खाद्य येते, औषधे येतात, अंडी बाहेर जातात, तयार पक्षी विक्रीसाठी जातात, शेण बाहेर काढावे लागते. या सर्व कामांसाठी वाहनांना शेडपर्यंत सहज पोहोचता आले पाहिजे.

मी स्वतः ही चूक केली आहे. आमच्या कुक्कुटपालन विभागापर्यंत मोठी वाहने थेट येऊ शकत नाहीत. त्यामुळे प्रत्येक वेळी खाद्य उतरवताना, साहित्य आणताना किंवा पक्ष्यांची वाहतूक करताना अतिरिक्त मेहनत घ्यावी लागते.

समजा एक टन खाद्य आले. ट्रक शेडजवळ येऊ शकत नसेल तर ते आधी दूर उतरवावे लागते. मग पुन्हा पोती हाताने किंवा छोट्या वाहनाने शेडपर्यंत न्यावी लागतात. म्हणजे एकाच मालाची दोनदा हाताळणी करावी लागते. यामुळे मजुरी वाढते, वेळ जातो आणि कामगारांवर अतिरिक्त ताण येतो.

तयार पक्षी विक्रीसाठी पाठवताना तर ही समस्या अधिक गंभीर होते. पक्षी पकडणे, क्रेटमध्ये भरणे आणि नंतर ते क्रेट्स दूर उभ्या असलेल्या वाहनापर्यंत नेणे हे अत्यंत वेळखाऊ काम बनते. उन्हाळ्यात यामुळे पक्ष्यांवर अतिरिक्त ताण येतो. काही वेळा वजन घटते, काही वेळा मृत्यूदरही वाढू शकतो.

अंडी उत्पादन करणाऱ्या युनिटमध्येही हीच समस्या दिसते. रोज अंडी वाहून नेण्यासाठी अतिरिक्त मजुरी लागते. लहान अंतर वाटत असले तरी वर्षभराचा हिशोब केला तर हा खर्च खूप मोठा असतो.

आणखी एक महत्त्वाचा मुद्दा म्हणजे जैवसुरक्षा. वाहनांना योग्य ठिकाणी नियंत्रित प्रवेश देण्यासाठी नियोजन केलेले असेल तर रोगांचा धोका कमी करता येतो. पण जेव्हा वाहनांना दूर थांबावे लागते आणि माल अनेक वेळा हाताळावा लागतो, तेव्हा संसर्गाचा धोका वाढतो.

कुक्कुटपालनातील अनेक खर्च खाद्यामुळे किंवा औषधांमुळे होत नाहीत. ते खराब लेआउटमुळे होतात. शेड बांधण्यापूर्वी जर वाहनांचा मार्ग, ट्रक फिरण्यासाठी जागा, खाद्य उतरवण्याचे ठिकाण आणि पक्षी लोडिंग पॉइंट यांचे नियोजन केले, तर पुढील अनेक वर्षांचा त्रास वाचू शकतो.

माझ्या मते प्रत्येक कुक्कुटपालकाने शेडचे नियोजन करताना एक प्रश्न विचारला पाहिजे:

"उद्या १० टन खाद्याचा ट्रक किंवा पक्षी घेऊन जाणारे वाहन थेट शेडपाशी येऊ शकेल का?"

जर उत्तर "नाही" असेल, तर भविष्यात वेळ, मजुरी आणि पैसा या तिन्हींचा अतिरिक्त खर्च होणार हे निश्चित आहे.

कुक्कुटपालनात चांगली शेड महत्त्वाची आहेच. पण चांगली लॉजिस्टिक व्यवस्था तितकीच महत्त्वाची आहे. कारण व्यवसाय फक्त पक्षी वाढवण्यावर चालत नाही, तर माल आत आणि बाहेर किती कार्यक्षमतेने हलतो यावरही चालतो.

आर्थिक नियोजन

११७. उत्पादन खर्चाचा अचूक हिशोब न काढणे

शेतीतील सर्वात मोठ्या आर्थिक चुकांपैकी एक म्हणजे उत्पादन खर्चाचा अचूक हिशोब न काढणे. आश्चर्याची गोष्ट म्हणजे अनेक शेतकऱ्यांना त्यांच्या पिकातून किती उत्पन्न मिळाले हे माहीत असते, पण ते उत्पन्न मिळवण्यासाठी नेमका किती खर्च झाला हे माहीत नसते.

कोणत्याही व्यवसायात नफा हा विक्रीवर ठरत नाही, तर खर्च वजा केल्यानंतर उरलेल्या रकमेवर ठरतो. पण शेतीमध्ये अनेकदा एकरी किती क्विंटल उत्पादन आले, किती टन माल विकला किंवा किती रुपये विक्री झाली यालाच यश मानले जाते. प्रत्यक्षात मात्र लाख रुपयांची विक्री करूनही तोटा होऊ शकतो आणि कमी विक्री करूनही चांगला नफा मिळू शकतो.

उत्पादन खर्च काढताना फक्त बियाणे, खते आणि औषधे यांचाच विचार केला जातो. पण प्रत्यक्षात मजुरी, वाहतूक, पाणी, वीज, यंत्रसामग्रीचा घसारा, व्याज, पॅकिंग, बाजार खर्च, जनावरांचा चारा, तसेच स्वतःचा वेळ यांचाही खर्च असतो. अनेक शेतकरी स्वतः आणि त्यांच्या कुटुंबातील सदस्यांनी केलेल्या कामाचे मूल्य शून्य धरतात. त्यामुळे त्यांना शेती फायदेशीर वाटत असते, पण प्रत्यक्षात त्यांनी स्वतःच्या श्रमांचा खर्चच मोजलेला नसतो.

मी अनेक शेतकऱ्यांना भेटलो आहे ज्यांना एका किलो टोमॅटोचा, एका लिटर दुधाचा किंवा एका अंड्याचा उत्पादन खर्च किती आहे हे माहीत नसते. अशा परिस्थितीत विक्री किंमत योग्य आहे की नाही, नफा होत आहे की तोटा, हे कसे ठरणार?

याहून मोठी समस्या म्हणजे खर्चाचा हिशोब नसल्यामुळे चुकीच्या ठिकाणी खर्च होत आहे हेही लक्षात येत नाही. कोणते पीक फायदेशीर आहे, कोणता व्यवसाय पैसा खात आहे, कोणत्या विभागात खर्च जास्त आहे आणि कुठे बचत करता येईल याचा अंदाज येत नाही.

प्रत्येक शेतकऱ्याने किमान पुढील गोष्टींची नोंद ठेवली पाहिजे:

- बियाणे खर्च
- खते व औषधे
- मजुरी
- पाणी व वीज
- वाहतूक
- यंत्रसामग्री खर्च
- जनावरांचा चारा
- पॅकिंग व विक्री खर्च
- व्याज
- स्वतःचा व कुटुंबाचा श्रमखर्च

आज मोबाईलमध्ये साधा एक्सेल शीट किंवा वहीत लिहिलेला हिशोबही पुरेसा आहे. परिपूर्ण हिशोब असणे आवश्यक नाही, पण हिशोब असणे आवश्यक आहे.

लक्षात ठेवा, जे मोजता येत नाही ते सुधारता येत नाही. आणि ज्याचा खर्च माहीत नाही त्या व्यवसायात नफा होतो आहे की तोटा, हे कधीच समजत नाही.

शेतीतील आर्थिक यशाची सुरुवात उत्पादन वाढवण्यापासून होत नाही. ती उत्पादन खर्च समजून घेण्यापासून होते.

११८. प्रति एकर प्रति महिना नफा न मोजणे

शेतीमध्ये एक फार मोठा गैरसमज आहे. शेतकरी आणि कृषी तज्ज्ञ दोघेही अनेकदा एकरी नफा सांगतात, पण तो नफा मिळवण्यासाठी किती वेळ लागला हे सांगत नाहीत.

समजा एखाद्या पिकातून तुम्हाला एकरी एक लाख रुपयांचा नफा झाला. ऐकायला खूप छान वाटते. पण हा नफा तीन महिन्यांत झाला की बारा महिन्यांत, हा प्रश्न कोणी विचारत नाही. जर त्याच एकर जमिनीत पूर्ण वर्ष अडकून राहून एक लाख रुपये नफा मिळाला असेल, तर प्रत्यक्षात त्या जमिनीने महिन्याला फक्त साडेआठ हजार रुपये नफा दिला.

व्यवसायामध्ये पैसा आणि वेळ दोन्ही महत्त्वाचे असतात. शेतीमध्ये मात्र बहुतेक वेळा फक्त पैशाकडे पाहिले जाते. त्यामुळे अनेक शेतकरी अशा पिकांच्या मागे धावत राहतात ज्यांचा एकरी नफा जास्त दिसतो, पण प्रत्यक्षात त्या जमिनीचा आणि भांडवलाचा वापर अत्यंत अकार्यक्षम असतो.

याउलट एखादे पीक किंवा व्यवसाय कमी नफा देत असेल, पण कमी कालावधीत पूर्ण होत असेल तर वर्षभरात त्याची अनेक चक्रे घेता येतात. अशा वेळी वार्षिक नफा खूप जास्त असू शकतो.

हीच चूक पशुपालन, दुग्धव्यवसाय, कुक्कुटपालन आणि फळबागांमध्येही दिसते. लोक फक्त एका सायकलचा नफा

बघतात. पैसा किती काळ अडकून राहतो, याचा विचार करत नाहीत.

उदाहरणार्थ:

- एक व्यवसाय १२ महिन्यांत १ लाख रुपये नफा देतो.
- दुसरा व्यवसाय ३ महिन्यांत ३० हजार रुपये नफा देतो.

पहिला व्यवसाय जास्त आकर्षक वाटू शकतो. पण दुसरा व्यवसाय वर्षातून चार वेळा करता आला तर वार्षिक नफा १ लाख २० हजार रुपये होतो. शिवाय पैसा लवकर परत मिळाल्यामुळे जोखीमही कमी होते.

म्हणूनच फक्त "एकरी नफा" हा आकडा दिशाभूल करू शकतो.

शेतकऱ्याने प्रत्येक व्यवसायासाठी पुढील प्रश्न विचारला पाहिजे:

"हा व्यवसाय मला प्रति एकर प्रति महिना किती नफा देतो?"

हा एक प्रश्न विचारला की अनेक भ्रम दूर होतात. काही पिके दिसायला फायदेशीर असतात पण जमिनीचा वेळ खाऊन टाकतात. काही व्यवसाय साधे वाटतात पण महिन्याला अधिक पैसा निर्माण करतात.

मी स्वतः शेतीकडे पाहताना एकरी उत्पादन, एकरी नफा किंवा एकरी उलाढाल यापेक्षा प्रति एकर प्रति महिना नफा या निकषाला

अधिक महत्त्व देतो. शेवटी जमीन ही मर्यादित असते आणि वेळही मर्यादित असतो.

लक्षात ठेवा, शेतीत फक्त जमिनीचा वापर होत नाही. जमिनीसोबत वेळेचाही वापर होत असतो. त्यामुळे नफा मोजताना वेळाचा हिशोब केला नाही, तर अर्धा हिशोबच केला आहे.

११९. ROI, Cash Flow आणि Scale यातील फरक न समजणे

शेतीमध्ये अनेकदा लोक एखाद्या व्यवसायाचे कौतुक करताना म्हणतात, "यात 100% नफा आहे", "यात दुप्पट पैसे होतात", "यात खूप ROI आहे." पण प्रत्यक्षात ROI, Cash Flow आणि Scale या तीन वेगळ्या गोष्टी आहेत. या तिन्ही गोष्टींचा गोंधळ झाल्यामुळे अनेक चुकीचे निर्णय घेतले जातात.

सर्वप्रथम ROI म्हणजे Return on Investment. म्हणजे तुम्ही गुंतवलेल्या पैशावर किती परतावा मिळाला. ROI महत्त्वाचा आहे, पण तो एकटाच सर्वकाही सांगत नाही.

समजा एखादा व्यवसाय 100% ROI देतो. तुम्ही 50 हजार रुपये गुंतवले आणि वर्षभरानंतर 1 लाख रुपये झाले. कागदावर हा खूप चांगला व्यवहार आहे. पण जर तुमच्या कुटुंबाचा महिन्याचा खर्च 50 हजार रुपये असेल, तर हा व्यवसाय तुम्हाला जगवू शकणार नाही.

दुसरीकडे एखादा व्यवसाय फक्त 20% ROI देत असेल, पण त्यात 50 लाख रुपयांची उलाढाल होत असेल, तर तो वर्षाला 10 लाख रुपये निर्माण करू शकतो. त्यामुळे कमी ROI असूनही तो अधिक उपयुक्त ठरू शकतो.

यालाच Scale म्हणतात. म्हणजे व्यवसाय किती मोठा करता येतो आणि एकूण किती पैसा निर्माण करू शकतो.

पण इथेही एक धोका आहे. समजा एखादा व्यवसाय चांगला ROI देतो आणि मोठ्या प्रमाणावर करता येतो. तरीसुद्धा तो यशस्वीच होईल असे नाही. तिसरा आणि सर्वात महत्त्वाचा घटक म्हणजे Cash Flow.

Cash Flow म्हणजे व्यवसायामध्ये प्रत्यक्ष रोख पैसा कधी येतो आणि कधी जातो.

अनेक फळबागा, लाकूड लागवडीचे प्रकल्प किंवा काही दीर्घकालीन शेती व्यवसाय कागदावर खूप फायदेशीर दिसतात. ROI उत्कृष्ट असतो. पण उत्पन्न येण्यासाठी अनेक वर्षे वाट पाहावी लागते. तोपर्यंत घरखर्च, मजुरी, वीजबिल, देखभाल आणि इतर खर्च चालूच असतात.

याउलट दुग्धव्यवसाय, अंडी उत्पादन, भाजीपाला किंवा काही प्रक्रिया उद्योग दररोज किंवा दर आठवड्याला रोख पैसा निर्माण करतात. त्यांचा ROI कदाचित कमी असेल, पण Cash Flow मजबूत असतो.

शेतीमध्ये सर्वाधिक नुकसान तेव्हा होते जेव्हा शेतकरी फक्त ROI पाहतो आणि Cash Flow विसरतो.

याहून एक मोठी चूक म्हणजे ROI ला नफा समजणे. ROI हा टक्केवारीचा आकडा आहे. घर चालवण्यासाठी टक्केवारी लागत नाही, पैसा लागतो.

म्हणून कोणताही व्यवसाय निवडताना तीन प्रश्न विचारले पाहिजेत:

1. ROI किती आहे?
2. हा व्यवसाय किती Scale करता येतो?
3. Cash Flow किती नियमित आहे?

यापैकी एकही गोष्ट स्वतंत्रपणे पुरेशी नाही.

फक्त ROI पाहणारा शेतकरी अडकू शकतो.
फक्त Scale पाहणारा शेतकरी कर्जात जाऊ शकतो.
फक्त Cash Flow पाहणारा शेतकरी कमी नफ्यात अडकू शकतो.

यशस्वी शेतकरी तोच असतो जो या तिन्ही गोष्टींचा समतोल साधतो.

लक्षात ठेवा, उच्च ROI म्हणजे यशस्वी व्यवसाय नव्हे, चांगला Cash Flow म्हणजे मोठा व्यवसाय नव्हे, आणि मोठा Scale म्हणजे जास्त नफा नव्हे. शेतीमध्ये या तिन्ही गोष्टी एकत्र समजून घेतल्या तरच योग्य आर्थिक निर्णय घेता येतात.

१२०. कॅश फ्लोचे नियोजन न करणे

अनेक शेतकरी म्हणतात, "शेतीत नफा आहे, पण हातात पैसे राहत नाहीत." याचे बहुतेक वेळा तोटा नसतो. असते खराब कॅश फ्लो.

कॅश फ्लो म्हणजे पैसा कधी येतो आणि कधी जातो याचा हिशोब.

शेतीमध्ये अनेकदा असे होते की खर्च रोज होत असतो, पण उत्पन्न वर्षातून एकदा किंवा दोनदाच येते. बियाणे, खते, औषधे, मजुरी, वीज, डिझेल, पशुखाद्य, वाहतूक यासाठी पैसा सतत खर्च होत असतो. पण पीक विकल्यावरच मोठी रक्कम हातात येते.

यामुळे कागदावर नफा असला तरी प्रत्यक्षात रोख पैशाची कमतरता निर्माण होते.

अनेक शेतकरी या परिस्थितीत काय करतात? नवीन कर्ज काढतात. मग त्या कर्जाचा हप्ता भरण्यासाठी आणखी कर्ज घेतात. हळूहळू व्यवसायाचा नफा वाढत नाही, पण कर्जाचा बोजा वाढत जातो.

शेतीतील सर्वात धोकादायक परिस्थिती म्हणजे नफा नसणे नव्हे, तर कॅश फ्लो तुटणे.

नफा वर्षाच्या शेवटी दिसतो. पण मजूराला रोज पैसे द्यावे लागतात. वीजबिल महिन्याला भरावे लागते. पशुखाद्य रोज विकत घ्यावे लागते. घरखर्च दर महिन्याला चालतो.

म्हणूनच कोणताही शेती व्यवसाय उभारताना फक्त नफा किती होईल हे बघू नका. पैसा कधी येईल हेही बघा.

उदाहरणार्थ, एखाद्या शेतकऱ्याने संपूर्ण जमीन ऊस, हळद किंवा फळबागेत गुंतवली. कागदावर हा निर्णय फायदेशीर वाटू शकतो. पण जर पुढील १२ महिने घरखर्चासाठी पैसा कुठून येणार याचा विचार केला नसेल, तर अडचण निर्माण होऊ शकते.

म्हणूनच अनेक यशस्वी शेतकरी दीर्घकालीन पिकांसोबत अल्पकालीन उत्पन्नाचे स्रोत ठेवतात.

- दुग्धव्यवसाय
- अंडी उत्पादन
- भाजीपाला
- प्रक्रिया उद्योग
- रोपवाटिका
- बीएसएफएल
- नियमित विक्री होणारी उत्पादने

हे व्यवसाय अनेकदा फक्त नफ्यासाठी नसतात. ते कॅश फ्लोसाठी असतात.

माझ्या मते शेतीतील प्रत्येक शेतकऱ्याने वर्षभराचा कॅलेंडर तयार केला पाहिजे.

कोणत्या महिन्यात किती खर्च होणार?
कोणत्या महिन्यात किती उत्पन्न येणार?
कोणत्या महिन्यात पैशाची सर्वाधिक गरज भासणार?

हे आधीच स्पष्ट असले पाहिजे.

अनेकदा शेतकरी उत्पादन नियोजन करतात, पण पैशाचे नियोजन करत नाहीत. प्रत्यक्षात पैसा संपल्यामुळे बंद पडलेले अनेक व्यवसाय नफ्यात असू शकले असते.

लक्षात ठेवा, तोट्यामुळे व्यवसाय बंद पडतातच असे नाही. अनेक व्यवसाय कॅश फ्लो तुटल्यामुळे बंद पडतात.

शेतीमध्ये टिकायचे असेल तर नफ्याइतकेच कॅश फ्लो समजून घेणे आवश्यक आहे. शेवटी बँक खात्यातील रोख पैसा हा कागदावरील नफ्यापेक्षा जास्त महत्त्वाचा असतो.

१२१. कर्ज काढून शेती करणे

शेतीमध्ये मी पाहिलेली सर्वात धोकादायक आर्थिक चूक म्हणजे कर्ज काढून शेती करणे. अनेकांना हे विधान कठोर वाटेल, पण वास्तव हे आहे की कर्ज काढून शेती करणे म्हणजे मोठ्या प्रमाणात अनिश्चिततेवर पैज लावणे होय.

शेती हा असा व्यवसाय आहे ज्यामध्ये यशस्वी होण्यासाठी आवश्यक असलेल्या अनेक गोष्टी तुमच्या नियंत्रणात नसतात. पाऊस पडेल की नाही, अतिवृष्टी होईल का, गारपीट होईल का, रोगराई येईल का, बाजारभाव टिकतील का, सरकार आयात-निर्यात धोरण बदलेल का, मजूर मिळतील का, या कोणत्याच गोष्टींची हमी नसते.

मात्र कर्जाचा हप्ता निश्चित असतो.

तुमचे पीक बुडाले तरी बँकेचा हप्ता भरावाच लागतो. बाजारभाव अर्धे झाले तरी व्याज थांबत नाही. दुष्काळ पडला तरी EMI माफ होत नाही. म्हणजेच तुम्ही अनिश्चित उत्पन्नाच्या आधारावर निश्चित जबाबदारी स्वीकारत असता.

हीच कर्जाची खरी जोखीम आहे.

अनेक शेतकरी कर्जाला भांडवल समजतात. प्रत्यक्षात कर्ज हे उत्पन्न नाही, ते भविष्यातील उत्पन्नावर घेतलेले आगाऊ ओझे

असते. आज घेतलेला प्रत्येक रुपया उद्या व्याजासह परत करावा लागतो.

विशेषतः चालू खर्चासाठी कर्ज घेणे अत्यंत धोकादायक असते.

- बियाण्यासाठी कर्ज
- खतांसाठी कर्ज
- मजुरीसाठी कर्ज
- पशुखाद्यासाठी कर्ज
- घरखर्चासाठी कर्ज

जर दरवर्षी हे खर्च भागवण्यासाठी नवीन कर्ज घ्यावे लागत असेल, तर व्यवसायात मूलभूत आर्थिक समस्या आहे हे समजले पाहिजे.

याचा अर्थ सर्व कर्ज चुकीचे आहे असे नाही.

जर एखाद्या गुंतवणुकीमुळे खर्च कायमस्वरूपी कमी होणार असेल, उत्पादनक्षमता वाढणार असेल किंवा निश्चित उत्पन्न निर्माण होणार असेल, तर विचारपूर्वक घेतलेले कर्ज योग्य ठरू शकते.
उदाहरणार्थ:

- सिंचन व्यवस्था
- पाणी साठवणूक
- प्रक्रिया उद्योग
- मजुरी वाचवणारी यंत्रसामग्री
- निश्चित उत्पन्न देणारी मालमत्ता

पण अशा वेळीही परतफेडीची स्पष्ट योजना असली पाहिजे.

मी अनेक शेतकऱ्यांना पाहिले आहे की ते पीक कर्ज फेडण्यासाठी नवीन पीक कर्ज घेतात. जुने कर्ज फेडण्यासाठी नवीन कर्ज घेणे म्हणजे आर्थिक प्रगती नव्हे, तर आर्थिक दलदलीत अडकण्याची सुरुवात आहे.

शेतीमध्ये पहिला उद्देश मोठा नफा कमावणे नसावा. पहिला उद्देश असा असावा की शेतीचा खर्च शेतीनेच भागवला पाहिजे. दुसरा उद्देश कर्जमुक्त होणे असावा. त्यानंतरच विस्तार आणि वाढ यांचा विचार करावा.

कॅसिनोमध्ये लोक जुगार खेळतात निकाल त्यांच्या हातात नसतो. शेतीमध्येही पाऊस, बाजारभाव आणि नैसर्गिक आपत्ती तुमच्या हातात नसतात. त्यामुळे कर्ज काढून शेती करणे म्हणजे अनेकदा अशा खेळात मोठी पैज लावण्यासारखे असते ज्याचा निकाल तुम्ही ठरवू शकत नाही.

म्हणून शक्य तितकी शेती स्वतःच्या भांडवलावर, स्वतःच्या बचतीवर आणि स्वतःच्या कॅश फ्लोवर उभी करण्याचा प्रयत्न करा. कर्जावर उभा केलेला व्यवसाय वाढू शकतो, पण कर्जमुक्त व्यवसाय जास्त काळ टिकतो.

१२२. आपत्कालीन निधी आणि आर्थिक राखीव निधी न ठेवणे

अनेक शेतकरी चांगले उत्पादन घेतात, चांगली विक्री करतात, काही वर्षे चांगला नफाही कमावतात. पण एक वाईट हंगाम आला की संपूर्ण आर्थिक गणित कोलमडते. नफा कमावण्यापेक्षा महत्त्वाची गोष्ट त्यांनी केलेली नसते. ती म्हणजे आर्थिक राखीव निधी तयार करणे.

शेती हा पगाराची खात्री असलेला व्यवसाय नाही. इथे प्रत्येक वर्ष सारखे नसते. काही वर्षे उत्कृष्ट जातात, काही वर्षे सरासरी जातात आणि काही वर्षे पूर्णपणे बिघडतात.

दुष्काळ, अतिवृष्टी, गारपीट, रोगराई, बाजारभाव कोसळणे, जनावरांचे आजार, अचानक वाढलेले उत्पादन खर्च, कुटुंबातील वैद्यकीय खर्च अशा अनेक गोष्टी कोणत्याही क्षणी घडू शकतात.

अशा वेळी दोन प्रकारचे शेतकरी दिसतात.

पहिला शेतकरी चांगल्या वर्षांत मिळालेला सगळा पैसा खर्च करतो. नवीन गाडी, नवीन उपकरणे, अनावश्यक बांधकामे, प्रतिष्ठेच्या गोष्टी यावर पैसा खर्च होतो. आणि संकट आले की कर्जाशिवाय पर्याय उरत नाही.

दुसरा शेतकरी चांगल्या वर्षांत काही हिस्सा बाजूला काढून ठेवतो. त्यामुळे वाईट वर्ष आले तरी तो घाईघाईने कर्ज घेत नाही. माल स्वस्तात विकत नाही. चुकीचे निर्णय घेत नाही.

हा फरक आर्थिक शिस्तीचा असतो.

मी अनेकदा एक साधा नियम सांगतो:

शेतीतील नफा हा पूर्णपणे तुमचा नसतो. त्यातील काही भाग पुढच्या संकटासाठी राखून ठेवलेला असतो.

व्यवसायात याला Emergency Fund किंवा Reserve Fund म्हणतात.

किमान पुढील गोष्टींसाठी राखीव निधी असणे आवश्यक आहे:

- ६ ते १२ महिन्यांचा घरखर्च
- ६ ते १२ महिन्यांचा शेतीचा नियमित खर्च
- जनावरांसाठी आपत्कालीन खर्च
- अचानक दुरुस्ती किंवा यंत्रसामग्री खर्च
- वैद्यकीय खर्च

हे पैसे बचत खात्यात ठेवायचे, लिक्विड फंडमध्ये ठेवायचे किंवा इतर सुरक्षित स्वरूपात ठेवायचे हा वेगळा विषय आहे. पण ते उपलब्ध असणे महत्त्वाचे आहे.

अनेक शेतकरी प्रत्येक रुपया पुन्हा शेतीत गुंतवतात. विस्तार करत राहतात. जमीन वाढवतात. जनावरे वाढवतात. पण बँक खात्यात राखीव निधी ठेवत नाहीत. त्यामुळे एखादा धक्का बसला की संपूर्ण व्यवस्था विस्कळीत होते.

व्यवसायात टिकून राहणे हे अनेकदा जास्त नफा कमावण्यापेक्षा महत्त्वाचे असते. जिवंत राहिलेला व्यवसाय पुढे पुन्हा वाढू शकतो.

लक्षात ठेवा,

शेतीतील सर्वात महत्त्वाचे पीक म्हणजे सुरक्षितता. राखीव निधी नसलेला शेतकरी प्रत्येक संकटात कर्जदार बनतो, आणि राखीव निधी असलेला शेतकरी त्याच संकटाला संधीमध्ये बदलू शकतो.

नफा कमावणे ही कला आहे. पण नफ्यातून सुरक्षितता निर्माण करणे ही शहाणपणाची गोष्ट आहे.

१२३. बचत करून योग्य ठिकाणी गुंतवणूक न करणे

अनेक शेतकरी नफा कमावण्यावर लक्ष केंद्रित करतात, पण त्या नफ्याचे पुढे काय करायचे याचा विचार करत नाहीत. प्रत्यक्षात आर्थिक स्वातंत्र्य फक्त शेतीतून नफा कमावल्याने मिळत नाही. तो नफा योग्य ठिकाणी गुंतवल्याने मिळतो.

मी अनेक शेतकऱ्यांना पाहिले आहे की चांगले पैसे मिळाले की ते लगेच नवीन खर्च शोधतात. नवीन वाहन, नवीन बांधकाम, नवीन उपकरणे, नवीन प्रकल्प. पैसा हातात राहू नये अशी जणू मानसिकता तयार झालेली असते.

पण प्रत्येक रुपया पुन्हा शेतीत टाकणे हे नेहमीच शहाणपणाचे नसते.

एक गोष्ट लक्षात घेतली पाहिजे. शेती हा जोखीम असलेला व्यवसाय आहे. जर तुमची सर्व संपत्ती, सर्व उत्पन्न आणि सर्व गुंतवणूक शेतीतच अडकलेली असेल, तर एखाद्या मोठ्या संकटाचा परिणाम तुमच्या संपूर्ण आर्थिक आयुष्यावर होऊ शकतो.

म्हणूनच नफ्याचा काही भाग शेतीबाहेरील मालमत्तांमध्ये गुंतवणे आवश्यक आहे.

उदाहरणार्थ:

- म्युच्युअल फंड

- शेअर्स
- बॉंड्स
- बँक ठेवी
- व्यावसायिक मालमत्ता
- भाडे उत्पन्न देणाऱ्या मालमत्ता

यामुळे दोन फायदे होतात.

पहिला म्हणजे संपत्ती विविध ठिकाणी विभागली जाते. शेतीतील एखादा धक्का बसला तरी सर्व काही धोक्यात येत नाही.

दुसरा म्हणजे शेतीशिवाय स्वतंत्र उत्पन्नाचे स्रोत तयार होतात.

अनेक शेतकरी आयुष्यभर शेती करतात, पण निवृत्तीची योजना करत नाहीत. त्यांना वाटते जमीनच त्यांची निवृत्ती आहे. पण जमीन विकल्याशिवाय ती उत्पन्न देत नाही. आणि जमीन विकणे हा बहुतेक वेळा योग्य उपाय नसतो.

त्याऐवजी वर्षानुवर्षे केलेली शिस्तबद्ध गुंतवणूक भविष्यात स्थिर उत्पन्न निर्माण करू शकते.

ही चूक विशेषतः त्या शेतकऱ्यांमध्ये दिसते ज्यांना एखाद्या वर्षी मोठा नफा होतो. अचानक मिळालेला पैसा हा अनेकदा सर्वात धोकादायक पैसा असतो. तो नियोजनाऐवजी भावनेतून खर्च होतो.

मी एक साधा नियम पाळण्याचा सल्ला देतो:

प्रत्येक नफ्यातील काही भाग व्यवसायासाठी, काही भाग राखीव निधीसाठी आणि काही भाग दीर्घकालीन गुंतवणुकीसाठी राखून ठेवा.

संपूर्ण पैसा खर्च करणे ही चूक आहे.
संपूर्ण पैसा शेतीत गुंतवणेही चूक आहे.

शेतीचे अंतिम ध्येय फक्त अधिक उत्पादन घेणे नसते. शेतीतून निर्माण झालेला पैसा पुढे तुमच्यासाठी काम करू लागला पाहिजे.

लक्षात ठेवा,

श्रीमंत शेतकरी तो नसतो ज्याच्याकडे फक्त जमीन असते. श्रीमंत शेतकरी तो असतो ज्याच्या मालमत्ता त्याच्या झोपेतही उत्पन्न निर्माण करत असतात.

नफा कमावणे हा पहिला टप्पा आहे. बचत करणे दुसरा टप्पा आहे. पण त्या बचतीची योग्य गुंतवणूक करणे हा आर्थिक यशाचा खरा पाया आहे.

१२४. ROI न पाहता गुंतवणूक करणे

शेतीमध्ये अनेक गुंतवणुका भावना, प्रतिष्ठा, सवय किंवा इतरांच्या सल्ल्यावर केल्या जातात. पण एक मूलभूत प्रश्न विचारला जात नाही.

"या गुंतवणुकीवर मला किती परतावा मिळणार आहे?"

हा प्रश्न विचारला नाही की पैसा हळूहळू अशा ठिकाणी अडकत जातो जिथून तो कधीच परत येत नाही.

मी अनेक शेतांवर लाखो रुपयांची बांधकामे, शेड, कुंपण, ट्रॅक्टर, अवजारे, सजावटीच्या गोष्टी आणि विविध प्रकल्प पाहिले आहेत. पण त्या गुंतवणुकीमुळे प्रत्यक्षात किती अतिरिक्त उत्पन्न निर्माण झाले किंवा किती खर्च कमी झाला याचा हिशोब कुणीच केलेला नसतो.

प्रत्येक गुंतवणूक दोनच गोष्टींपैकी एक करायला हवी:

- उत्पन्न वाढवायला हवे.
- किंवा खर्च कमी करायला हवा.

जर दोन्हीपैकी काहीच होत नसेल, तर ती गुंतवणूक नसून खर्च आहे.

उदाहरणार्थ, समजा तुम्ही १० लाख रुपये खर्च करून एखादे शेड उभारले. आता प्रश्न असा आहे की त्या शेडमुळे वर्षाला किती अतिरिक्त नफा निर्माण होतो?

जर वर्षाला फक्त २० हजार रुपये फायदा होत असेल, तर ती गुंतवणूक आर्थिकदृष्ट्या फारशी आकर्षक नाही.

पण त्याच १० लाख रुपयांनी अशी व्यवस्था उभी राहिली ज्यामुळे वर्षाला २ लाख रुपये अतिरिक्त नफा मिळतो किंवा मजुरीत २ लाख रुपयांची बचत होते, तर चित्र पूर्ण बदलते.

अनेकदा शेतकरी "हे चांगले दिसते", "सगळे घेत आहेत", "सरकारी अनुदान आहे", "भविष्यात उपयोग होईल" या कारणांनी गुंतवणूक करतात.

पण कोणतीही गुंतवणूक करण्यापूर्वी काही प्रश्न विचारले पाहिजेत:

- यामुळे माझे उत्पन्न किती वाढणार?
- यामुळे माझा खर्च किती कमी होणार?
- गुंतवलेले पैसे किती वर्षांत परत येणार?
- हे पैसे दुसऱ्या ठिकाणी गुंतवले तर जास्त फायदा झाला असता का?
- ही गरज आहे की फक्त इच्छा आहे?

विशेषतः अनुदानामुळे अनेक चुकीच्या गुंतवणुका होतात.

एखादी गोष्ट ५०% अनुदानात मिळते म्हणून ती फायदेशीर ठरत नाही. जर त्या गोष्टीची गरजच नसेल तर उरलेले ५०% पैसेसुद्धा वाया गेलेलेच असतात.

शेतीमध्ये पैसा मर्यादित असतो. त्यामुळे प्रत्येक रुपया सैनिकासारखा कामाला लावला पाहिजे. तो फक्त खर्च होण्यासाठी नसतो. तो पुढे आणखी पैसा निर्माण करण्यासाठी असतो.

लक्षात ठेवा,

गुंतवणूक किती मोठी आहे हे महत्त्वाचे नाही. ती गुंतवणूक किती पैसा परत निर्माण करते हे महत्त्वाचे आहे.

शेतीत यशस्वी होण्यासाठी फक्त मेहनत पुरेशी नसते. भांडवल कुठे आणि किती वापरायचे याची शिस्तही तितकीच आवश्यक असते.

१२५. मजुरीवरील अवलंबित्व कमी करण्यासाठी गुंतवणूक न करणे

भारतीय शेतीसमोर आज सर्वात मोठ्या समस्यांपैकी एक समस्या म्हणजे मजूर. दरवर्षी मजुरी वाढत आहे, मजूर मिळणे कठीण होत आहे आणि शेतीतील कामासाठी तयार असणाऱ्या लोकांची संख्या कमी होत आहे. तरीसुद्धा अनेक शेतकरी अजूनही भविष्यातील या वास्तवाकडे दुर्लक्ष करत आहेत.

मला अनेकदा असे दिसते की शेतकरी खतांवर, औषधांवर, बियाण्यांवर आणि इतर खर्चांवर लाखो रुपये खर्च करतात. पण मजूरांची गरज कमी करणाऱ्या साधनांवर खर्च करण्यास तयार नसतात.

ही एक गंभीर आर्थिक चूक आहे.

खतांचा खर्च कमी-जास्त होऊ शकतो. बाजारभाव कमी-जास्त होऊ शकतात. पण मजुरीचा खर्च जवळपास दरवर्षी वाढणार हे निश्चित आहे.

आज ज्या कामासाठी दहा मजूर लागतात, तेच काम उद्या पाच मजुरांत किंवा एखाद्या साधनाच्या मदतीने दोन मजुरांत करता आले पाहिजे. अन्यथा भविष्यात शेती चालवणे अधिकाधिक कठीण होणार आहे.

याचा अर्थ प्रत्येकाने मोठा ट्रॅक्टर किंवा महागडी यंत्रसामग्री विकत घेतली पाहिजे असा नाही.

अनेक वेळा छोट्या गुंतवणुका मोठा फरक निर्माण करतात.

- ठिबक सिंचन
- मल्चिंग
- बॅटरी स्प्रेयर
- फीड कटर
- चारा कापणी यंत्र
- दूध काढण्याची यंत्रणा
- फर्टिगेशन व्यवस्था
- लहान पॉवर टिलर
- स्वयंचलित पाणीपुरवठा व्यवस्था
- अंडी, खाद्य किंवा खत हाताळण्यासाठी सोपी उपकरणे

या गोष्टी अनेकदा उत्पादन वाढवत नाहीत, पण मजुरी कमी करतात. आणि मजुरी कमी करणे म्हणजे थेट नफा वाढवणे.

मजुरी वाचवणाऱ्या गुंतवणुकीचे आणखी एक महत्त्वाचे वैशिष्ट्य म्हणजे त्या रोज फायदा देतात. एकदा व्यवस्था उभी राहिली की दररोज, दरमहिना आणि दरवर्षी खर्च वाचत राहतो.

भविष्यात यशस्वी शेतकरी तो नसेल ज्याच्याकडे सर्वाधिक जमीन आहे. यशस्वी शेतकरी तो असेल जो कमीत कमी माणसांमध्ये जास्तीत जास्त उत्पादन घेऊ शकतो.

अनेक शेतकरी अजूनही "स्वस्त मजूर मिळतील" या आशेवर नियोजन करतात. पण वास्तव उलटे आहे. पुढील दशकात मजूर अधिक महाग, अधिक दुर्मिळ आणि अधिक अनिश्चित होणार आहेत.

म्हणूनच प्रत्येक शेतकऱ्याने स्वतःला एक प्रश्न विचारला पाहिजे:

"मी पुढील पाच वर्षांत माझी मजूरांवरील गरज अर्धी कशी करू शकतो?"

हा प्रश्न विचारणारा शेतकरी भविष्यासाठी तयारी करत आहे. हा प्रश्न न विचारणारा शेतकरी वाढत्या मजुरीच्या खर्चात अडकत जाणार आहे.

लक्षात ठेवा,

शेतीमध्ये नफा फक्त अधिक उत्पादनातून वाढत नाही. अनेकदा तो कमी माणसांमध्ये तेच उत्पादन घेण्यामुळे वाढतो.

भविष्यातील शेती ही स्वस्त मजुरांवर नव्हे, तर कार्यक्षम प्रणाली आणि योग्य साधनांवर उभी राहणार आहे.

१२६. योग्य यंत्रसामग्री न घेणे किंवा चुकीची यंत्रसामग्री घेणे

शेतीमध्ये यंत्रसामग्रीबाबत दोन टोकाच्या चुका आढळतात. काही शेतकरी गरज नसताना मोठी यंत्रसामग्री विकत घेतात, तर काही शेतकरी स्पष्ट गरज असूनही कोणतीही यंत्रसामग्री घेत नाहीत. दोन्ही गोष्टी आर्थिकदृष्ट्या घातक ठरू शकतात.

अनेकदा एखाद्या शेतकऱ्याने नवीन ट्रॅक्टर घेतला, नवीन अवजारे घेतली किंवा मोठी यंत्रसामग्री उभी केली की गावात प्रतिष्ठा वाढते. पण बँक खात्यातील नफा वाढतोच असे नाही.

यंत्रसामग्रीचा उद्देश प्रतिष्ठा नसून उत्पादकता वाढवणे किंवा खर्च कमी करणे हा असतो.

एखाद्या शेतकऱ्याकडे ५ ते १० एकर जमीन आहे. वर्षभरात ट्रॅक्टरचा वापर मर्यादित होणार आहे. अशा परिस्थितीत लाखो रुपये गुंतवून ट्रॅक्टर घेण्यापेक्षा गरजेप्रमाणे भाड्याने सेवा घेणे अधिक फायदेशीर ठरू शकते.

दुसरीकडे काही शेतकरी वर्षानुवर्षे सर्व कामे हाताने करतात. मजुरी महाग होत जाते, कामे उशिरा होतात, उत्पादनावर परिणाम होतो, पण तरीही आवश्यक साधने घेतली जात नाहीत.

हीसुद्धा तितकीच मोठी चूक आहे.

योग्य प्रश्न हा "यंत्र घ्यायचे की नाही?" हा नसून "यंत्र आर्थिकदृष्ट्या फायदेशीर आहे का?" हा असला पाहिजे.

प्रत्येक यंत्रसामग्रीसाठी पुढील गोष्टींचा विचार केला पाहिजे:

- वर्षातून किती दिवस वापर होणार?
- किती मजुरी वाचणार?
- किती वेळ वाचणार?
- उत्पादनावर काय परिणाम होणार?
- गुंतवलेले पैसे किती वर्षांत परत येणार?
- विकत घेण्यापेक्षा भाड्याने घेणे स्वस्त पडते का?

काही वेळा स्वतःकडे यंत्र असणे अत्यंत फायदेशीर असते. योग्य वेळी काम करणे शक्य होते. तर काही वेळा यंत्रसामग्रीची मालकी घेण्यापेक्षा सेवा विकत घेणे अधिक फायदेशीर असते.

याहून मोठी चूक म्हणजे यंत्रसामग्री विकत घेताना देखभाल, इंधन, दुरुस्ती, विमा, ऑपरेटर आणि घसारा यांचा खर्च न मोजणे.

ट्रॅक्टरची किंमत फक्त खरेदीच्या दिवशी दिलेले पैसे नसतात. त्याचा खर्च अनेक वर्षे चालू राहतो.

मी अनेक शेतांवर अशी यंत्रे पाहिली आहेत जी वर्षातून काही दिवस वापरली जातात आणि उर्वरित काळ शेडमध्ये धूळ खात

पडून असतात. अशा यंत्रांनी नफा वाढवलेला नसतो. त्यांनी फक्त भांडवल अडकवलेले असते.

लक्षात ठेवा,

शेतीतील सर्वोत्तम यंत्रसामग्री ती नसते जी सर्वात महाग असते. सर्वोत्तम यंत्रसामग्री ती असते जी तिच्या किंमतीपेक्षा जास्त पैसा परत निर्माण करते.

यंत्रसामग्री ही खर्च नसून गुंतवणूक असली पाहिजे. आणि प्रत्येक गुंतवणुकीप्रमाणे तिचा परतावा मोजला गेला पाहिजे. नाहीतर यंत्र शेतकऱ्याचे काम सोपे करण्याऐवजी त्याच्या आर्थिक ओझ्यात भर घालते.

१२७. कामगारांना फक्त दिवसाच्या मजुरीवर ठेवणे

शेतीमध्ये बहुतेक कामगारांना दिवसाच्या मजुरीवर ठेवले जाते. सकाळी कामावर आले, संध्याकाळी पैसे घेतले आणि घरी गेले. वर्षानुवर्षे हीच पद्धत चालू आहे. पण अनेक शेतकरी एक महत्त्वाची गोष्ट लक्षात घेत नाहीत.

दिवसाच्या मजुरीवर काम करणाऱ्या व्यक्तीचे उद्दिष्ट आणि शेतकऱ्याचे उद्दिष्ट वेगळे असते.

शेतकऱ्याला काम लवकर, दर्जेदार आणि कमी खर्चात पूर्ण झालेले हवे असते. पण दिवसाच्या मजुरीवर काम करणाऱ्या व्यक्तीला दिवस संपणे महत्त्वाचे असते. काम लवकर पूर्ण झाले तर त्याचा फायदा अनेकदा कामगाराला होत नाही.

यामुळे कामाची गती, कार्यक्षमता आणि उत्पादकता कमी होते.

मी असे म्हणत नाही की प्रत्येक काम ठेक्यावरच द्यावे. पण प्रत्येक काम दिवसाच्या मजुरीवरच करणे हीदेखील आर्थिक चूक आहे.

अनेक कामांमध्ये पर्यायी पद्धती अधिक फायदेशीर ठरू शकतात:

- ठेका पद्धत
- एकरी दर

- तुकडा पद्धत (Piece Rate)
- उत्पादनावर आधारित मोबदला
- विक्रीशी जोडलेले प्रोत्साहन
- नफा वाटप
- लक्ष्य पूर्ण केल्यावर बोनस

उदाहरणार्थ, एखाद्या कामासाठी पाच दिवस मजुरी देण्यापेक्षा संपूर्ण कामाचा ठेका दिल्यास ते काम तीन दिवसांत पूर्ण होऊ शकते.

फळतोड, तणनियंत्रण, काढणी, पॅकिंग, वर्गीकरण, रोपे तयार करणे, चारा कापणी, खत भरणे यांसारख्या अनेक कामांमध्ये कार्यक्षम मोबदला पद्धती वापरता येतात.

यामुळे दोन फायदे होतात.

पहिला म्हणजे शेतकऱ्याचा खर्च कमी होतो.

दुसरा म्हणजे चांगले काम करणाऱ्या कामगाराला जास्त कमावण्याची संधी मिळते.

अर्थात, प्रत्येक कामासाठी ही पद्धत योग्य असेलच असे नाही. जनावरांची देखभाल, सुरक्षा, नियमित व्यवस्थापन यांसारख्या काही कामांसाठी निश्चित पगाराची व्यवस्था आवश्यक असते.

मुद्दा एवढाच आहे की कामगार व्यवस्थापनात एकच पद्धत सर्वत्र लागू होत नाही.

अनेक शेतकरी खतांच्या किंमती, बियाण्यांच्या किंमती आणि बाजारभाव यावर सतत चर्चा करतात. पण मजुरी व्यवस्थापनाकडे दुर्लक्ष करतात. प्रत्यक्षात अनेक शेतांमध्ये मजुरी हा सर्वात मोठ्या खर्चांपैकी एक खर्च असतो.

लक्षात ठेवा,

कामगाराचा खर्च कमी करणे म्हणजे कामगाराचे पैसे कमी करणे नव्हे. कमी वेळेत अधिक मूल्य निर्माण करणारी व्यवस्था तयार करणे होय.

ज्या शेतात कामगार आणि शेतकरी दोघांचाही फायदा एकाच दिशेने जोडला जातो, तेथे उत्पादकता वाढते. ज्या शेतात फक्त वेळ विकत घेतला जातो, तेथे अनेकदा पैसा खर्च होतो पण अपेक्षित परिणाम मिळत नाहीत.

म्हणून कामगारांची संख्या, मजुरीचा दर आणि कामाचे तास यांच्याइतकेच महत्त्वाचे आहे कामगारांना पैसे कसे दिले जातात हे समजून घेणे.

१२८. खर्च कमी न करता उत्पादन वाढवण्याच्या मागे लागणे

शेतीमध्ये सर्वाधिक ऐकायला मिळणारा प्रश्न कोणता असेल तर तो आहे, "उत्पादन कसे वाढवायचे?"

पण फार कमी लोक विचारतात, "खर्च कसा कमी करायचा?"

हीच अनेक शेतकऱ्यांची सर्वात मोठी आर्थिक चूक असते.

उत्पादन वाढवणे आणि नफा वाढवणे या दोन वेगळ्या गोष्टी आहेत.

अनेक शेतकरी जास्त उत्पादनाच्या मागे धावताना अधिक खते, अधिक औषधे, अधिक पाणी, अधिक मजुरी आणि अधिक खर्च करू लागतात. उत्पादन वाढतेही. पण त्याच वेळी खर्च त्याहून जास्त वाढलेला असतो.

शेवटी ट्रॅक्टरभर माल निघतो, पण बँक खात्यात फारसा पैसा जमा होत नाही.

समजा एखाद्या पिकामध्ये तुम्ही १ लाख रुपये खर्च करून १ लाख ३० हजार रुपयांचे उत्पन्न मिळवत आहात. नफा ३० हजार रुपये.

दुसऱ्या पद्धतीने तुम्ही खर्च ६० हजारांवर आणला आणि उत्पन्न १ लाख १० हजार रुपये मिळाले. आता नफा ५० हजार रुपये.

पहिल्या उदाहरणात उत्पादन जास्त आहे.
दुसऱ्या उदाहरणात नफा जास्त आहे.

पण बहुतेक लोक पहिल्या शेतकऱ्याचे कौतुक करतात.

याचे म्हणजे आपण उत्पादन मोजायला शिकलो आहोत, पण नफा मोजायला शिकलो नाही.

मी शेतीमध्ये एक गोष्ट वारंवार पाहिली आहे. शेतकरी खतांचा डोस वाढवतो, औषधांच्या फवारण्या वाढवतो, नवीन उत्पादने वापरतो, अधिक खर्च करतो. त्याला वाटते उत्पादन वाढले म्हणजे यश मिळाले.

पण व्यवसायामध्ये यशाचे मोजमाप उत्पादनाने होत नाही. नफ्याने होते.

खरं तर खर्च कमी करणे अनेकदा उत्पादन वाढवण्यापेक्षा सोपे असते.

- स्वतः कंपोस्ट तयार करणे
- स्वतः बियाणे तयार करणे
- पाण्याचा कार्यक्षम वापर
- योग्य यंत्रसामग्री वापरणे
- मजुरी कमी करणे
- शेतातील संसाधनांचा पुनर्वापर
- मातीचे आरोग्य सुधारणे

या गोष्टी उत्पादनात फारसा बदल न घडवता नफा मोठ्या प्रमाणात वाढवू शकतात.

शेतीमध्ये एक टप्पा असा येतो जिथे प्रत्येक अतिरिक्त क्विंटल उत्पादन मिळवण्यासाठी खूप जास्त खर्च करावा लागतो. अनेक शेतकरी याच सापळ्यात अडकतात.

त्यांना वाटते उत्पादन वाढत आहे.
प्रत्यक्षात त्यांचा नफा कमी होत असतो.

म्हणून प्रत्येक शेतकऱ्याने स्वतःला एक प्रश्न विचारला पाहिजे:

"माझे उत्पादन वाढवण्यापेक्षा माझा खर्च २०% कसा कमी करता येईल?"

हा प्रश्न विचारला की शेतीकडे पाहण्याचा दृष्टिकोन बदलतो.

लक्षात ठेवा,

शेतीत सर्वाधिक उत्पादन घेणारा शेतकरी सर्वाधिक श्रीमंत असेलच असे नाही. पण सर्वाधिक नफा कमावणारा शेतकरी बहुतेक वेळा सर्वाधिक काळ टिकतो.

शेतीचा उद्देश ट्रॉफी जिंकणे नसतो. शेतीचा उद्देश नफा कमावणे असतो. आणि नफा वाढवण्याचा सर्वात सोपा मार्ग अनेकदा उत्पादन वाढवणे नसून खर्च कमी करणे असतो.

१२९. प्रत्येक समस्येवर पैसे खर्च करून उपाय शोधणे

आजची शेती एका विचित्र सवयीची बळी झाली आहे. शेतात कोणतीही समस्या आली की पहिला विचार उपायाचा नसतो, तर खरेदीचा असतो.

झाडाची वाढ कमी झाली? एखादे टॉनिक आणा.

पान पिवळे पडले? एखादे सूक्ष्म अन्नद्रव्य आणा.

कीड आली? नवीन औषध आणा.

उत्पादन कमी आले? आणखी एखादे उत्पादन वापरा.

जणू प्रत्येक समस्येचे उत्तर दुकानातच मिळते अशी मानसिकता तयार झाली आहे.

ही सवय केवळ खर्च वाढवत नाही, तर शेतकऱ्याची विचार करण्याची क्षमता देखील कमी करते.

अनेक वेळा समस्या खतांची नसते, मातीची असते.

अनेक वेळा समस्या औषधांची नसते, व्यवस्थापनाची असते.

अनेक वेळा समस्या पिकाची नसते, पाण्याच्या नियोजनाची असते.

अनेक वेळा समस्या रोगाची नसते, मातीतील सेंद्रिय पदार्थांच्या कमतरतेची असते.

पण या मूळ कारणांचा शोध घेण्यापेक्षा बाजारातील नवीन बाटली विकत घेणे सोपे वाटते.

याचाच फायदा अनेक कंपन्या घेतात.

शेतकऱ्याला प्रत्येक समस्येसाठी नवीन उत्पादन विकले जाते. परिणाम असा होतो की शेतातील खर्च वाढत जातो, पण समस्या कायम राहतात.

मी अनेक शेतांवर पाहिले आहे की वर्षानुवर्षे खतांचे प्रमाण वाढत जाते, औषधांच्या फवारण्या वाढत जातात, पण मातीचे आरोग्य, पाण्याचे व्यवस्थापन आणि मूलभूत चुका तशाच राहतात.

खरा प्रश्न असा असतो:

"समस्या का निर्माण झाली?"

हा प्रश्न विचारल्याशिवाय कोणताही खर्च करू नये.

एखाद्या डॉक्टरने फक्त ताप उतरवण्याची गोळी दिली आणि आजाराचे शोधले नाही तर रुग्ण बरा होत नाही. शेतीतही तेच आहे.

लक्षणांवर खर्च करण्याऐवजी कारणांवर काम केले पाहिजे.

उदाहरणार्थ:

- वारंवार तण येत असेल तर माती उघडी का आहे?
- रोग सतत येत असतील तर हवा, पाणी किंवा पोषण व्यवस्थापनात काय चूक आहे?
- उत्पादन कमी असेल तर मातीची चाचणी केली आहे का?
- जनावरे वारंवार आजारी पडत असतील तर खाद्य आणि व्यवस्थापन योग्य आहे का?

हे प्रश्न विचारल्यावर अनेकदा लक्षात येते की समस्या पैशाने नव्हे, तर व्यवस्थापनाने सुटणारी आहे.

माझ्या मते शेतीतील सर्वात महाग सवय म्हणजे प्रत्येक समस्येवर नवीन उत्पादन विकत घेणे.

त्यामध्ये खर्च वाढतो, पण ज्ञान वाढत नाही.

लक्षात ठेवा,

प्रत्येक समस्येचे उत्तर बाजारात मिळत नाही. अनेक समस्यांचे उत्तर तुमच्या शेतात, तुमच्या मातीत आणि तुमच्या व्यवस्थापनातच लपलेले असते.

१३०. प्रत्येक गोष्ट दुकानातून विकत आणण्याची सवय लावणे

गेल्या काही दशकांत शेतीमध्ये एक मोठा बदल झाला आहे. पूर्वी शेतकरी स्वतः अनेक गोष्टी तयार करत असे. आज शेतकरी जवळजवळ प्रत्येक गोष्टीसाठी बाजारावर अवलंबून झाला आहे.

- बियाणे विकत घ्या.
- खते विकत घ्या.
- औषधे विकत घ्या.
- कंपोस्ट विकत घ्या.
- जैविक इनपुट्स विकत घ्या.
- पशुखाद्य विकत घ्या.
- रोपे विकत घ्या.

हळूहळू अशी परिस्थिती निर्माण झाली की शेतातून उत्पादन बाहेर जाण्यापेक्षा पैसा बाहेर जाणे जास्त सुरू झाले.

ही सवय आर्थिकदृष्ट्या अत्यंत धोकादायक आहे.

बाजारातून विकत घेतलेली प्रत्येक गोष्ट म्हणजे तुमच्या नफ्यावर पडणारा अतिरिक्त भार.

मी असे म्हणत नाही की सर्व काही स्वतःच तयार केले पाहिजे. काही गोष्टी विकत घेणे आवश्यक असते. पण प्रश्न असा आहे की जे आपण स्वतः तयार करू शकतो, ते देखील आपण विकत का घेतो?

उदाहरणार्थ:

- स्वतःचे बियाणे तयार होऊ शकते का?
- कंपोस्ट स्वतः तयार होऊ शकते का?
- पशुखाद्याचा काही भाग स्वतः तयार होऊ शकतो का?
- रोपे स्वतः तयार होऊ शकतात का?
- जैविक द्रावणे स्वतः बनवता येतील का?

या प्रश्नांचा विचार फार कमी लोक करतात.

आज अनेक शेतकरी खर्च कमी करण्याचा विचार करताना बाजारात स्वस्त उत्पादन शोधतात. पण खरा प्रश्न "स्वस्त कुठे मिळेल?" हा नसून "हे विकत घ्यावेच का?" हा असतो.

ज्या दिवशी शेतकरी हा प्रश्न विचारायला लागतो, त्या दिवशी त्याचा आर्थिक दृष्टिकोन बदलायला सुरुवात होते.

विशेषतः लहान आणि मध्यम शेतकऱ्यांसाठी स्वयंपूर्णता ही फक्त तत्त्वज्ञान नाही, तर आर्थिक गरज आहे.

मोठ्या कंपन्यांशी स्पर्धा उत्पादनाच्या प्रमाणात करता येत नाही. पण खर्च कमी करून नफा वाढवता येतो.

शेतातील प्रत्येक संसाधनाकडे "हे पैसे खर्च करून विकत घ्यायचे की स्वतः तयार करायचे?" या दृष्टीने पाहिले पाहिजे.

मी अनेकदा म्हणतो,

शेतीतील सर्वात स्वस्त इनपुट ते नसते जे कमी किंमतीत मिळते. सर्वात स्वस्त इनपुट ते असते जे विकतच घ्यावे लागत नाही.

हा विचार समजला की शेतकरी खर्चाच्या शर्यतीतून बाहेर पडू लागतो.

लक्षात ठेवा,

ज्या शेतातून सतत पैसा बाहेर जातो ते शेत कितीही उत्पादन घेत असले तरी आर्थिकदृष्ट्या कमकुवत राहते. ज्या शेतात शक्य तितक्या गोष्टी शेतातच तयार होतात, ते शेत अधिक मजबूत आणि टिकाऊ बनते.

खर्च कमी करण्याचा प्रवास अनेकदा स्वस्त वस्तू शोधण्यापासून सुरू होत नाही. तो बाजारावरील अवलंबित्व कमी करण्यापासून सुरू होतो.

१३१. कचऱ्याचे संपत्तीत रूपांतर न करणे

अनेक शेतकरी पैशाअभावी त्रस्त असतात, पण त्याच वेळी त्यांच्या शेतात पडून असलेल्या संपत्तीची त्यांना जाणीव नसते. ही संपत्ती बँक खात्यात नसते, ती शेतात विखुरलेली असते. शेण, पीक अवशेष, पानगळ, तण, फळभाज्यांचा टाकाऊ माल, स्वयंपाकघरातील कचरा, जनावरांचे मूत्र, पाण्याचे पुनर्वापरयोग्य स्रोत, झाडांची छाटणी, रिकामी जागा, कुटुंबाचा वेळ, उपलब्ध कौशल्ये... या सर्व गोष्टी संसाधने आहेत. पण दुर्दैवाने बहुतेक वेळा त्यांच्याकडे कचरा किंवा निरुपयोगी वस्तू म्हणून पाहिले जाते.

मी अनेक शेतांवर पाहिले आहे की एकीकडे ट्रॅक्टरभर शेण विकले जाते आणि दुसरीकडे हजारो रुपयांची खते विकत आणली जातात. एका बाजूला पीक अवशेष जाळले जातात आणि दुसऱ्या बाजूला मल्चिंगसाठी साहित्य विकत घेतले जाते. एका बाजूला जनावरांचे मूत्र वाया जाते आणि दुसऱ्या बाजूला बाजारातून महागडी जैविक उत्पादने आणली जातात. ही फक्त तांत्रिक चूक नाही, ही आर्थिक चूक आहे. प्रत्येक संसाधनाचा उपयोग न करणे म्हणजे भविष्यात तोच फायदा पैशाने विकत घेण्याची तयारी ठेवणे.

माझ्या मते भारतीय शेतीतील सर्वात महागड्या चुकांपैकी एक म्हणजे शेतातील कचऱ्याला कचरा समजणे. ज्या गोष्टीला आपण कचरा म्हणतो, त्याच गोष्टीपासून निसर्ग पुढचे उत्पादन निर्माण करत असतो. जंगलात कोणी खत टाकत नाही, कोणी औषधे

फवारत नाही, कोणी ट्रॅक्टर चालवत नाही. तरीही हजारो वर्षे जंगल समृद्ध राहते. कारण जंगलात कचरा नसतो. प्रत्येक गोष्ट पुढच्या गोष्टीचे अन्न बनत असते.

पण शेतीमध्ये आपण हा नैसर्गिक नियम विसरलो आहोत. पीक अवशेष म्हणजे कचरा, शेण म्हणजे कचरा, पानगळ म्हणजे कचरा, तण म्हणजे कचरा, फळभाज्यांचा टाकाऊ माल म्हणजे कचरा, स्वयंपाकघरातील सेंद्रिय कचरा म्हणजे कचरा. आणि मग याच गोष्टी बाहेर फेकून देऊन आपण खत, कंपोस्ट, पशुखाद्य आणि जैविक इनपुट्स विकत घेण्यासाठी पैसे खर्च करतो. म्हणजे आपण जे फेकून दिले, तेच पुन्हा पैशाने विकत घेत असतो.

शेतीतील खरी अर्थव्यवस्था ही संसाधनांच्या पुनर्वापरावर उभी असते. शेण पुन्हा मातीत गेले पाहिजे. पीक अवशेष पुन्हा मातीत गेले पाहिजेत. पानगळ पुन्हा मातीत गेली पाहिजे. सेंद्रिय कचरा पुन्हा उत्पादन चक्रात आला पाहिजे. ज्या शेतातून जैविक पदार्थ बाहेर जातात, त्या शेतातून पैसा बाहेर जातो. आणि ज्या शेतात हेच पदार्थ पुन्हा वापरले जातात, त्या शेतात संपत्ती तयार होते.

पण शेतातील कचऱ्याला कचरा समजणे ही फक्त पहिली चूक आहे. त्याहून मोठी चूक म्हणजे त्या कचऱ्याचे संपत्तीत रूपांतर करण्याची संधी गमावणे. अनेक शेतकऱ्यांच्या शेतात दररोज प्रचंड प्रमाणात जैविक कच्चा माल तयार होत असतो. शेण, मूत्र, पीक अवशेष, तण, फळभाज्यांचा टाकाऊ माल, स्वयंपाकघरातील

कचरा, पानगळ, पशुखाद्याचे अवशेष, बाजारातील भाजीपाला कचरा... पण त्याकडे उत्पन्नाच्या स्रोताप्रमाणे पाहिले जात नाही.

यामुळे शेतकरी दोनदा नुकसान करतो. पहिल्यांदा तो उपलब्ध कच्चा माल वाया घालवतो. दुसऱ्यांदा त्याच कामासाठी बाजारातून उत्पादने विकत घेतो. खरं तर शेतीतील सर्वात मोठ्या आर्थिक संधींपैकी एक म्हणजे कचऱ्याचे मूल्यवर्धन.

शेणापासून कंपोस्ट तयार होऊ शकते. शेणापासून बायोगॅस तयार होऊ शकतो. पीक अवशेषांपासून मल्च तयार होऊ शकते. सेंद्रिय कचऱ्यापासून गांडूळखत तयार होऊ शकते. विविध जैविक कचऱ्यापासून बीएसएफएल तयार होऊ शकते. महत्त्वाची गोष्ट म्हणजे आपण फक्त उत्पादन तयार करत नाही, तर समस्या सोडवत असतो.

उदाहरणार्थ, बीएसएफएल ही फक्त अळी नाही. ती कचरा व्यवस्थापन, पशुखाद्य निर्मिती आणि खत निर्मिती हे तीन प्रश्न एकाच वेळी सोडवणारी प्रणाली आहे. एकीकडे कचरा कमी होतो. दुसरीकडे उच्च प्रथिनयुक्त खाद्य तयार होते. तिसरीकडे फ्रासच्या स्वरूपात उत्कृष्ट खत तयार होते. म्हणजे एकाच कच्च्या मालापासून अनेक मूल्ये निर्माण होतात. हीच खरी अर्थव्यवस्था आहे.

यशस्वी शेतकरी आणि संघर्ष करणारा शेतकरी यांच्यातील एक मोठा फरक म्हणजे दोघे शेताकडे कसे पाहतात. संघर्ष करणारा

शेतकरी समस्या पाहतो. यशस्वी शेतकरी संसाधने पाहतो. त्याला तणामध्ये कंपोस्ट दिसते. शेणामध्ये खत दिसते. कचऱ्यामध्ये पशुखाद्य दिसते. रिकाम्या जागेत उत्पादन दिसते. जनावरांमध्ये अनेक व्यवसाय दिसतात.

शेतीतील सर्वात स्वस्त संसाधन ते असते जे आधीच तुमच्या मालकीचे असते. शेतीत पैसा कमावण्याचा एक मार्ग अधिक उत्पादन घेणे आहे. पण दुसरा आणि अनेकदा अधिक प्रभावी मार्ग म्हणजे आधीपासून उपलब्ध संसाधनांचा जास्तीत जास्त उपयोग करणे आणि त्यातून जास्तीत जास्त मूल्य निर्माण करणे.

भविष्यातील यशस्वी शेती ही फक्त पिके घेणारी शेती नसणार आहे. ती संसाधनांचे रूपांतर करणारी शेती असणार आहे. एका टन कच्च्या मालातून किती मूल्य निर्माण करता येते, हे अधिक महत्त्वाचे होणार आहे.

प्रत्येक शेतकऱ्याने वेळोवेळी स्वतःला दोन प्रश्न विचारले पाहिजेत:

"माझ्या शेतातून काय बाहेर जात आहे ज्याचे मूल्य मी अजून ओळखलेले नाही?"

आणि,

"माझ्या शेतातून बाहेर जाणाऱ्या प्रत्येक किलो कच्च्या मालापासून मी आणखी कोणते उत्पादन तयार करू शकतो?"

या दोन प्रश्नांची उत्तरे शोधली की अनेक नवीन व्यवसाय, नवीन उत्पन्नाचे स्रोत आणि नवीन बचतीचे मार्ग सापडतात.

लक्षात ठेवा, गरीब शेतकरी संसाधनांच्या कमतरतेबद्दल विचार करतो. श्रीमंत शेतकरी उपलब्ध संसाधनांचा अधिक उपयोग कसा करायचा याबद्दल विचार करतो. संपत्ती निर्माण करणारे शेत आणि खर्च करणारे शेत यांच्यातील फरक अनेकदा जमिनीच्या आकारात नसतो. तो संसाधनांच्या वापरामध्ये असतो.

निसर्ग कचरा निर्माण करत नाही. निसर्ग फक्त संसाधने निर्माण करतो. कचरा हा आपल्या विचारांचा परिणाम आहे. ज्या दिवशी शेतकरी "कचरा" हा शब्द वापरणे बंद करेल आणि "कच्चा माल" हा शब्द वापरायला लागेल, त्या दिवशी त्याची आर्थिक विचारसरणी बदलायला सुरुवात होईल.

शेतीतील खरी संपत्ती अनेकदा बाजारात विकत मिळत नाही. ती आधीपासूनच तुमच्या शेतात असते. फक्त तिला ओळखण्याची दृष्टी लागते.

१३२. मातीचे आरोग्य हा खर्च कमी करण्याचा मार्ग आहे हे न समजणे

अनेक शेतकरी मातीच्या आरोग्याकडे फक्त उत्पादन वाढवण्याचे साधन म्हणून पाहतात. माती सुधारली की उत्पादन वाढेल, पीक चांगले येईल आणि उत्पन्न वाढेल, एवढाच विचार केला जातो. पण माझ्या मते मातीचे आरोग्य हा उत्पादन वाढवण्यापेक्षा खर्च कमी करण्याचा विषय आहे. ही गोष्ट समजली की शेतीकडे पाहण्याचा संपूर्ण दृष्टिकोन बदलतो.

समजा दोन शेतकऱ्यांकडे समान जमीन आहे. दोघेही एकाच भागात राहतात, एकच पीक घेतात आणि एकाच बाजारपेठेत माल विकतात. पण पहिल्या शेतकऱ्याच्या जमिनीत सेंद्रिय कर्ब कमी आहे. माती घट्ट झाली आहे. पाणी धरून ठेवण्याची क्षमता कमी आहे. सूक्ष्मजीवांची संख्या कमी आहे. दुसऱ्या शेतकऱ्याच्या जमिनीत सेंद्रिय कर्ब चांगला आहे. माती भुसभुशीत आहे. सूक्ष्मजीव सक्रिय आहेत. पाणी जास्त काळ टिकते आणि मातीची रचना चांगली आहे.

सुरुवातीला दोघांचे उत्पादन जवळपास सारखे दिसू शकते. पण काही वर्षांनंतर खर्चात मोठा फरक पडू लागतो.

पहिल्या शेतकऱ्याला अधिक वेळा पाणी द्यावे लागते. अधिक खते घालावी लागतात. अधिक फवारण्या कराव्या लागतात. अधिक सुधारणा कराव्या लागतात. पाऊस कमी झाला की त्याची अडचण

वाढते. उष्णता वाढली की पिकांवर ताण वाढतो. प्रत्येक समस्येचे उत्तर त्याला बाहेरून विकत घ्यावे लागते.

दुसऱ्या शेतकऱ्याच्या बाबतीत अनेक गोष्टी निसर्गच सांभाळू लागतो. माती अधिक काळ ओलावा टिकवून ठेवते. सूक्ष्मजीव अन्नद्रव्यांचे चक्र चालू ठेवतात. पिकांना ताण कमी येतो. परिणामी त्याचा खर्च कमी होऊ लागतो.

म्हणजेच मातीचे आरोग्य ही केवळ कृषी संकल्पना नाही. ती आर्थिक संकल्पना आहे.

सेंद्रिय कर्ब वाढवणे म्हणजे भविष्यातील खतांचा खर्च कमी करणे. पाणी धरून ठेवण्याची क्षमता वाढवणे म्हणजे भविष्यातील सिंचन खर्च कमी करणे. सक्रिय सूक्ष्मजीव वाढवणे म्हणजे पोषण व्यवस्थापनाचा खर्च कमी करणे. मातीची रचना सुधारणे म्हणजे उत्पादनातील जोखीम कमी करणे.

दुर्दैवाने बहुतेक शेतकरी मातीकडे खर्च म्हणून पाहतात. कंपोस्ट घातले तर खर्च. मल्चिंग केले तर खर्च. हिरवळीचे खत घेतले तर खर्च. शेणखत वापरले तर खर्च. जैविक घटक वाढवले तर खर्च.

पण ते हे पाहत नाहीत की हा खर्च नसून गुंतवणूक आहे.

आणि ती अशा मालमत्तेमधील गुंतवणूक आहे जी प्रत्येक वर्षी परतावा देत राहते.

एखादा ट्रॅक्टर जुना होतो. यंत्रसामग्रीची किंमत कमी होते. इमारतींचा घसारा होतो. सोलर पॅनल्सची कार्यक्षमता कमी होते. पण सुधारलेली माती वर्षानुवर्षे अधिक मूल्य निर्माण करत राहते. उलट चांगली माती काळानुसार अधिक मौल्यवान होत जाते.

म्हणूनच जगातील अनेक यशस्वी शेतकरी आपल्या जमिनीला फक्त उत्पादनाचे साधन मानत नाहीत. ते तिला सर्वात महत्त्वाची मालमत्ता मानतात. कारण शेवटी शेतकऱ्याकडे सर्वात मोठी संपत्ती ट्रॅक्टर, गोठा किंवा यंत्रसामग्री नसते. त्याची सर्वात मोठी संपत्ती म्हणजे त्याची माती.

आज अनेक शेतकरी उत्पादन वाढवण्यासाठी सतत नवीन उत्पादने शोधत असतात. नवीन खत, नवीन औषध, नवीन टॉनिक, नवीन तंत्रज्ञान. पण त्याच वेळी ते मातीच्या आरोग्याकडे दुर्लक्ष करतात. परिणाम असा होतो की प्रत्येक वर्षी त्यांचा खर्च वाढत जातो आणि उत्पादन टिकवून ठेवण्यासाठी अधिकाधिक बाह्य इनपुटची गरज भासते.

मातीचे आरोग्य सुधारले की उलट प्रक्रिया सुरू होते. माती हळूहळू अधिक काम स्वतः करू लागते. पाणी जास्त काळ टिकते. अन्नद्रव्यांचा वापर अधिक कार्यक्षम होतो. उत्पादनातील चढउतार कमी होतात. आणि सर्वात महत्त्वाचे म्हणजे खर्च कमी होऊ लागतो.

प्रत्येक शेतकऱ्याने स्वतःला दरवर्षी एक प्रश्न विचारला पाहिजे.

"मी या वर्षी माझ्या जमिनीचे आरोग्य सुधारण्यासाठी काय केले?"

या प्रश्नाचे उत्तरच पुढील काही वर्षांतील खर्च ठरवणार आहे.

लक्षात ठेवा, कमकुवत माती असलेल्या शेतकऱ्याला दरवर्षी अधिक पैसा खर्च करावा लागतो. मजबूत माती असलेल्या शेतकऱ्याला निसर्गच अनेक कामे मोफत करून देतो.

शेतीमध्ये सर्वात चांगली गुंतवणूक कोणती असेल तर ती मातीमध्ये केलेली गुंतवणूक आहे. कारण चांगली माती फक्त उत्पादन वाढवत नाही. ती पाणी वाचवते, खते वाचवते, जोखीम कमी करते आणि सर्वात महत्त्वाचे म्हणजे भविष्यातील खर्च कमी करते.

शेतीतील खरा नफा अनेकदा बाजारातून मिळत नाही. तो जमिनीखाली तयार होत असतो. आणि तो तयार करणारी गोष्ट म्हणजे निरोगी माती.

१३३. शेतीपूरक व्यवसायांकडे दुर्लक्ष करणे

अनेक शेतकरी शेतीकडे फक्त पीक उत्पादन म्हणून पाहतात. त्यांच्या दृष्टीने शेती म्हणजे जमीन, पीक आणि विक्री. पीक लावायचे, उत्पादन घ्यायचे आणि बाजारात विकायचे. पण ही विचारसरणी अनेकदा आर्थिकदृष्ट्या मर्यादित ठरते. कारण शेतीतील सर्वात मोठी समस्या उत्पादन नसते. सर्वात मोठी समस्या असते उत्पन्नाची अनिश्चितता.

पीक आले तर पैसे येतात. पीक फसले तर पैसे थांबतात. बाजारभाव चांगला असेल तर नफा होतो. बाजारभाव पडला तर संपूर्ण गणित बदलते. अनेक वेळा शेतकऱ्याने सर्व काही योग्य केलेले असते, पण हवामान किंवा बाजार त्याच्या विरोधात गेले की संपूर्ण वर्षाचा हिशोब बिघडतो.

म्हणूनच इतिहासात यशस्वी शेतकरी फक्त एकाच उत्पन्न स्रोतावर अवलंबून राहिलेले नाहीत. त्यांच्या शेतीमध्ये नेहमी विविध उत्पन्न स्रोत असतात. दुग्धव्यवसाय, कुक्कुटपालन, बकरीपालन, मत्स्यपालन, बीएसएफएल, रोपवाटिका, बियाणे उत्पादन, प्रक्रिया उद्योग, फळ प्रक्रिया, थेट ग्राहक विक्री, कृषी पर्यटन आणि अशा अनेक पूरक व्यवसायांमधून ते उत्पन्न निर्माण करत असतात.

हे व्यवसाय फक्त अतिरिक्त उत्पन्नासाठी नसतात. ते आर्थिक स्थैर्यासाठी असतात. कारण शेतीमध्ये समस्या उत्पादनाची नसते, तर रोख प्रवाह टिकवून ठेवण्याची असते.

समजा तुमचे मुख्य पीक खराब झाले. जर तुमच्याकडे दूध विक्री सुरू असेल, अंडी विक्री सुरू असेल, रोपवाटिका सुरू असेल किंवा प्रक्रिया उद्योग सुरू असेल, तर संपूर्ण उत्पन्न थांबत नाही. एका व्यवसायाला फटका बसला तरी दुसरा व्यवसाय आधार देतो. यालाच आर्थिक विविधीकरण म्हणतात.

निसर्ग स्वतःही विविधतेवर चालतो. एकाच प्रकारच्या झाडांचे जंगल कमकुवत असते. विविध झाडांचे जंगल अधिक मजबूत असते. रोगराई आली किंवा हवामान बदलले तरी संपूर्ण जंगल नष्ट होत नाही. शेतीची अर्थव्यवस्थाही याच तत्त्वावर चालते. फक्त एकाच पिकावर किंवा एकाच उत्पन्न स्रोतावर उभा असलेला व्यवसाय अधिक जोखमीचा असतो. विविध उत्पन्न स्रोत असलेली व्यवस्था अधिक स्थिर असते.

पण इथे एक महत्त्वाची गोष्ट लक्षात घेतली पाहिजे. शेतीपूरक व्यवसाय म्हणजे प्रत्येक गोष्ट सुरू करणे नव्हे. अनेक शेतकरी हा गैरसमज करून घेतात. ते एकाच वेळी दूध, कोंबड्या, बकऱ्या, मासे, रोपवाटिका, प्रक्रिया उद्योग आणि आणखी अनेक व्यवसाय सुरू करतात. परिणाम असा होतो की कोणत्याच व्यवसायावर पुरेसे लक्ष दिले जात नाही आणि सर्व ठिकाणी अडचणी निर्माण होतात.

उद्देश व्यवसायांची संख्या वाढवणे नसतो. उद्देश एकमेकांना पूरक असणारी व्यवस्था तयार करणे असतो.

खरी ताकद व्यवसायांच्या संख्येमध्ये नसते. ती व्यवसायांमधील परस्पर संबंधांमध्ये असते.

उदाहरणार्थ, गायींपासून शेण मिळते. शेणापासून बायोगॅस तयार होतो. बायोगॅसची स्लरी कंपोस्टसाठी वापरता येते. कंपोस्ट पुन्हा शेतीत वापरता येते. त्याचप्रमाणे सेंद्रिय कचऱ्यापासून बीएसएफएल तयार करता येतो. बीएसएफएल कोंबड्यांच्या खाद्यासाठी वापरता येतो. बीएसएफएलमधून तयार होणारा फ्रास खत म्हणून वापरता येतो. अशा व्यवस्थेमध्ये एका व्यवसायाचा कचरा दुसऱ्या व्यवसायाचा कच्चा माल बनतो.

हीच खरी शेती अर्थव्यवस्था आहे.

माझ्या स्वतःच्या अनुभवातही हे स्पष्टपणे दिसून आले आहे. फक्त एकाच उत्पन्न स्रोतावर अवलंबून राहून शेती आर्थिकदृष्ट्या मजबूत करणे कठीण असते. आमच्या शेतावर दूध आहे, अंडी आहेत, भाजीपाला आहे, फळे आहेत, कोंबड्यांची विक्री आहे आणि विविध प्रकारचे उत्पादन आहे. त्यामुळे वर्षभर वेगवेगळ्या स्रोतांतून रोख प्रवाह चालू राहतो. एका विभागात अडचण आली तरी संपूर्ण व्यवस्था कोलमडत नाही.

याहून महत्त्वाची गोष्ट म्हणजे या विविध व्यवसायांमुळे घराचा खर्चही कमी होतो. जेव्हा दूध, अंडी, भाजीपाला, फळे आणि इतर अन्नपदार्थ स्वतःच्या शेतातून मिळतात, तेव्हा उत्पन्न

वाढण्याबरोबरच खर्चही कमी होतो. हा अप्रत्यक्ष फायदा अनेक वेळा लोकांच्या लक्षात येत नाही.

प्रत्येक शेतकऱ्याने स्वतःला एक प्रश्न विचारला पाहिजे.

"जर माझे मुख्य पीक पूर्णपणे फसले, तर पुढील सहा महिने माझे उत्पन्न कुठून येणार आहे?"

जर या प्रश्नाचे उत्तर नसेल, तर व्यवसाय अजूनही धोक्यात आहे.

लक्षात ठेवा, एकच उत्पन्न स्रोत असलेला शेतकरी हवामान आणि बाजाराच्या दयेवर असतो. अनेक उत्पन्न स्रोत असलेला शेतकरी अधिक स्थिर असतो. तो एका अपयशाने कोसळत नाही.

शेतीमध्ये श्रीमंती अनेकदा अधिक जमीन मिळवून येत नाही. ती अधिक एकर विकत घेऊनही येत नाही. ती विविध, परस्परपूरक आणि एकमेकांना आधार देणारे उत्पन्न स्रोत उभे करून येते.

यशस्वी शेती म्हणजे फक्त चांगले पीक नव्हे. यशस्वी शेती म्हणजे अशी व्यवस्था जिथे एका घटकाची ताकद दुसऱ्या घटकाला बळ देते आणि संपूर्ण शेत एक जिवंत, टिकाऊ आणि आर्थिकदृष्ट्या सक्षम परिसंस्था बनते.

१३४. सरकारी योजनांच्या आधारावर आर्थिक नियोजन करणे

भारतीय शेतीमध्ये एक मानसिकता खूप खोलवर रुजलेली आहे. कोणताही नवीन प्रकल्प सुरू करण्यापूर्वी अनेक शेतकरी पहिला प्रश्न विचारतात, "यावर सबसिडी किती आहे?" पण खरा प्रश्न असा असला पाहिजे, "हा प्रकल्प सबसिडीशिवायही फायदेशीर आहे का?" हा फरक समजला नाही की अनेक चुकीचे निर्णय घेतले जातात.

मी अनेक शेतकरी पाहिले आहेत ज्यांनी केवळ अनुदान मिळते म्हणून प्रकल्प उभे केले. शेडनेट घेतले, पॉलिहाऊस घेतले, यंत्रसामग्री घेतली, गोठे बांधले, विविध सरकारी योजनांचा लाभ घेतला. पण काही वर्षांनी त्या प्रकल्पांचा वापरच बंद झाला. कारण निर्णय गरजेवर आधारित नव्हता. निर्णय अनुदानावर आधारित होता.

अनेक वेळा शेतकरी एखादी योजना पाहतो आणि मग त्यानुसार व्यवसाय शोधायला लागतो. प्रत्यक्षात क्रम उलटा असायला हवा. आधी व्यवसायाची गरज ओळखली पाहिजे आणि नंतर त्यासाठी कोणती योजना उपयोगी पडू शकते हे पाहिले पाहिजे. पण अनेकदा आपण आधी योजना पाहतो आणि नंतर तिचा उपयोग शोधत बसतो.

समजा एखादे यंत्र दहा लाख रुपयांचे आहे आणि त्यावर पन्नास टक्के अनुदान मिळते. अनेकांना वाटते की त्यांनी पाच लाख रुपये

वाचवले. पण जर त्या यंत्राची गरजच नव्हती, तर त्यांनी प्रत्यक्षात पाच लाख रुपये खर्च केले. कारण न वापरण्यात येणारी वस्तू स्वस्त असली तरी ती फायदेशीर होत नाही.

अनुदानामुळे एखादी गोष्ट स्वस्त होऊ शकते. पण ती फायदेशीर होईलच असे नाही. अनेक वेळा शेतावर अशी यंत्रे, संरचना किंवा प्रकल्प दिसतात जे फक्त योजना मिळाली म्हणून उभे राहिलेले असतात. काही वर्षांनी त्यांच्यावर धूळ साचलेली दिसते. कारण त्यामागे आर्थिक विचार नव्हता. फक्त अनुदानाचा विचार होता.

याहून मोठी समस्या म्हणजे अनेक शेतकरी संपूर्ण आर्थिक नियोजन सरकारी योजनांवर आधारित ठेवतात. अनुदान मिळाले तर प्रकल्प होईल. कर्जमाफी झाली तर परिस्थिती सुधारेल. नवीन योजना आली तर व्यवसाय वाढेल. शासनाने मदत केली तर सर्व काही सुरळीत होईल. ही मानसिकता दीर्घकालीन दृष्टिकोनातून धोकादायक आहे.

कारण सरकारी धोरणे बदलू शकतात. योजना थांबू शकतात. नियम बदलू शकतात. अर्ज मंजूर होण्यास विलंब होऊ शकतो. निधी कमी पडू शकतो. आज उपलब्ध असलेली योजना उद्या उपलब्ध असेलच याची खात्री नसते.

म्हणूनच शाश्वत व्यवसाय हा सरकारी मदतीवर नव्हे, तर स्वतःच्या आर्थिक ताकदीवर उभा राहिला पाहिजे. एखाद्या व्यवसायाचा पाया

सरकारी योजनेवर असेल, तर त्या योजनेसोबतच त्याचे भविष्यही बदलू शकते.

याचा अर्थ सरकारी योजना वाईट आहेत असा नाही. उलट अनेक योजना अत्यंत उपयुक्त आहेत. सिंचन, सौर ऊर्जा, यांत्रिकीकरण, पशुपालन, प्रक्रिया उद्योग आणि इतर अनेक क्षेत्रांमध्ये शासनाची मदत शेतकऱ्यांसाठी फायदेशीर ठरू शकते. ज्या योजना खरोखर उपयोगी आहेत त्यांचा लाभ घ्यायलाच हवा.

पण योजना ही व्यवसायाची पायाभरणी नसावी. ती बोनस असावी.

व्यवसायाचा पाया नेहमी नफा, कॅश फ्लो, खर्च नियंत्रण, बाजारपेठ आणि व्यवस्थापन यावर उभा राहिला पाहिजे. कारण शेवटी व्यवसाय चालतो तो ग्राहकांच्या पैशांवर, सरकारी पैशांवर नाही.

मला नेहमी वाटते की कोणताही नवीन प्रकल्प सुरू करण्यापूर्वी शेतकऱ्याने स्वतःला एक प्रश्न विचारावा.

"जर या प्रकल्पावर एक रुपयाही अनुदान मिळाले नाही, तरी मी हा प्रकल्प करेन का?"

जर उत्तर "हो" असेल, तर तो प्रकल्प बहुधा योग्य दिशेने आहे. कारण त्यामागे आर्थिक तर्क आहे.

जर उत्तर "नाही" असेल, तर पुन्हा विचार करण्याची गरज आहे. कारण अनेक वेळा आपण व्यवसाय करत नसतो, आपण फक्त योजना घेत असतो.

आणखी एक महत्त्वाचा प्रश्न असा आहे:

"जर उद्या सरकारने ही योजना बंद केली, तरी माझा व्यवसाय टिकेल का?"

जर उत्तर "हो" असेल, तर व्यवसायाचा पाया मजबूत आहे.

जर उत्तर "नाही" असेल, तर व्यवसायाचा आर्थिक पाया कमकुवत आहे आणि त्यावर पुन्हा विचार करण्याची गरज आहे.

लक्षात ठेवा, अनुदानामुळे व्यवसाय सुरू होऊ शकतो. पण अनुदानामुळे व्यवसाय टिकत नाही. व्यवसाय टिकतो तो नफ्यामुळे, व्यवस्थापनामुळे, बाजारपेठेमुळे आणि योग्य निर्णयांमुळे.

सरकारी मदत ही चांगली गोष्ट आहे. पण तिच्यावर अवलंबून राहणे धोकादायक आहे. कारण शेवटी यशस्वी शेतकरी तो नसतो ज्याने सर्वाधिक योजना घेतल्या. यशस्वी शेतकरी तो असतो जो योजना असो वा नसो, स्वतःच्या पायावर उभा राहू शकतो.

शेतीमध्ये अनुदानाचे स्वागत करा, पण त्यावर भविष्य उभे करू नका. कारण मजबूत व्यवसाय हा काठीच्या आधारावर चालत नाही. तो स्वतःच्या पायावर उभा राहतो.

१३५. शेतीला व्यवसाय म्हणून न पाहणे

जर मला शेतीतील बहुतांश आर्थिक, व्यवस्थापकीय आणि धोरणात्मक चुकांचे एकच मूळ कारण सांगायचे असेल, तर ते हे असेल की अनेक लोक शेती करतात, पण शेतीला व्यवसाय म्हणून पाहत नाहीत.

या पुस्तकात आपण जमीन निवडण्यापासून ते विक्रीपर्यंत, कॅश फ्लोपासून ते ROI पर्यंत, पाणी व्यवस्थापनापासून ते मनुष्यबळ व्यवस्थापनापर्यंत आणि पशुपालनापासून ते पूरक उद्योगांपर्यंत अनेक विषयांवर चर्चा केली. प्रत्येक प्रकरण वेगळे होते. प्रत्येक चूक वेगळी होती. पण त्यांची मुळे शोधायला गेलो तर त्या अनेकदा एका ठिकाणी येऊन मिळतात.

शेतकरी स्वतःला उत्पादक समजतो, पण उद्योजक समजत नाही.

तो पीक घेतो, पण व्यवसाय चालवत नाही. तो उत्पादनावर लक्ष केंद्रित करतो, पण नफ्यावर नाही. तो मेहनतीचा हिशोब ठेवतो, पण पैशाचा हिशोब ठेवत नाही. तो बाजारभावाला दोष देतो, हवामानाला दोष देतो, सरकारला दोष देतो, पण स्वतःच्या निर्णयांचे विश्लेषण क्वचितच करतो. आणि मग वर्षानुवर्षे त्याच चुका पुन्हा पुन्हा घडत राहतात.

कोणताही उद्योग घ्या. कारखाना असो, दुकान असो, हॉटेल असो, डेअरी असो किंवा सॉफ्टवेअर कंपनी असो. प्रत्येक ठिकाणी काही

मूलभूत गोष्टी सतत मोजल्या जातात. खर्च किती आहे, नफा किती आहे, कॅश फ्लो कसा आहे, गुंतवणुकीवरील परतावा किती आहे, उत्पादकता किती आहे, कार्यक्षमता किती आहे, ग्राहक समाधानी आहेत का, व्यवसाय वाढतो आहे का, हे सर्व सातत्याने तपासले जाते.

पण शेतीमध्ये अनेकदा फक्त उत्पादन मोजले जाते.

"किती क्विंटल आले?"

"किती टन झाले?"

"किती लिटर दूध झाले?"

"किती अंडी मिळाली?"

हे प्रश्न महत्त्वाचे आहेत. पण ते पुरेसे नाहीत.

खरा प्रश्न असा आहे, "किती पैसा उरला?"

कारण शेवटी कोणताही व्यवसाय उत्पादनावर टिकत नाही. तो नफ्यावर टिकतो. उत्पादन हे साधन आहे. नफा हा परिणाम आहे. अनेक वेळा शेतकरी उत्पादन वाढवत राहतो, पण त्याच वेळी त्याचा खर्च अधिक वेगाने वाढत असतो. बाहेरून तो यशस्वी दिसतो, पण प्रत्यक्षात त्याची आर्थिक स्थिती सुधारत नसते.

शेतीला व्यवसाय म्हणून पाहायला सुरुवात केली की विचार करण्याची पद्धत बदलते.

मग प्रत्येक खर्चाचा प्रश्न विचारला जातो. हे खर्च आवश्यक आहेत का? याचा परतावा मिळणार आहे का? हा खर्च कमी करता येईल का?

मग प्रत्येक गुंतवणुकीचे मूल्यांकन केले जाते. नवीन गोठा, नवीन ट्रॅक्टर, नवीन शेड, नवीन यंत्रसामग्री किंवा नवीन प्रकल्प यांचा परतावा किती असेल हे पाहिले जाते.

मग प्रत्येक एकर जमिनीचा विचार केला जातो. ही जमीन माझ्यासाठी काम करते आहे का? या एकरातून किती मूल्य निर्माण होते आहे?

मग कॅश फ्लोचे नियोजन केले जाते. वर्षभरात पैसा कधी येणार आणि कधी जाणार याचा विचार केला जातो.

मग कुटुंबातील सदस्य, कामगार, जनावरे, यंत्रसामग्री, पाणी, वेळ आणि जमीन या सर्वांकडे भावनिक नव्हे तर आर्थिक संसाधन म्हणून पाहिले जाते.

मग निर्णय भावना पाहून घेतले जात नाहीत. आकडे पाहून घेतले जातात.

आणि तेव्हाच आर्थिक प्रगती सुरू होते.

माझ्या मते आज भारतीय शेतीची सर्वात मोठी गरज नवीन खत, नवीन औषध, नवीन बियाणे किंवा नवीन वाण नाही. या सर्व गोष्टी महत्त्वाच्या आहेत, पण त्या दुय्यम आहेत. सर्वात मोठी गरज आहे नवीन विचारसरणीची.

शेतकऱ्याने स्वतःला एक साधा प्रश्न विचारला पाहिजे.

"मी शेती करतो आहे की शेतीचा व्यवसाय करतो आहे?"

या दोन वाक्यांमध्येच संपूर्ण फरक दडलेला आहे.

शेती करणारा माणूस उत्पादन वाढवण्याचा प्रयत्न करतो.

शेतीचा व्यवसाय करणारा माणूस मूल्य निर्माण करण्याचा प्रयत्न करतो.

शेती करणारा माणूस किती आले याचा विचार करतो.

शेतीचा व्यवसाय करणारा माणूस किती उरले याचा विचार करतो.

शेती करणारा माणूस हंगाम पाहतो.

शेतीचा व्यवसाय करणारा माणूस पुढील दहा वर्षे पाहतो.

लक्षात ठेवा, शेती ही फक्त जीवनशैली नाही. ती फक्त परंपरा नाही. ती फक्त जमिनीशी असलेले नाते नाही. या सर्व गोष्टी तिचा भाग आहेत. पण जर शेतीत आर्थिकदृष्ट्या टिकून राहायचे असेल,

वाढायचे असेल आणि पुढच्या पिढीसाठी काहीतरी उभे करायचे असेल, तर शेतीकडे व्यवसाय म्हणून पाहणे अपरिहार्य आहे.

या पुस्तकात आपण पाहिलेल्या जवळपास सर्व चुका एका वाक्यात मांडायच्या झाल्या तर त्या अशा मांडता येतील:

"शेतीत यश मिळवण्यासाठी नेहमीच अधिक मेहनत करण्याची गरज नसते. अनेक वेळा कमी चुका करण्याची गरज असते."

आणि कदाचित या संपूर्ण पुस्तकाचा सारांशही हाच आहे.

शेतीमध्ये यशस्वी होणारे लोक नेहमीच सर्वात हुशार, सर्वात श्रीमंत किंवा सर्वात मेहनती असतात असे नाही. अनेक वेळा ते फक्त अशा लोकांपेक्षा वेगळे असतात जे वारंवार त्याच चुका पुन्हा करत राहतात.

म्हणून या पुस्तकातील प्रत्येक प्रकरण वाचल्यानंतर स्वतःला एकच प्रश्न विचारा.

"मी ही चूक टाळू शकतो का?"

कारण शेतीमध्ये नफा अनेकदा उत्पादन वाढवून मिळत नाही.

तो चुका कमी करून मिळतो.

माणसे आणि व्यवस्थापन

१३६. माणसांना माणसांसारखे न वागवणे

शेतीमध्ये जमीन, पाणी, जनावरे, यंत्रसामग्री, बियाणे, खते याबद्दल खूप चर्चा होते. पण अनेकदा सर्वात महत्त्वाच्या घटकाकडे दुर्लक्ष होते, तो म्हणजे माणूस. शेतीतील अनेक समस्या प्रत्यक्षात पिकांमुळे किंवा जनावरांमुळे निर्माण होत नाहीत, तर माणसांच्या व्यवस्थापनामुळे निर्माण होतात.

अनेक शेतमालकांची एक मोठी चूक म्हणजे ते कामगारांना फक्त मजूर समजतात. त्यांच्याकडे काम करून घेण्याचे साधन म्हणून पाहतात. त्यांच्याशी बोलण्याची पद्धत, वागण्याची पद्धत आणि त्यांच्याबद्दलचा दृष्टिकोन यामध्ये आदराचा अभाव असतो. मग ते कामगारसुद्धा शेताला स्वतःचे समजत नाहीत. ते फक्त दिवस काढतात.

लक्षात घ्या, माणूस फक्त पगारासाठी काम करत नाही. त्याला आदर हवा असतो, आपलेपणा हवा असतो आणि त्याच्या कामाची किंमत आहे असे वाटले पाहिजे. गावात अनेक शेतकरी सतत एकच तक्रार करताना दिसतात, "माणसं मिळत नाहीत." पण प्रश्न अनेकदा माणसं मिळण्याचा नसतो, तर माणसं टिकण्याचा असतो.

माझ्या अनुभवातून एक गोष्ट स्पष्ट सांगू शकतो. शेतावर आलेला प्रत्येक माणूस हा आधी माणूस असतो, नंतर कामगार असतो. त्याचा स्वाभिमान असतो, त्याची कुटुंबे असतात, त्याच्या अडचणी

असतात. त्याला सतत कमी लेखले, ओरडले, अपमानित केले तर तो मनापासून काम करणार नाही. तो फक्त वेळ पूर्ण करेल.

याचा अर्थ असा नाही की शिस्त नसावी. उलट शिस्त असलीच पाहिजे. पण शिस्त आणि अपमान यात खूप मोठा फरक असतो. चूक झाली तर ती दाखवून द्यावी, पण माणूस मोडून काढू नये.

मी स्वतः एक गोष्ट नेहमी पाळतो. आजपर्यंत मी माझ्या शेतावरच्या गड्याला माझ्या खोलीचा झाडू मारायला सांगितलेला नाही. माझ्या खोलीचा झाडू मी स्वतः मारतो. माझे गेट मी स्वतः उघडतो. पाणी स्वतः घेतो. मला जे काम स्वतः करता येते ते फक्त मी मालक आहे म्हणून दुसऱ्याच्या गळ्यात टाकत नाही.

अनेक ठिकाणी मालक खुर्चीत बसलेला असतो आणि कामगार धावत असतात. मालकाला पाणी हवे, गेट उघडायचे आहे, एखादी छोटी वस्तू आणायची आहे तरी कामगाराला हाक मारली जाते. अशा गोष्टींमधून कामगारांच्या मनात आदर निर्माण होत नाही. उलट एक दरी निर्माण होते. "हा मालक वेगळा आणि आम्ही वेगळे" अशी भावना तयार होते.

याच्या उलट जेव्हा कामगाराला दिसते की मालक कोणतेही काम कमी समजत नाही, तेव्हा त्याच्या मनात आपोआप आदर निर्माण होतो. आदर हा मागून मिळत नाही, तो कमवावा लागतो.

शेतीमध्ये दीर्घकाळ टिकणारे संबंध पैशांवर उभे राहत नाहीत. ते विश्वासावर उभे राहतात. कामगाराला वाटले पाहिजे की माझी

अडचण आली तर मालक समजून घेईल. त्याच वेळी मालकालाही खात्री असली पाहिजे की कामगार व्यवसायाचे नुकसान करणार नाही. हा विश्वास एका दिवसात तयार होत नाही. तो रोजच्या वागणुकीतून तयार होतो.

अनेक शेतकरी कामगारांना कुटुंबातील सदस्य म्हणतात, पण प्रत्यक्ष वागणुकीत ते दिसत नाही. कुटुंबातील सदस्य म्हणायचे आणि गरज पडली की अपमान करायचा, हे चालत नाही. त्याचप्रमाणे कुटुंबातील सदस्य म्हणायचे आणि शिस्तच ठेवायची नाही, हेही चालत नाही. आदर आणि जबाबदारी यांचा समतोल साधावा लागतो.

मला वाटते शेतीतील यशस्वी व्यवस्थापनाची सुरुवात एका साध्या विचारापासून होते. समोरचा माणूस तुमच्यासाठी काम करतो म्हणून तो तुमच्यापेक्षा लहान होत नाही. तो तुमच्या व्यवसायाचा एक भाग असतो. त्याच्याशिवाय व्यवसाय अपूर्ण असतो.

शेवटी, शेतीमध्ये यंत्रे विकत मिळतात, जनावरे विकत मिळतात, बियाणे विकत मिळतात. पण विश्वासू आणि मनापासून काम करणारी माणसं विकत मिळत नाहीत. ती कमवावी लागतात. आणि त्यासाठी पहिली अट म्हणजे माणसांना माणसांसारखे वागवणे. जे शेतकरी हे समजून घेतात, त्यांना चांगली माणसं टिकतात. जे समजून घेत नाहीत, ते आयुष्यभर "माणसं मिळत नाहीत" अशी तक्रार करत राहतात.

१३७. स्वतः शेतातील काम शिकून न घेणे

शेतीमध्ये मी पाहिलेल्या सर्वात महागड्या चुकांपैकी ही एक चूक आहे. अनेक लोक शेतीत लाखो रुपये गुंतवतात, जमीन घेतात, शेड बांधतात, जनावरे घेतात, ठिबक बसवतात, यंत्रसामग्री विकत घेतात; पण ज्या व्यवसायात पैसे गुंतवत आहेत, त्या व्यवसायातील मूलभूत कामे शिकत नाहीत.

त्यांना स्वतःला लागवड करता येत नाही, छाटणी करता येत नाही, औषध फवारता येत नाही, जनावरांना औषध देता येत नाही, चारा व्यवस्थापन करता येत नाही, पाण्याचे नियोजन करता येत नाही. मग संपूर्ण व्यवसाय कामगारांच्या ज्ञानावर उभा राहतो.

हा प्रकार सुरुवातीला खूप सोपा वाटतो. कामगार आहेत, ते सगळं बघतात. पण हाच पुढे जाऊन मोठा सापळा बनतो.

ज्याला स्वतः काम येत नाही, त्याला कामाची गुणवत्ता तपासता येत नाही.

मजुराने दोन तासाचे काम चार तासात केले की नाही, हे कळत नाही.

दहा किलो खाद्य घातले की पंधरा किलो घातले, हे कळत नाही.

औषध योग्य प्रमाणात वापरले की जास्त वापरले, हे कळत नाही.

काम नीट झाले की फक्त झाले असे दाखवले, हे कळत नाही.

आणि जे कळत नाही, त्यावर नियंत्रण ठेवता येत नाही.

मी अनेक शेतांवर पाहिले आहे की प्रत्यक्षात मालकाकडे जमीन असते, पण शेत चालवत दुसराच असतो. मालक फक्त पैसे पुरवत असतो. निर्णय दुसरा घेत असतो. माहिती दुसऱ्याकडे असते. अनुभव दुसऱ्याकडे असतो. आणि हळूहळू मालक स्वतःच्या शेतात पाहुणा बनतो.

ही परिस्थिती कोणत्याही व्यवसायासाठी धोकादायक आहे.

याचा अर्थ असा नाही की मालकाने आयुष्यभर सर्व कामे स्वतःच करावीत. व्यवसाय वाढल्यानंतर कामे वाटलीच पाहिजेत. पण काम वाटणे आणि काम न येणे या दोन वेगळ्या गोष्टी आहेत.

माझ्या मते शेतमालकाला शेतातील प्रत्येक महत्त्वाचे काम स्वतः करता आले पाहिजे.

तो रोज करेलच असे नाही.

पण गरज पडली तर त्याला करता आले पाहिजे.

तेव्हा त्याला कळते की काम किती वेळ घेते, किती खर्च येतो, कोणत्या अडचणी येतात आणि योग्य पद्धत कोणती आहे.

जेव्हा मालकाला स्वतः काम येते तेव्हा कामगारांमध्येही वेगळा संदेश जातो. त्यांना माहिती असते की हा माणूस फक्त सूचना देत नाही. याला प्रत्यक्ष कामाची समज आहे.

अशा वेळी खोटे सांगणे कठीण होते.

अर्धवट काम करून चालत नाही.

अनावश्यक खर्च लपवणे कठीण होते.

समोरचा माणूस विषय समजून घेत असतो.

मी स्वतः शेतातील जवळजवळ प्रत्येक काम करण्याचा प्रयत्न केला आहे. भाजीपाला लागवड, जनावरांची देखभाल, दुग्धव्यवसाय, बीएसएफएल उत्पादन, फवारणी, पाणी व्यवस्थापन, काढणी, विक्री, ग्राहकांशी संवाद. मला एक गोष्ट स्पष्ट समजली आहे.

ज्या दिवशी मालकाने शिकणे थांबवले, त्या दिवशी त्याने नियंत्रण गमावण्यास सुरुवात केली.

अनेक वेळा लोक म्हणतात, "माझ्याकडे चांगला गडी आहे. तो सगळं बघतो."

हे वाक्य ऐकायला चांगलं वाटतं, पण त्यात धोका लपलेला असतो.

उद्या तो गडी गेला तर?

आजारी पडला तर?

दुसरीकडे नोकरीला गेला तर?

किंवा एखाद्या कारणाने अचानक काम सोडून गेला तर?

व्यवसाय थांबला तर दोष कोणाचा?

गडीचा की मालकाचा?

खरं पाहिलं तर मालकाचा.

त्याने व्यवसायाचे ज्ञान स्वतःकडे ठेवले नाही.

आजच्या काळात शेती ही फक्त परंपरा राहिलेली नाही. ती एक व्यवसाय आहे. आणि कोणताही शहाणा उद्योगपती आपल्या व्यवसायातील मूलभूत प्रक्रिया न समजता व्यवसाय चालवत नाही. मग शेतकरी का चालवतो?

शेतीमध्ये यशस्वी व्हायचे असेल तर प्रत्येक कामगारापेक्षा जास्त काम केले पाहिजे असे नाही. पण प्रत्येक कामगाराला जे काम येते, त्याची किमान समज तरी मालकाला असलीच पाहिजे.

शेतीतील सर्वात मजबूत मालक तो नसतो ज्याच्याकडे सर्वात जास्त जमीन असते. सर्वात मजबूत मालक तो असतो ज्याला त्याच्या शेतातील प्रत्येक कामाची माहिती असते आणि गरज पडली तर तो स्वतः ते काम करू शकतो. अशा मालकाला कोणी सहज फसवू शकत नाही, आणि त्याचा व्यवसाय कोणत्याही एका माणसावर अवलंबून राहत नाही.

१३८. संपूर्ण शेत एका माणसाच्या भरोशावर चालवणे

गावाकडच्या शेतीमध्ये ही चूक इतकी सामान्य आहे की अनेकांना ती चूक वाटतही नाही. शेतावर एखादा जुना, विश्वासू गडी मिळाला की अनेक शेतकरी निर्धास्त होतात. हळूहळू शेतातील सर्व माहिती, सर्व जबाबदाऱ्या आणि सर्व निर्णय त्या एकाच माणसाभोवती फिरू लागतात.

सुरुवातीला हे खूप सोयीचे वाटते.

कोणते औषध वापरले होते हे त्याला माहिती असते.

कोणत्या गायीला काय त्रास आहे हे त्याला माहिती असते.

कोणत्या शेतात काय लावले आहे हे त्याला माहिती असते.

कोणत्या ग्राहकाकडे माल जातो हे त्याला माहिती असते.

कोणत्या पंपाची किल्ली कुठे आहे हे त्याला माहिती असते.

हळूहळू परिस्थिती अशी होते की मालकाकडे जमीन असते, पण शेताची माहिती एका गड्याकडे असते.

ही अत्यंत धोकादायक परिस्थिती आहे.

कोणताही माणूस कायमस्वरूपी नसतो.

तो काम सोडू शकतो.

आजारी पडू शकतो.

गावी जाऊ शकतो.

दुसरीकडे जास्त पगार मिळाला तर तिकडे जाऊ शकतो.

किंवा एखाद्या कारणाने उद्या सकाळी कामावरच येणार नाही.

मग काय?

अनेक शेतांमध्ये याच वेळी गोंधळ उडतो. कोणत्या जनावराला कोणते खाद्य चालू आहे हे माहीत नसते. कोणत्या शेतात किती पाणी द्यायचे हे माहीत नसते. ग्राहकांचे फोन नंबर माहीत नसतात. औषधांचे रेकॉर्ड नसतात. सर्व काही एका माणसाच्या डोक्यात असते.

ही चूक फक्त कामगारांबाबत नाही. अनेक डेअरी, पोल्ट्री, शेती व्यवसाय, अगदी मोठमोठ्या कंपन्याही याच कारणामुळे अडचणीत येतात.

व्यवस्था व्यक्तीवर अवलंबून नसावी.

व्यवस्था प्रणालीवर अवलंबून असावी.

आज माझ्या शेतावरचा कोणताही गडी उद्या गेला तरी मला काम थांबवावे लागणार नाही. माझा प्रयत्न नेहमी एकच असतो, कोणतेही काम एका व्यक्तीपुरते मर्यादित ठेवायचे नाही.

जर एखादा गडी जनावरे सांभाळत असेल तर मलाही ते काम यायला हवे.

जर एखादा गडी बीएसएफएलचे काम करत असेल तर त्याची संपूर्ण प्रक्रिया लिहून ठेवलेली असावी.

जर एखादा गडी विक्री करत असेल तर ग्राहकांची माहिती फक्त त्याच्याकडे नसावी.

शेतातील महत्त्वाची माहिती शेतमालकाकडे असली पाहिजे आणि शक्य असल्यास एकापेक्षा जास्त लोकांना माहिती असली पाहिजे.

अनेक शेतकरी म्हणतात, "माझा गडी दहा वर्षांपासून आहे. तो कधी जाणार नाही."

पण व्यवसायात "कधीच" हा शब्द धोकादायक असतो.

दहा वर्षे राहिलेला माणूस अकराव्या वर्षी जाऊ शकतो.

वीस वर्षे काम केलेला माणूस निवृत्त होऊ शकतो.

माणूस बदलतो, परिस्थिती बदलते, गरजा बदलतात.

म्हणून व्यवसाय एखाद्या व्यक्तीवर नाही तर व्यवस्थेवर उभा राहिला पाहिजे.

याचा अर्थ कामगारांवर विश्वास ठेवू नये असा नाही.

उलट विश्वास ठेवावा.

पण असा विश्वास ठेवू नये की त्यांच्याशिवाय व्यवसाय चालणारच नाही.

त्या क्षणापासून मालकाचे नियंत्रण संपायला सुरुवात होते.

एक चांगला शेतमालक तो नसतो ज्याच्याकडे एक विश्वासू गडी असतो.

एक चांगला शेतमालक तो असतो ज्याने अशी व्यवस्था उभी केली असते की एखादा माणूस गेला तरी व्यवसाय चालू राहतो.

शेतीमध्ये सर्वात मोठी सुरक्षितता कुंपण, सीसीटीव्ही किंवा कुलूप देत नाही. सर्वात मोठी सुरक्षितता अशी व्यवस्था देते ज्यामध्ये कोणताही एक माणूस व्यवसायासाठी अपरिहार्य नसतो. तेव्हाच व्यवसाय खऱ्या अर्थाने मालकाच्या नियंत्रणात असतो.

१३९. योग्य माणसाला योग्य काम न देणे

अनेक शेतकरी माणसे ठेवतात, पण माणसे व्यवस्थापित करत नाहीत. त्यांना वाटते की जो कामगार शेतावर आला आहे त्याने शेतातील कोणतेही काम करावे. प्रत्यक्षात प्रत्येक माणसाची क्षमता, आवड, स्वभाव आणि कौशल्य वेगळे असते.

ही गोष्ट न समजल्यामुळे अनेकदा चांगला कामगारसुद्धा अकार्यक्षम वाटू लागतो.

समजा एखादा गडी जनावरांच्या कामात अत्यंत कुशल आहे. त्याला गायींची लक्षणे लगेच समजतात, जनावरांची काळजी घेण्यात त्याला आवड आहे. पण त्यालाच विक्रीची जबाबदारी दिली, ग्राहकांशी बोलायला लावले किंवा हिशोब ठेवायला लावला तर तो अयशस्वी होऊ शकतो.

याचा अर्थ तो वाईट कामगार आहे असा होत नाही. त्याला चुकीचे काम दिले आहे, एवढाच त्याचा अर्थ असतो.

शेतीमध्ये अनेक प्रकारची कामे असतात.

काही कामे शारीरिक ताकद मागतात.

काही कामे निरीक्षणशक्ती मागतात.

काही कामे शिस्त मागतात.

काही कामे लोकांशी संवाद साधण्याचे कौशल्य मागतात.

काही कामे तांत्रिक ज्ञान मागतात.

एकाच व्यक्तीकडे ही सर्व कौशल्ये असतीलच असे नाही.

पण अनेक शेतकरी ही गोष्ट लक्षात घेत नाहीत. जो माणूस उपलब्ध आहे त्याच्याकडे कोणतेही काम ढकलले जाते. मग काम नीट होत नाही आणि दोष कामगारावर टाकला जातो.

माझ्या मते चांगल्या व्यवस्थापकाची खरी ओळख म्हणजे माणसांच्या ताकदी ओळखणे.

कोणाला जनावरे आवडतात?

कोणाला मशिनरी आवडते?

कोण कामात अत्यंत प्रामाणिक आहे?

कोण लोकांशी चांगला संवाद साधू शकतो?

कोण नवीन गोष्टी पटकन शिकतो?

कोणाला जबाबदारी दिली तर तो ती सांभाळतो?

हे समजायला वेळ लागतो. पण एकदा हे समजले की संपूर्ण शेताची कार्यक्षमता वाढते.

याउलट काही शेतकरी प्रत्येक माणसाकडून प्रत्येक कामात तज्ज्ञ असण्याची अपेक्षा ठेवतात. ही अपेक्षा अवास्तव आहे.

व्यवसाय वाढत जातो तसा विशेषीकरण आवश्यक बनते.

दूध काढणारा माणूस उत्तम असू शकतो, पण तो विक्रीत कमकुवत असू शकतो.

विक्री करणारा माणूस उत्तम असू शकतो, पण तो जनावरांची काळजी घेण्यात कमकुवत असू शकतो.

तांत्रिक काम करणारा माणूस उत्कृष्ट असू शकतो, पण टीम सांभाळण्यात कमी पडू शकतो.

म्हणून प्रत्येक माणसाकडून सर्व काही अपेक्षित ठेवण्याऐवजी त्याच्या ताकदीचा जास्तीत जास्त उपयोग करणे अधिक महत्त्वाचे असते.

यामध्ये आणखी एक चूक होते. अनेकदा शेतकरी स्वतःला आवडते म्हणून काम वाटतात. व्यवसायाला काय गरज आहे हे पाहत नाहीत.

उदाहरणार्थ, एखादा गडी खूप मेहनती आहे म्हणून त्याच्यावर सतत नवीन नवीन जबाबदाऱ्या टाकल्या जातात. शेवटी तोच सर्व कामे करू लागतो आणि इतर लोक निष्क्रिय होतात. परिणामी तो थकतो, नाराज होतो आणि कधी कधी काम सोडून जातो.

चांगले व्यवस्थापन म्हणजे सर्वात चांगल्या माणसाला सर्व कामे देणे नाही. चांगले व्यवस्थापन म्हणजे योग्य काम योग्य माणसाकडे देणे.

शेतीमध्ये यश हे फक्त चांगल्या माणसांमुळे मिळत नाही. योग्य ठिकाणी योग्य माणसे वापरण्यामुळे मिळते.

अनेक वेळा समस्या माणसांमध्ये नसते, तर त्यांना दिलेल्या कामांमध्ये असते. म्हणून एखादा माणूस अकार्यक्षम आहे असा निष्कर्ष काढण्याआधी एक प्रश्न विचारला पाहिजे.

तो चुकीचा माणूस आहे की आपण त्याला चुकीच्या जागी उभे केले आहे?

या प्रश्नाचे प्रामाणिक उत्तर अनेक व्यवस्थापनाच्या समस्या सोडवू शकते.

१४०. प्रशिक्षण आणि कार्यपद्धती (SOP) तयार न करणे

भारतातील बहुतांश शेतांमध्ये कामे माणसांवर चालतात, व्यवस्थेवर नाहीत. एखादा गडी जुना असेल तर त्याला माहिती असते काय करायचे. तो गेला की नवीन माणूस येतो आणि पुन्हा सर्व काही सुरुवातीपासून शिकवावे लागते. मग मालकाची तक्रार सुरू होते, "आजकाल चांगली माणसं मिळत नाहीत."

प्रत्यक्षात अनेक वेळा समस्या माणसांमध्ये नसते. समस्या व्यवस्थेमध्ये असते.

समजा तुमच्या शेतावर दहा गायी आहेत. नवीन गडी आला. त्याला कोणत्या गायीला किती खाद्य द्यायचे, कोणत्या गायीला कोणते औषध चालू आहे, कोणत्या वेळेला दूध काढायचे, कोणत्या गायीला वेगळे लक्ष द्यायचे हे कुठेच लिहिलेले नाही. मग तो काय करणार?

त्याला प्रत्येक गोष्टीसाठी कोणालातरी विचारावे लागेल.

तो चूक करेल.

वेळ वाया जाईल.

कामाचा दर्जा बदलेल.

आणि शेवटी दोष त्याच्यावर जाईल.

यालाच व्यवस्थापनाची चूक म्हणतात.

मोठ्या कंपन्या यशस्वी होतात त्यांच्याकडे प्रणाली असते. कोणताही कर्मचारी बदलला तरी कामाची पद्धत बदलत नाही. सर्व गोष्टींची स्पष्ट कार्यपद्धती असते.

शेतीमध्येही हेच लागू होते.

आज एखादा गडी बीएसएफएल तयार करत असेल, तर त्याची संपूर्ण प्रक्रिया लिहिलेली असली पाहिजे.

अंडी किती घालायची?

आर्द्रता किती ठेवायची?

किती दिवसांनी खाद्य वाढवायचे?

हार्वेस्ट कधी करायचा?

हे सर्व लिहिलेले असले पाहिजे.

डेअरीमध्येही तेच.

पोल्ट्रीमध्येही तेच.

भाजीपाल्यामध्येही तेच.

जे काम वारंवार केले जाते त्याची एक ठरलेली पद्धत असली पाहिजे.

अनेक शेतकरी म्हणतात, "आमच्या शेतावर एवढा काय मोठा उद्योग आहे?"

पण प्रश्न उद्योगाचा नाही, प्रश्न सातत्याचा आहे.

आज तुम्ही काम करता म्हणून दर्जा चांगला आहे. उद्या दुसरा माणूस करेल तर दर्जा बदलतो. परवा तिसरा माणूस करेल तर पुन्हा बदलतो.

याचा अर्थ तुमची प्रणाली व्यक्तीवर अवलंबून आहे.

व्यवसाय वाढवायचा असेल तर काम व्यक्तीवर नव्हे तर प्रक्रियेवर अवलंबून झाले पाहिजे.

माझ्या मते शेतमालकाने स्वतःला एक प्रश्न विचारावा.

"उद्या मी महिनाभर शेतावर नसतो तर माझे शेत चालेल का?"

जर उत्तर "नाही" असेल, तर समस्या कामगारांमध्ये नाही. समस्या प्रणालीमध्ये आहे.

चांगली प्रणाली असेल तर नवीन माणूस काही दिवसांत काम शिकू शकतो.

वाईट प्रणाली असेल तर दहा वर्षांचा माणूस गेला तरी व्यवसाय डगमगतो.

आजच्या काळात मोबाईलवर फोटो, व्हिडिओ, चेकलिस्ट, व्हॉट्सअॅप ग्रुप, प्रिंटेड सूचना यांचा वापर करून अगदी छोट्या शेतावरसुद्धा SOP तयार करता येतात.

त्यासाठी मोठा खर्च लागत नाही.

लागते ती फक्त सवय.

एकदा कार्यपद्धती तयार झाली की प्रशिक्षण सोपे होते.

कामाचा दर्जा स्थिर राहतो.

चुका कमी होतात.

नवीन माणूस लवकर तयार होतो.

आणि सर्वात महत्त्वाचे म्हणजे व्यवसाय एखाद्या व्यक्तीवर अवलंबून राहत नाही.

शेतीमध्ये अनेक जण चांगले कामगार शोधण्यात आयुष्य घालवतात. पण त्यापेक्षा जास्त फायदा चांगली व्यवस्था तयार करण्यात असतो. चांगला माणूस कधीतरी जाऊ शकतो, पण चांगली कार्यपद्धती कायम राहते. तीच कोणत्याही यशस्वी शेती व्यवसायाचा खरा पाया असते.

१४१. कामाचे नियोजन आणि मोजमाप न ठेवणे

अनेक शेतकरी दिवसभर खूप व्यस्त असतात, पण दिवसाच्या शेवटी नेमके काय साध्य झाले हे सांगू शकत नाहीत. सकाळपासून धावपळ असते, फोन असतात, मजुरांशी चर्चा असते, बाजार असतो, जनावरे असतात, शेतीची कामे असतात. पण व्यस्त असणे आणि उत्पादक असणे या दोन वेगळ्या गोष्टी आहेत.

शेतीमधील एक मोठी व्यवस्थापनाची चूक म्हणजे कामाचे नियोजन आणि मोजमाप न ठेवणे.

अनेक शेतांवर दिवसाची सुरुवातच नियोजनाशिवाय होते. सकाळी मजूर आले की त्यांना काम सांगितले जाते. मध्येच नवीन काम निघते. मग आधीचे काम अर्धवट राहते. दुपारी काहीतरी वेगळे सुरू होते. संध्याकाळी दिवस संपतो, पण कोणते काम पूर्ण झाले आणि कोणते राहिले याचा स्पष्ट हिशोब नसतो.

यामुळे सर्वात मोठे नुकसान वेळेचे होते.

शेतीमध्ये पैसा गेला तर पुन्हा मिळू शकतो. पण गेलेला हंगाम, गेलेला दिवस किंवा गेलेला तास परत मिळत नाही.

कामाचे नियोजन नसले की मजुरांनाही स्पष्टता राहत नाही. कोणते काम सर्वात महत्त्वाचे आहे, कोणते काम आधी करायचे आहे

आणि कोणते नंतर करायचे आहे हे त्यांना समजत नाही. मग प्रत्येक जण व्यस्त दिसतो, पण प्रत्यक्ष उत्पादन वाढत नाही.

याहून मोठी चूक म्हणजे मोजमाप न ठेवणे.

अनेक शेतकरी खर्चाचा हिशोब ठेवत नाहीत.

मजुरीचा हिशोब ठेवत नाहीत.

जनावरांनी किती दूध दिले याची नोंद ठेवत नाहीत.

कोंबड्यांनी किती अंडी दिली याची नोंद ठेवत नाहीत.

एखाद्या पिकातून किती उत्पादन मिळाले याची नोंद ठेवत नाहीत.

मग सुधारणा कशी करणार?

जे मोजता येत नाही ते सुधारता येत नाही.

समजा तुमच्या डेअरीमध्ये एका गायीचे दूध अचानक कमी झाले. जर रोजची नोंदच नसेल तर ते लक्षातच येणार नाही. कोंबड्यांचे अंडी उत्पादन २० टक्के कमी झाले तरी नोंद नसेल तर समस्या उशिरा समजेल. भाजीपाल्यात उत्पादन कमी झाले तरी मागच्या वर्षाशी तुलना करण्यासाठी डेटा नसेल.

अनेक वेळा शेतकरी निर्णय अनुभवावर घेतात. अनुभव महत्त्वाचा आहेच. पण अनुभवासोबत आकडे असतील तर निर्णय अधिक अचूक होतात.

माझ्या मते प्रत्येक शेतकऱ्याने किमान काही गोष्टींच्या नोंदी ठेवल्याच पाहिजेत.

- उत्पादन
- विक्री
- खर्च
- मजुरी
- जनावरांची कामगिरी
- पाण्याचा वापर
- खाद्याचा वापर
- मृत्यू किंवा नुकसान

यासाठी मोठे सॉफ्टवेअर लागत नाही. एक वही पुरेशी आहे. मोबाईलवरील साधी स्प्रेडशीट पुरेशी आहे. पण नोंद असली पाहिजे.

नियोजन आणि मोजमाप यांचा आणखी एक फायदा होतो. मालकाला शेतावर नसतानाही व्यवसायाची स्थिती समजू शकते. निर्णय भावना पाहून नाही तर आकडे पाहून घेता येतात.

अनेक शेतकरी दिवसभर काम करतात, पण व्यवसाय वाढत नाही. ते काम करतात, पण मोजत नाहीत. ते धावतात, पण दिशा ठरवत नाहीत.

शेतीमध्ये यशस्वी होण्यासाठी फक्त मेहनत पुरेशी नसते. मेहनत योग्य दिशेने होत आहे का हे पाहण्यासाठी नियोजन आवश्यक

असते. आणि त्या दिशेने प्रगती होत आहे का हे पाहण्यासाठी मोजमाप आवश्यक असते.

शेवटी, ज्या शेतकऱ्याकडे आकडे नसतात तो अंदाजावर व्यवसाय चालवतो. आणि ज्या शेतकऱ्याकडे आकडे असतात तो माहितीच्या आधारावर निर्णय घेतो. दीर्घकाळात या दोघांच्या परिणामांमध्ये जमीन-अस्मानाचा फरक पडतो.

१४२. भावनेत निर्णय घेणे

शेती हा भावनांशी जोडलेला व्यवसाय आहे. जमीन, जनावरे, कुटुंब, गाव, नातीगोती या सगळ्यांशी शेतीचा संबंध असतो. पण एक गोष्ट लक्षात घेतली पाहिजे. शेती भावनांनी सुरू होऊ शकते, पण चालते व्यवस्थापनाने.

अनेक शेतकऱ्यांच्या अपयशामागे तांत्रिक कारणे नसतात. भावनिक निर्णय असतात.

सर्वात सामान्य उदाहरण म्हणजे नातेवाईकांना कामावर ठेवणे.

अनेक वेळा एखादा नातेवाईक काम शोधत असतो म्हणून त्याला शेतावर घेतले जाते. सुरुवातीला ते योग्य वाटते. पण जर तो कामात सक्षम नसेल तर पुढे समस्या निर्माण होते. सामान्य कामगाराची चूक झाली तर त्याला समज देता येते, गरज पडली तर कामावरून कमी करता येते. पण नातेवाईक असेल तर निर्णय कठीण होतो.

मग व्यवसायापेक्षा नातेसंबंध महत्त्वाचे होतात.

आणि व्यवसाय हळूहळू नुकसान सहन करू लागतो.

अशीच चूक अनेक शेतकरी जुन्या कामगारांबाबत करतात.

एखादा गडी दहा-पंधरा वर्षांपासून काम करत असतो. त्याच्याबद्दल आपुलकी निर्माण झालेली असते. हे स्वाभाविक आहे. पण जर तो

आता कामात ढिलाई करत असेल, चुकीचे निर्णय घेत असेल किंवा व्यवसायाचे नुकसान करत असेल तर त्याकडे दुर्लक्ष केले जाते.

निर्णय डोक्याने नाही तर भावनेने घेतला जातो.

दुसरी मोठी चूक म्हणजे आंधळा विश्वास.

विश्वास असणे आवश्यक आहे. पण कोणत्याही व्यवसायात पडताळणी त्याहून अधिक आवश्यक असते.

काही शेतकरी एकदा विश्वास ठेवला की नंतर काहीही तपासत नाहीत.

हिशोब तपासत नाहीत.

साठा तपासत नाहीत.

उत्पादन तपासत नाहीत.

खर्च तपासत नाहीत.

त्यांना वाटते की "हा माणूस आपलाच आहे."

व्यवसायात "आपला माणूस" असतो, पण "तपासणीची गरज नाही" असा माणूस कधीच नसतो.

आणखी एक भावनिक निर्णय म्हणजे अपराधीपणातून घेतलेले निर्णय.

अनेक शेतकरी एखाद्या कामगाराला काढत नाहीत त्याचे कुटुंब आहे, मुलं आहेत, अडचणी आहेत. ही सहानुभूती योग्य आहे. पण जर त्या व्यक्तीमुळे संपूर्ण व्यवसाय धोक्यात येत असेल तर त्याचा परिणाम इतर सर्व कामगारांवर आणि कुटुंबावर होतो.

व्यवसाय टिकला तरच रोजगार टिकतो.

व्यवसाय बुडाला तर कोणाचाही फायदा होत नाही.

कधी कधी उलटही घडते.

एखाद्या छोट्या वादातून, रागातून किंवा अहंकारातून चांगला कामगार गमावला जातो.

निर्णय विचार करून घेतलेला नसतो. तो क्षणिक भावनेतून घेतलेला असतो.

शेतीमध्ये राग, प्रेम, विश्वास, आपुलकी, सहानुभूती या सर्व भावना आवश्यक आहेत. पण अंतिम निर्णय घेताना आकडे, कामगिरी, शिस्त आणि व्यवसायाचे हित यांना प्राधान्य दिले पाहिजे.

चांगला शेतमालक कठोर नसतो. पण तो स्पष्ट असतो.

तो माणसांचा आदर करतो, पण नियमांमध्ये अपवाद करत नाही.

तो विश्वास ठेवतो, पण पडताळणीही करतो.

तो सहानुभूती दाखवतो, पण व्यवसायाचे नुकसान होईल इतपत भावनिक होत नाही.

शेतीतील अनेक नुकसान करणाऱ्या चुका प्रत्यक्षात शेतात होत नाहीत. त्या मालकाच्या मनात होतात. आणि त्यातील सर्वात मोठी चूक म्हणजे भावना आणि व्यवस्थापन यांची गल्लत करणे.

माणसांशी व्यवहार करताना हृदय वापरा. पण व्यवसायाचे निर्णय घेताना डोके वापरा. हे जमले तर व्यवस्थापनातील अर्ध्या समस्या आपोआप संपतात.

१४३. मालक स्वतः शिस्तबद्ध नसणे

अनेक शेतकरी कामगारांच्या शिस्तीबद्दल तक्रार करतात. गडी वेळेवर येत नाहीत, कामात लक्ष देत नाहीत, जबाबदारी घेत नाहीत, काम अर्धवट सोडतात असे अनेक आरोप केले जातात. पण एक प्रश्न फार कमी लोक स्वतःला विचारतात.

शेताचा मालक स्वतः किती शिस्तबद्ध आहे?

कोणत्याही शेताची संस्कृती वरून खाली तयार होत असते. मालक जसा असतो, तशीच हळूहळू संपूर्ण टीम बनत जाते.

जर मालक स्वतः रोज उशिरा शेतावर येत असेल, तर कामगारांकडून वेळेची अपेक्षा करणे कठीण असते.

जर मालक स्वतः नोंदी ठेवत नसेल, तर कामगारांकडून अचूक माहितीची अपेक्षा करणे कठीण असते.

जर मालक स्वतः दिलेले शब्द पाळत नसेल, तर कामगारांकडून जबाबदारीची अपेक्षा करणे कठीण असते.

माणसे बोलण्यापेक्षा पाहून जास्त शिकतात.

अनेक वेळा शेतमालकाला वाटते की तो मालक आहे, त्यामुळे त्याच्यावर नियम लागू होत नाहीत. पण प्रत्यक्षात सर्वात जास्त नियम मालकाने स्वतःवर लागू केले पाहिजेत.

त्याच्याकडे संपूर्ण व्यवसायाची जबाबदारी असते.

मी अनेक शेतांवर एक गोष्ट पाहिली आहे. मालक आठवड्यातून एकदा शेतावर येतो. बाकी वेळ फोनवरून सूचना देतो. मग शेतात काय चालले आहे याची त्याला प्रत्यक्ष कल्पना नसते.

फोनवरून शेती चालत नाही.

फोनवरून उपस्थिती दाखवता येते, व्यवस्थापन नाही.

शेतावर फिरणे, पिके पाहणे, जनावरांचे निरीक्षण करणे, माणसांशी बोलणे, समस्या समजून घेणे याला पर्याय नाही.

विशेषतः नवीन शेतकऱ्यांनी ही चूक अजिबात करू नये.

अनेक लोक शहरात राहतात आणि त्यांना वाटते की आठवड्यातून एकदा शेतावर जाऊन शेती करता येईल. काही विशिष्ट पिकांमध्ये ते शक्य असू शकते. पण बहुतेक व्यवसायांमध्ये, विशेषतः भाजीपाला, डेअरी, पोल्ट्री, बीएसएफएल यांसारख्या व्यवसायांमध्ये मालकाची नियमित उपस्थिती आवश्यक असते.

आणखी एक महत्त्वाची गोष्ट म्हणजे शिकण्याची शिस्त.

काही शेतकरी दहा वर्षांपूर्वी जे शिकले तेच आजही करत असतात.

नवीन तंत्रज्ञान नाही.

नवीन बाजारपेठ नाही.

नवीन पद्धती नाहीत.

नवीन माहिती नाही.

जग बदलत असते, पण त्यांची शेती बदलत नाही.

हीसुद्धा शिस्तीचीच समस्या आहे.

शिस्त म्हणजे फक्त वेळेवर येणे नाही. शिस्त म्हणजे सतत सुधारत राहणे.

माझ्या मते यशस्वी शेतमालकाची काही स्पष्ट लक्षणे असतात.

- तो नियमित शेतावर असतो.
- त्याला आकडे माहिती असतात.
- तो नोंदी ठेवतो.
- तो स्वतः उदाहरण घालून देतो.
- तो शिकणे थांबवत नाही.
- तो दिलेले काम तपासतो.
- तो दिलेला शब्द पाळतो.

अशा मालकाच्या शेतावर काम करणाऱ्या माणसांमध्येही हळूहळू तीच संस्कृती तयार होते.

शेतीमध्ये अनेक जण चांगले कामगार शोधण्यात वेळ घालवतात. पण त्यापेक्षा महत्त्वाचा प्रश्न असा आहे की, चांगले कामगार टिकून राहतील असे वातावरण आपण तयार केले आहे का?

शेवटी शेताची शिस्त ही गेटवर लावलेल्या नियमांमुळे तयार होत नाही. ती मालकाच्या वागणुकीतून तयार होते.

ज्या शेताचा मालक शिस्तबद्ध असतो, त्या शेतावर व्यवस्थापनाच्या अनेक समस्या निर्माणच होत नाहीत. आणि ज्या शेताचा मालकच विस्कळीत असतो, तिथे कितीही चांगली माणसे आणली तरी फारसा फरक पडत नाही.

१४४. शेतमजूर आणि कामगारांना सतत उचल देणे

शेतीतील अनेक आर्थिक अडचणी पिकांमुळे निर्माण होत नाहीत. त्या माणसांच्या व्यवस्थापनामुळे निर्माण होतात. त्यापैकी एक मोठी चूक म्हणजे शेतमजूर आणि कामगारांना सतत उचल देणे.

सुरुवात साधारणपणे चांगल्या हेतूने होते. एखाद्या कामगाराला घरात अडचण असते, एखाद्याला मुलांच्या शिक्षणासाठी पैसे लागतात, एखाद्याला लग्नासाठी किंवा वैद्यकीय खर्चासाठी मदत हवी असते. शेतकरी म्हणून आपल्याला त्यांची अडचण समजते आणि आपण उचल देतो.

एकदा-दोनदा मदत करणे वेगळी गोष्ट आहे. पण जेव्हा उचल ही नियमित पद्धत बनते, तेव्हा समस्या सुरू होतात.

अनेक वेळा कामगाराचे शेतकऱ्यावर आणि शेतकऱ्याचे कामगारावर आर्थिक देणे-घेणे वाढत जाते. काही महिन्यांत परिस्थिती अशी होते की कामगाराने अजून काम करायचे असते, पण त्याचे अनेक महिन्यांचे पैसे आधीच घेतलेले असतात. त्यानंतर कामाची गुणवत्ता कमी होते, शिस्त कमी होते आणि दोघांमध्ये तणाव वाढू लागतो.

उचल देताना शेतकऱ्याला वाटते की त्यामुळे कामगार कायम राहील. प्रत्यक्षात अनेक वेळा उलटेच घडते. कामगारावर कर्ज

वाढते, त्याला मानसिक ताण येतो आणि शेवटी तो दुसरीकडे काम शोधून निघून जातो. त्यानंतर शेतकऱ्याचे पैसे अडकतात आणि कामगारही जातो.

अनेक शेतकऱ्यांच्या वह्यांमध्ये हजारो किंवा लाखो रुपयांच्या उचली अडकलेल्या दिसतात. कागदावर ते पैसे आहेत, पण प्रत्यक्षात ते परत मिळण्याची शक्यता कमी असते. शेतीमध्ये रोख प्रवाह आधीच मर्यादित असतो. त्यात कामगारांना मोठ्या प्रमाणावर उचल देणे म्हणजे व्यवसायातील कार्यरत भांडवल अडकवणे होय.

आणखी एक समस्या म्हणजे कामगारांची निवड आणि टिकवणूक ही कामावर आधारित राहात नाही. ती पैशांवर आधारित होते. जो कामगार कामामुळे राहतो तो जास्त स्थिर असतो. जो फक्त उचल मिळते म्हणून राहतो तो परिस्थिती बदलली की निघून जाऊ शकतो.

याचा अर्थ कामगारांना मदत करू नये असा नाही. पण मदत आणि आर्थिक अवलंबित्व यात फरक आहे. स्पष्ट नियम, मर्यादित उचल, लेखी नोंदी आणि नियमित हिशोब असणे आवश्यक आहे. भावना आणि व्यवसाय यांच्यामध्ये योग्य अंतर ठेवले नाही तर दोघांचेही नुकसान होऊ शकते.

माझ्या मते चांगल्या कामगाराला योग्य वेतन, वेळेवर पगार, सन्मानाची वागणूक, चांगली राहण्याची व्यवस्था आणि स्थिर काम देणे हे उचल देण्यापेक्षा अधिक महत्त्वाचे आहे. कामगाराला

वारंवार उचल देऊन बांधून ठेवण्याचा प्रयत्न करण्यापेक्षा त्याला काम करण्यासाठी चांगले वातावरण देणे अधिक टिकाऊ असते.

शेतीत एक गोष्ट लक्षात ठेवावी लागते. कामगार हा मालमत्ता असतो, पण त्याला कर्जदार बनवणे धोकादायक असते. कारण ज्या दिवशी कामगार आणि मालक यांचे नाते कामापेक्षा पैशांवर जास्त अवलंबून होते, त्या दिवशी समस्या सुरू होतात.

यशस्वी शेतकरी चांगले पीक व्यवस्थापन करतातच, पण त्याहून महत्त्वाचे म्हणजे ते माणसे आणि पैसे यांच्यातील सीमारेषा स्पष्ट ठेवतात. कामगारांना मदत करावी, पण व्यवसायाची शिस्त मोडून नाही. कारण शेतीत अडकलेले पैसे आणि बिघडलेले मानवी संबंध दोन्ही महागात पडतात.

१४५. आगाऊ पैसे देणे

शेतीत येणाऱ्या नवीन लोकांची एक अत्यंत सामान्य पण वारंवार होणारी चूक म्हणजे कोणतीही व्यक्ती किंवा ठेकेदार विश्वासार्ह आहे की नाही याची खात्री न करता आगाऊ पैसे देणे. अनेक वेळा ही चूक अनुभवाअभावी होते, तर काही वेळा काम लवकर सुरू व्हावे या घाईत होते. पण शेतीमध्ये ही चूक लाखोंचा फटका देऊ शकते.

मी स्वतः ही चूक अनेक वेळा केली आहे. शेतीला कंपाऊंड करणाऱ्या व्यक्तीला आगाऊ पैसे दिले आणि काम अर्धवट राहिले. शेड बांधणाऱ्या व्यक्तीला आगाऊ रक्कम दिली आणि त्याने दिलेल्या आश्वासनांप्रमाणे काम केले नाही. जाळी विकत घेताना आगाऊ पैसे दिले आणि विक्रेता गायब झाला. अशा अनेक प्रसंगांमध्ये पैसे गेले, वेळ गेला आणि त्याहून महत्त्वाचे म्हणजे विश्वास गेला.

शेतीमध्ये एक गोष्ट लक्षात ठेवली पाहिजे. तुम्ही शेतीत नवीन असाल, तर समोरचा माणूस तुमच्यापेक्षा या क्षेत्रात अधिक अनुभवी असण्याची शक्यता असते. त्याला तुमचा उत्साह दिसत असतो, तुमची घाई दिसत असते आणि अनेकदा तुमचा अनुभवाचा अभावही दिसत असतो. त्यामुळे चुकीच्या लोकांच्या जाळ्यात अडकण्याची शक्यता वाढते.

ही समस्या फक्त ठेकेदारांपुरती मर्यादित नसते. मजूर, सालदार, लेबर सप्लायर, साहित्य पुरवठादार, यंत्रसामग्री विक्रेते किंवा इतर सेवा देणारे लोक यांच्यासोबतही अशीच परिस्थिती निर्माण होऊ शकते.

उदाहरणार्थ, अनेक वेळा एखादा सालदार किंवा कामगार दुसऱ्या राज्यातून येणार असल्याचे सांगतो. तो म्हणतो, "आम्हाला बसभाडे पाठवा, थोडे आगाऊ पैसे द्या, मग आम्ही तुमच्याकडे कामासाठी येतो." नवीन शेतकरी विश्वास ठेवतो आणि पैसे पाठवतो. त्यानंतर फोन बंद होतो आणि तो माणूस पुन्हा कधीच दिसत नाही. अशा घटना दुर्मिळ नाहीत. उलट त्या खूप सामान्य आहेत.

लेबर सप्लायरच्या बाबतीतही असेच घडते. ते मोठमोठी आश्वासने देतात. अमुक इतके मजूर आणून देतो, तमुक काम वेळेत पूर्ण करून देतो असे सांगतात. मग आगाऊ पैसे घेतात आणि नंतर काम अर्धवट सोडतात, मजूर कमी पाठवतात किंवा पूर्णपणे गायब होतात. नवीन शेतकऱ्याला तेव्हा लक्षात येते की करार फक्त तोंडी होता आणि त्याच्याकडे कोणताही पुरावा नाही.

शेतीमध्ये एक साधा नियम पाळला पाहिजे. कामाच्या प्रगतीनुसार पैसे द्या. पूर्ण विश्वास निर्माण होईपर्यंत मोठी आगाऊ रक्कम देऊ नका. शक्य असेल तेथे टप्प्याटप्प्याने पैसे द्या. साहित्य आधी आले की पैसे, काम पूर्ण झाले की पैसे, परिणाम दिसला की पैसे. हा दृष्टिकोन अनेक समस्या टाळू शकतो.

याचा अर्थ प्रत्येक माणूस फसवणूक करणारा असतो असा नाही. शेतीमध्ये अतिशय प्रामाणिक आणि विश्वासू लोकही भेटतात. पण सुरुवातीला प्रत्येकाला विश्वासू समजणे ही मोठी चूक असू शकते. विश्वास हळूहळू कमावला गेला पाहिजे, तो सुरुवातीलाच गृहीत धरू नये.

अनेक नवीन शेतकरी जमीन खरेदी करताना वकील ठेवतात, कागदपत्रे तपासतात आणि सावधगिरी बाळगतात. पण नंतरच्या व्यवहारांमध्ये मात्र निष्काळजी होतात. प्रत्यक्षात अनेकदा मोठे नुकसान जमीन खरेदीत होत नाही, तर अशाच छोट्या-छोट्या व्यवहारांमध्ये होत राहते.

माझ्या अनुभवातून एक गोष्ट स्पष्ट झाली आहे. शेतीमध्ये चांगले लोक शोधणे जितके महत्त्वाचे आहे, तितकेच चुकीच्या लोकांपासून स्वतःला वाचवणेही महत्त्वाचे आहे. कारण चुकीचा ठेकेदार, चुकीचा पुरवठादार किंवा चुकीचा लेबर एजंट तुमचे फक्त पैसेच बुडवत नाही, तर तुमचा वेळ, नियोजन आणि संपूर्ण प्रकल्प मागे ढकलू शकतो.

म्हणून शेतीत उतरताना हा नियम लक्षात ठेवा:

आगाऊ पैसे देण्यापूर्वी शंभर वेळा विचार करा. काम पाहून विश्वास ठेवा, आश्वासनांवर नाही.

शेतीत अनेक चुका माफ होतात, पण चुकीच्या माणसावर ठेवलेला विश्वास अनेकदा सर्वात महागात पडतो.

www.ingramcontent.com/pod-product-compliance
Ingram Content Group UK Ltd.
Pitfield, Milton Keynes, MK11 3LW, UK
UKHW040225290926
15471UKWH00001B/9

9 798905 602207